煤炭职业教育"十四五"规划教材

煤矿供电系统运行与维护

主　编　成　洋　焦悦峰　解丹婷
副主编　李快社　尤阳阳

应急管理出版社

·北京·

内 容 提 要

本书是高等职业院校矿山机电与智能装备专业的核心课程教材之一，采用校企双元编写，岗课赛证融通，将典型工作任务重构为 8 个项目 20 个任务，系统地阐述了煤矿供电系统、负荷计算与变压器选择、矿用电缆的应用与维护、短路电流计算、地面高压电气设备运行与操作、电力变压器保护及井下保护装置整定、井下供电安全技术措施和井下矿用电气设备运行与维护等内容。

本书可作为高等职业院校矿山机电与智能装备专业及煤炭企业员工培训教材，也可供相关工程技术人员参考。

前　言

《高等学校课程思政建设指导纲要》指出："工学类专业课程要在课程教学中把马克思主义立场观点方法的教育和科学精神的培养结合起来，提高学生正确认识问题、分析问题和解决问题的能力。要注重强化学生工程伦理教育，培养学生精益求精的大国工匠精神，激发学生科技报国的家国情怀和使命担当"。为此，本书结合矿井维修电工等岗位能力要求，以煤矿生产现场典型工作任务为主线，采用项目-任务式的编排方式，将煤矿供电系统相关知识重构为8个项目20个任务。按照任务驱动教学法，采用"项目描述-项目分析""任务描述-相关知识-任务实施-任务拓展-学习评价-思考练习"的递进方式编写，并在目标-内容-评价中融入思政元素，形成润物无声的闭环系统。同时，以《煤矿安全规程》为依据，将煤炭行业职业技能竞赛内容及《煤矿井下电气作业安全技术实际操作考试标准》融入课程内容中。

本书由陕西能源职业技术学院专职教师和陕煤集团神木柠条塔矿业有限公司技术骨干联合编写，由陕西能源职业技术学院成洋、陕煤集团神木柠条塔矿业有限公司焦悦峰、陕西能源职业技术学院解丹婷任主编，陕西能源职业技术学院李快社、尤阳阳担任副主编。具体编写分工如下：解丹婷、焦悦峰负责编写项目一和项目三，成洋负责编写项目二和项目四，陕西能源职业技术学院杨星晨、解丹婷负责编写项目五，成洋、李快社负责编写项目六，焦悦峰、尤阳阳负责编写项目七和项目八。全书由成洋负责统稿。

本书编写过程中，得到了陕煤集团神木柠条塔矿业有限公司和陕西能源职业技术学院领导的大力支持，以及同仁的帮助，在此一并表示感谢。

由于作者水平有限，书中不妥之处在所难免，恳请读者提出宝贵意见。

编　者

2024年5月

二维码索引

序号	视频名称	图形	页码	序号	视频名称	图形	页码
1	电力系统		1	10	负荷计算实例		32
2	煤矿供电基础知识		2	11	功率因数		41
3	电力网		5	12	功率因数的提高		41
4	变电所接线		8	13	功率因数提高实例		43
5	地面变电所		16	14	变压器的选择		46
6	井下中央变电所		18	15	变压器选择实例		49
7	采区变电所及工作面供电方式		20	16	矿用电缆的分类		54
8	综采工作面供电设备布置		21	17	选择导线截面原则及按长时允许电流选择截面		58
9	需用系数法计算负荷		28	18	按允许电压损失选择导线截面		61

(续)

序号	视频名称	图形	页码	序号	视频名称	图形	页码
19	按经济电流密度、机械强度、热稳定条件等选择导线截面		66	29	继电保护装置的要求		148
20	矿用电缆的敷设		72	30	继电保护装置的构成与工作回路		150
21	矿用电缆的连接与故障判断		74	31	电力变压器故障及保护配置		151
22	短路电流		82	32	瓦斯保护		151
23	有名值法计算短路电流		87	33	电流速断保护及纵联差动保护		153
24	相对值法计算短路电流		102	34	过电流保护及过负荷保护		157
25	电气设备选择的一般原则		109	35	井下保护装置的整定		160
26	高低压配电装置的选择方法		111	36	触电的危险因素及其预防措施		172
27	成套配电装置的选择		128	37	触电后的急救		176
28	继电保护装置的任务		148	38	保护接零与重复接地		181

(续)

序号	视频名称	图形	页码	序号	视频名称	图形	页码
39	保护接地		184	48	矿用隔爆型电磁启动器的工作原理		215
40	矿用电气设备的特点及防爆原理		191	49	电磁启动器单台近控启停操作		217
41	矿用电气设备的类型及使用场所		193	50	电磁启动器联锁控制三台电机启停操作		217
42	矿用高压配电箱的用途结构		199	51	电磁启动器故障排查		219
43	矿用高压配电箱的工作原理		201	52	矿用隔爆型组合开关的用途与结构		223
44	矿用隔爆型低压真空馈电开关的用途与结构		207	53	矿用隔爆型组合开关的工作原理		225
45	矿用隔爆型低压真空馈电开关的工作原理		208	54	启动器控制原理		225
46	馈电开关、电磁启动器、照明综保的实物讲解		212	55	组合开关操作及故障排查		229
47	矿用隔爆型电磁启动器的用途与结构		214				

目　　录

项目一　认识煤矿供电系统 ··· 1
　　任务一　认识煤矿变配电系统 ··· 1
　　任务二　认识变电所位置及设备布置 ··· 16

项目二　负荷计算与变压器选择 ··· 25
　　任务一　负荷计算 ··· 27
　　任务二　功率因数的提高 ··· 40
　　任务三　变压器的选择 ··· 46

项目三　矿用电缆的应用与维护 ··· 53
　　任务一　矿用电缆的选择 ··· 53
　　任务二　井下电缆的敷设与维护 ··· 72

项目四　短路电流计算 ··· 81
　　任务一　有名值法计算短路电流 ··· 82
　　任务二　相对值法计算短路电流 ··· 101

项目五　地面高压电气设备运行与操作 ······································· 108
　　任务一　供电系统一次设备认知 ··· 108
　　任务二　高压开关柜的安装及运行 ··· 135

项目六　电力变压器保护及井下保护装置整定 ··························· 147
　　任务一　电力变压器的故障种类及保护 ··································· 147
　　任务二　井下保护装置的整定 ··· 160

项目七　井下供电安全技术措施 ··· 171
　　任务一　触电及其预防 ··· 171
　　任务二　井下电网三大保护 ··· 180

项目八　井下矿用电气设备运行与维护 ······································· 190
　　任务一　矿用电气设备防爆检查 ··· 190
　　任务二　矿用隔爆型高压配电箱操作运行 ······························· 199

任务三　矿用隔爆型低压真空馈电开关运行与维护……………… 207
　　任务四　矿用隔爆型电磁启动器运行与维护……………………… 214
　　任务五　矿用隔爆型组合开关运行与维护………………………… 222
参考文献……………………………………………………………………… 238

项目一　认识煤矿供电系统

【项目描述】

煤矿电力是煤矿企业生产的主要动力,它主要来源于供电系统。煤矿供电系统由各种电气设备和配电线路按一定的接线方式组成,其作用是从电力系统取得电能,通过变换、分配、输送等环节将电能安全、可靠地输送到动力设备上,以满足煤矿生产的需要。

电力系统

【项目分析】

本项目以认识煤矿供电系统为目的,介绍煤矿供电系统的基础知识、接线方式及确定原则、变电所及位置确定原则等问题。通过具体任务引入煤矿企业供电系统实际案例,使学生能够掌握煤矿供电系统方案确定的原则和方法。

【学习目标】

☞ 知识目标
- 掌握煤矿企业对供电系统的要求;
- 熟悉煤矿企业常用的电压等级及其应用;
- 掌握电力网各种接线方式的特点和应用对象;
- 熟悉变电所的位置确定原则,设备布置类型和方式,以及能够认识变电所主要电气设备并知道其作用。

☞ 能力目标
- 能够根据电力负荷的类型确定配电方案;
- 会确定变电所位置、接线方式,以及会布置变电所设备;
- 会识读分析并绘制煤矿供电系统图、变电所设备布置框图及主接线图。

☞ 素质目标
- 建立"标准"的概念,在绘制供电系统图、电气设备布置图及主接线图能自觉遵守国家和行业标准;
- 培养学生独立思考,分析图形的能力;
- 培养学生的团结和协作能力。

任务一　认识煤矿变配电系统

🔬 任务描述

电力已成为煤矿企业生产所需的主要能源,一旦中断供电可能造成人员伤亡、设备损坏、生产停顿等重大事故。可靠、安全、高质量和经济的供电,对于保证安全生产、提高产品质量及提高经济效益具有十分重要的意义。作为未来的煤矿井下作业人员,应认识煤矿企业变配电系统,并掌握煤矿企业变配电系统相关知识。本任务主要围绕煤矿企业对供电的基本要求及如何实现这些基本要求展开，难点是供电接线方式的理论分析。

其知识目标如下：

☞ 知识目标
➢ 熟悉煤矿企业对供电的基本要求及电力负荷的分类；
➢ 熟悉煤矿供电系统中常用的额定电压等级及其应用；
➢ 掌握电力网接线方式及电力系统中性点的运行方式；
➢ 掌握变电所接线方式分类及特点。

☞ 能力目标
➢ 能够根据电力负荷的类型确定配电方案；
➢ 会确定电力网和变电所的接线方式。

☞ 素质目标
➢ 树立煤矿安全意识；
➢ 培养学生独立思考，分析图形的能力。

相关知识

煤矿供电
基础知识

一、煤矿企业对供电的要求

由于煤炭埋藏于地下，因此煤炭开采的作业环境有地面和井下。而井下作业环境又在不断地发生变动，作业环境恶劣。在煤炭开采过程中，伴随水、火、瓦斯、顶板、煤尘五大自然灾害，同时，煤矿生产作业场所范围广、设备多、功率大，供电要求高，因此供电系统较为复杂。为了保证煤矿生产安全的需要，对煤矿供电提出以下基本要求。

1. 供电可靠

供电可靠就是要求不间断供电，特别是在电力系统或企业供电系统发生故障时，仍能保证不间断供电。在工矿企业中，各种电力负荷对供电可靠性的要求是不同的，为了能在技术经济合理的前提下满足不同负荷对供电可靠性的要求，把电力负荷分为三类。

1）一级负荷（一类负荷）

凡因突然中断供电，可能造成人身伤亡事故或重大设备损坏，给国民经济造成重大损失或在政治上产生不良影响的负荷，均属一级负荷。例如，矿井的主通风设备一旦停电，可能导致井下瓦斯爆炸及人身伤亡重大事故；矿井主排水设备停电，会发生淹井事故。对于一级负荷，必须有两个独立电源供电；对有特殊要求的一级负荷，还应设置备用电源自动投切装置，以保证供电的绝对可靠。

2）二级负荷（二类负荷）

凡因停电造成大量减产或生产大量废品的负荷，属于二级负荷，如矿井集中提煤设备、综采工作面，工厂的主要生产车间等。对中、小型工矿企业的二级负荷一般由专用线路（可一路）供电。为了减少长时间停电的影响，供电设备应有一定数量的库存，以备及时更换。对大型工矿企业的二级负荷，应有两个电源，两回路电源应引自不同的变电所或母线段。

3) 三级负荷（三类负荷）

三级负荷是指除一级、二级负荷外的其他负荷，如工矿企业的附属车间及生活设施等。对三级负荷供电一般采用单回路供电方式，多个三级负荷还可共用一条输电线路。

在供电系统的接线设计、设备选择和运行中，要不惜代价确保一级负荷的供电不间断；而对三级负荷则更多地考虑供电的经济性。

当电力系统因故障必须拉闸限电时，首先中断对三级负荷的供电，必要时再中断对二级负荷的供电，但必须保证对一级负荷的供电。

2. 供电安全

供电安全就是在供电过程中，不发生人身触电、电气火灾和电气设备事故。在煤矿企业生产中还要特别注意由电气设备引发的瓦斯与煤尘爆炸事故。煤矿安全供电的三大任务是：防爆、防火、防触电。一般工业企业也应特别注意防火和防触电。

3. 供电质量

电压和频率是衡量电能质量的主要指标。

我国电网的额定频率为 50 Hz（也称工频），其频率偏差不允许超过 ±0.2 Hz。电网频率由发电厂控制，用电企业无法改变，但用电企业有义务根据电网调度的指令调整本企业的负荷，配合电力系统调节频率。

供电系统在运行中，送到用电设备的实际电压与额定电压总有一些偏差，此偏差值称为电压偏移。如果电压偏移超过允许的范围，电气设备的运行状态将显著恶化，甚至损坏电气设备。例如，当交流电动机的电压过低时，电动机转矩急剧下降，起动困难，导致电流增大，运行温度升高，会加速绝缘材料的老化，甚至烧毁电动机；当电压过高时，会造成电动机空载电流和铁损的增大，温度升高，过高的电压甚至会造成绝缘击穿，引起短路。一般电动机和照明灯的允许电压偏移为其额定电压的 ±5%。

当变压器出口处的电压偏高或偏低时，可通过电力变压器的调压分接头来调节，调节原则是当变压器正常负载下运行时变压器出口处的电压等于或略高于电网额定电压。当输电线路远端的电压偏低时，可以通过增大线路导线截面和增加线路数量来解决。

波形也是电能质量的一个重要指标。随着电力负荷中电力电子装置如晶闸管整流、交流变频装置的大量应用，电力网中的高次谐波分量不断增加，使正弦交流电波形发生畸变，造成电气设备的损耗增加，电动机运行时发生异常振动和发热现象，还会影响电子设备和计算机系统的运行。

4. 供电经济

供电的经济性一般考虑三个方面：在满足技术要求的前提下，尽量降低企业变电所与电网的基本建设投资；尽可能降低设备、材料及有色金属的消耗量；尽量降低供电系统的电能损耗及维护费用。

二、煤矿供电电源及电压等级的规定

根据《煤矿安全规程》的要求，矿井应当有两回路电源线路（即来自两个不同变电站或者来自不同电源进线的同一变电站的两段母线）。当任一回路发生故障停止供电时，另一回路应当担负矿井全部用电负荷。因此，在矿山距发电厂或区域变电所较近的情况下，可由发电厂或区域变电所向矿山用平行双回路方式供电。当矿山距发电厂或区域变电所较远而与相邻矿山距离较近时，可由发电厂或区域变电所向矿山地面变电所送一回路，另由相邻的矿山地面变电所设一回路联络线，形成环形电网，保证每个矿山地面变电所有两个独立电源。

为了便于电网的运行管理和电气设备生产的标准化，国家标准规定了全国统一的额定电压等级，电气设备都是按照额定电压设计和制造的，在额定电压下电气设备可以安全、高效地运行。煤矿企业常见额定电压等级见表1-1。

表1-1 煤矿企业常见额定电压等级表　　　　　　　　　　　　　　　　　　kV

类型	电网和用电设备的额定电压	用途	电源设备的额定电压	变压器的额定电压	
				原绕组	副绕组
直流	0.25	井下架线式电机车	0.275		
	0.55		0.6		
交流	0.127	井下照明、煤电钻、通信等	0.133	0.127	0.133
	0.22	地面小型动力、照明	0.23	0.22	0.23
	0.38	地面中、小型动力	0.40	0.38	0.4
	0.66	井下中、小型动力	0.693	0.66	0.693
	1.14	井下综采、综掘工作面动力	1.2	1.14	1.2
	3.3	大型综采工作面动力	3.45	3.3	3.45
	6	配电、大型电动机	6.3	6、6.3	6.3、6.6
	10		10.5	10、10.5	10.5、11
	35	大、中型企业电源		35	38.5
	110	特大型企业电源、区域配电		110	121
	220	中距离输电		220	242
	500	远距离输电		500	550

供电电压等级的选择，取决于输送功率及供电距离。供电距离越远、输送功率越大，采用的电压等级应越高。电压等级、输送功率及供电距离的大致范围见表1-2。

表1-2 电压等级、输送功率及输送距离大致范围

电压等级/kV	输送功率/kW	输送距离/km	电压等级/kV	输送功率/kW	输送距离/km
0.38	<100	<0.6	10	200~2000	6~20
0.66	100~150	0.6~1	35	1000~10000	20~70
3	100~1000	1~3	110	10000~50000	50~150
6	100~1200	4~15			

三、电力网

电力网

电力网简称电网,它是由各种电气设备及输电线路组成的输送、分配和变换电力的网络。在工矿企业供电中,电网一词有两种含义:一是指国家电网或其局部;二是指工矿企业供电系统或其局部,例如煤矿井下高、低压电网。电网按电压等级高低可分成低压电网(1200 V 及以下)和高压电网(3 kV 及以上);按电网中性点运行方式不同,可分为中性点直接接地电网和中性点不接地电网等。

1. 电网接线方式

1) 放射式

放射式也可称为专用线路式。如图 1-1a 所示,图中用户 1 为单回路供电,可靠性不高;用户 3 由一个变电站(所)双回路供电,可靠性较高;用户 2 由电网的两个变电站(所)供电,可靠性最高。

放射式的特点是每个用户有一条或两条专用输电线路,输电线路中间没有分支,供电可靠性高,但建设和运行费用大。适用于一级负荷或重要的二级负荷。

2) 环式

环式如图 1-1b 所示。环式适用于向两个彼此之间相距较近,而离电源都较远,负荷容量相差不太大,且对供电可靠性要求较高的一级负荷或重要的二级负荷供电。

3) 干线式

干线式如图 1-1c 所示。其特点是:多用户共用一条输电线路,节省供电设备,造价较低,但可靠性差,容易因一个用户故障引起多个用户停电。干线式一般用于三级负荷供电。

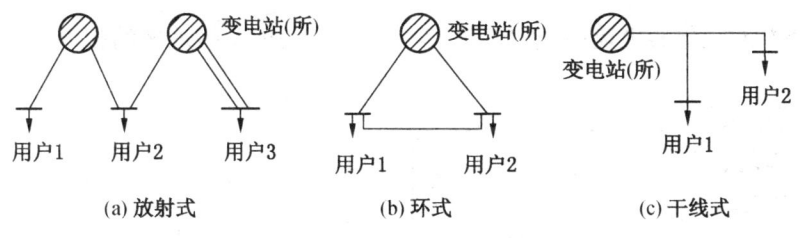

图 1-1 电网接线方式

2. 电网中性点运行方式

小贴士:生命至上,安全第一。为了减少供电系统接地故障对人身和设备的危害,煤矿企业针对各电压等级的电网选用了不同的中性点运行方式。

在三相供电系统中,发电机和变压器的中性点与大地的连接关系称为中性点运行方式。中性点运行方式决定着电网发生单相接地故障后的状况与后果,与供电的可靠性、线路的继电保护方式及人身安全等密切相关。常用的中性点运行方式有中性点不接地、中性点经消弧线圈接地和中性点直接接地三种。

1) 中性点不接地

图 1-2a 所示为正常运行的中性点不接地三相交流电网,其中性点 N 与大地绝缘。由

于电网的三相导线与地之间存在着分布电容 C_A、C_B、C_C，所以在导线中产生了容性的附加电流 $\dot{I}_A$、$\dot{I}_B$、$\dot{I}_C$。在三相对地绝缘良好的情况下，中性点电位与大地电位相等，各相的对地电压分别等于各相的相电压，且由于三相导线的对地电容也是对称的，因此各相对地电容电流 $\dot{I}_A$、$\dot{I}_B$、$\dot{I}_C$ 对称，且超前对应相电压 90°，如图 1-2b 所示。

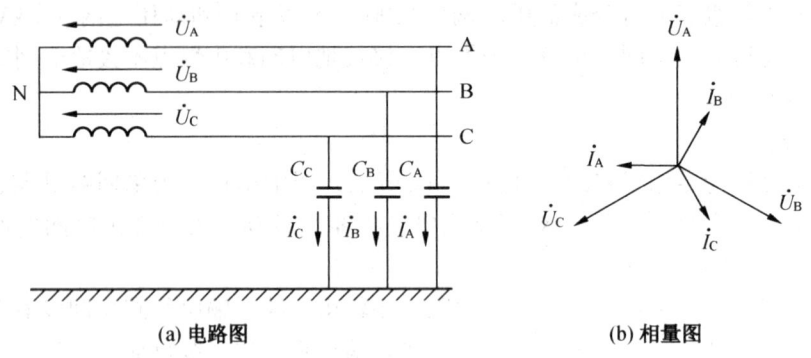

图 1-2 正常情况的中性点不接地电网

如图 1-3a 所示，若电网 C 相发生金属性接地（即对地阻抗为零），则 C 相对地电压为零，即大地与 C 相等电位；其他两个非故障相对地电压变为电网的线电压（$\dot{U}_{AC}$、$\dot{U}_{BC}$），电压值为正常情况的 $\sqrt{3}$ 倍，相位如图 1-3b 所示。这时两非故障相对地电容电流（$\dot{I}'_A$、$\dot{I}'_B$）也随之增大为正常时的 $\sqrt{3}$ 倍，其相位超前于相应的线电压（$\dot{U}_{AC}$、$\dot{U}_{BC}$）90°。

以地为节点，根据基尔霍夫电流定律，接地点的接地电流为 $\dot{I}_E = -(\dot{I}'_A + \dot{I}'_B)$，其数值为正常情况下相对地电容电流（$\dot{I}_A$、$\dot{I}_B$）的 3 倍，相位超前于接地相的相电压（$\dot{U}_C$）90°。

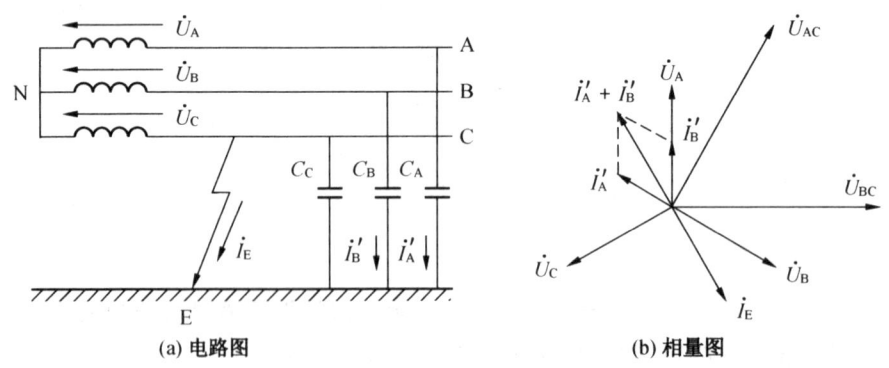

图 1-3 单相接地时的中性点不接地电网

中性点不接地电网中单相接地电容电流，可按如下经验公式估算：

$$I_E = U_N\left(\frac{L_1}{10} + \frac{L_2}{350}\right)$$

式中　　I_E——接地点的接地电容电流，A；

U_N——电网的额定电压，kV；
L_1——同一电压等级电气连接的电缆线路总长度，km；
L_2——同一电压等级电气连接的架空线路总长度，km。

地面 3~35 kV 高压电网采用中性点不接地运行方式，当发生单相接地故障时，接地点的接地电流很小（几安至几十安），不会立即损坏设备，系统的线电压仍保持对称，用电设备的运行不受影响，不必立即停电。这样可以减少因单相接地造成的用户停电，提高供电的可靠性。但中性点不接地电网发生单相接地故障时，非接地相对地电压升高到电网的线电压，易使绝缘薄弱处击穿，造成严重的两相接地短路。因此，在地面中性点不接地电网中装有绝缘监视装置或接地保护装置，当发生单相接地故障时及时发出报警信号，值班人员应尽快查找并排除故障，如有备用线路，可尽快将负荷转移到备用线路上去。单相接地后的运行时间不得超过 2 h，经 2 h 仍未消除故障时，应切除故障设备的电源。

煤矿井下的高压和低压电网也采用中性点不接地运行方式，其目的是减小单相接地电流和人体触电电流，有利于防火和防触电。在煤矿井下电网的高低压开关中装有漏电保护装置，当发生单相接地、人身触电或电网对地绝缘不足时，开关立即跳闸切断电源。

2) 中性点经消弧线圈接地

中性点不接地电网，当接地电流超过一定限度（3~6 kV 电网约为 30 A，10 kV 电网约为 20 A，35 kV 电网约为 10 A），接地点会产生断续电弧。断续电弧含有丰富的高次谐波，会在电网的电感与电容中产生高次谐波谐振过电压，其电压值可达额定电压的 3~4 倍，使绝缘击穿，造成短路故障。

《煤矿安全规程》规定，矿井 6 kV 及以上高压电网，必须采取措施限制单相接地电容电流，生产矿井不超过 20 A，新建矿井不超过 10 A。因此，接地电流超过一定限度的中性点不接地电网，宜采用中性点经消弧线圈接地的运行方式。中性点经消弧线圈接地电网如图 1-4a 所示。

消弧线圈是一个有铁芯的可调电感线圈，其电感量可通过改变线圈匝数或调节铁芯空气间隙的大小来调节。在正常情况下，三相系统对称，各相对地电压与相电压相等，此时中性点与大地电位相等，中性点对地电压 $\dot{U}_\mathrm{NE}$ 为零，消弧线圈中无电流。

如图 1-4b 所示，当 C 相发生接地时，中性点对地电压 $\dot{U}_\mathrm{NE}$ 和 $\dot{U}_\mathrm{C}$ 大小相等，相位相反。此时在消弧线圈中有电流 $\dot{I}_\mathrm{L}$ 通过，其相位滞后于 $\dot{U}_\mathrm{NE}$ 约 90°，与非接地相对地电容电流的相量和 $(\dot{I}'_\mathrm{A} + \dot{I}'_\mathrm{B})$ 反相，可以互相抵消，使接地电流 $\dot{I}_\mathrm{E} = -(\dot{I}'_\mathrm{A} + \dot{I}'_\mathrm{B} + \dot{I}_\mathrm{L})$ 数值减小。若消弧线圈的电感量调节合适，能使接地电流降到不起电弧的程度。

中性点不接地运行方式和中性点经消弧线圈接地运行方式的电网接地电流都很小，所以称为小接地电流电网。

3) 中性点直接接地

我国 110 kV 及以上电压等级的高压电网采用三相三线制的中性点直接接地运行方式；地面 380/220 V 低压电网采用三相四线制或三相五线制的中性点直接接地运行方式。图 1-5 所示为三相四线制中性点直接接地电网。

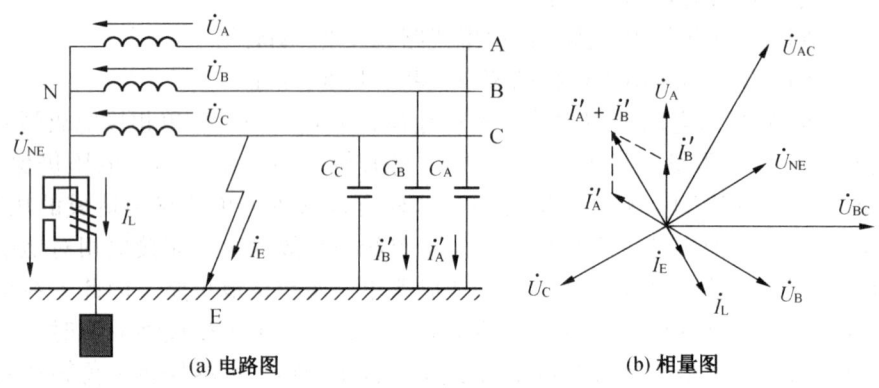

(a) 电路图　　　　　　　　　　(b) 相量图

图 1-4　单相接地时的中性点经消弧线圈接地电网

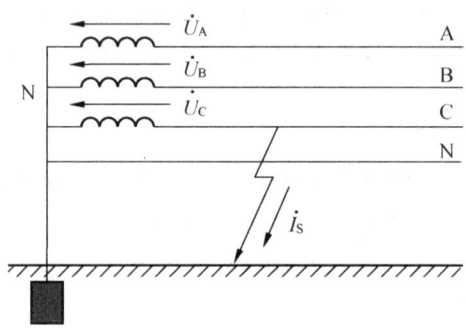

图 1-5　中性点直接接地电网

中性点直接接地电网发生单相接地故障时，其他两相对地电压并不升高，因此电网中电气设备的对地绝缘水平只需按相电压设计。这对 110 kV 及以上的超高压电网具有很高的技术经济价值，可以降低电网造价。

地面 380/220 V 低压动力与照明电网也采用中性点直接接地的运行方式，是因为中性点直接接地的运行方式可以在高、低压电网间绝缘损坏，高压窜入低压电网时，降低对地电压，是预防人身触电和保护低压电气设备的一项安全保护措施。

当中性点直接接地电网发生单相接地时，故障相由接地点通过大地与中性点形成单相接地短路故障，将产生很大的短路电流 i_S，短路电流会在短时间内损坏电气设备、引发火灾，必须立即切断电源，故中性点直接接地电网又称大接地电流电网。

四、变电所接线

变电所接线包括一次接线、母线接线和配出线接线。

1. 一次接线

一次接线是指受电线路与主变压器之间的接线。

1）线路-变压器组接线

变电所接线

图1-6所示为常见线路-变压器组接线。

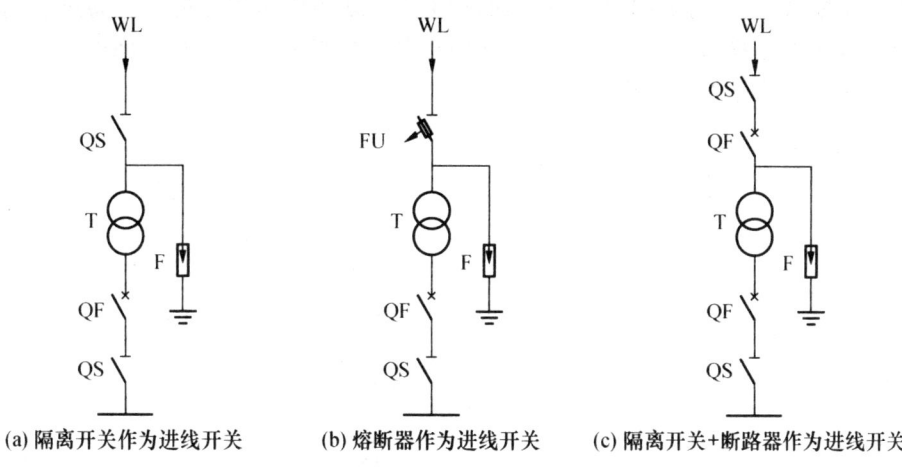

(a) 隔离开关作为进线开关　　(b) 熔断器作为进线开关　　(c) 隔离开关+断路器作为进线开关

图1-6　线路-变压器组接线

根据变压器一次侧使用的开关不同，线路-变压器组接线有三种型式：

（1）用隔离开关作为进线开关：适用于供电线路不长，线路电源侧保护装置能保护变压器内部和低压侧的短路故障的线路，这时隔离开关应能切断变压器的空载电流，如图1-6a所示。

（2）用熔断器作为进线开关：适用系统线路长、容量小，熔断器能切除短路故障的线路，如农村、小型企业，如图1-6b所示。

（3）用隔离开关+断路器作为进线开关：适用于线路长、容量大的线路，如大、中型煤矿企业，如图1-6c所示。

线路变压器组接线结构简单、电气设备少、投资省，但供电可靠性差。适用于只有三类负荷的中、小企业变电所。若能在变压器低压侧取得备用电源时，也可对小容量的二类负荷供电。

2）桥式接线

桥式接线的特殊之处是电源进线为两个或两个以上，而负荷侧的出线数目与进线数目相同，且负荷多为主变压器。工矿企业广泛采用两路电源进线和两台主变压器的桥式接线。

根据联络开关桥的位置不同，桥式接线可分为全桥、内桥、外桥三种。

图1-7a为全桥接线，其特点是线路侧、变压器侧和母线桥上都装有断路器，故其操作运行灵活、适应性强，不论是切换变压器还是切换线路都可方便地操作，并易发展成单母线分段接线。但该接线方式所用设备多，投资大，占地面积大。目前，工矿企业广泛采用全桥接线。

图1-7b为内桥接线，其特点是在母线桥与变压器之间只设隔离开关，不设断路器，因而投资与占地面积比全桥少，仍保持切换线路方便的优点。但由于变压器侧没有断路器，故切换变压器不方便。因此该接线方式适用于电源进线长、线路故障可能性大、变压器负荷较平稳、切换次数少的变电所。

图 1-7c 为外桥接线，其特点是电源进线端不设断路器，只设隔离开关。这种接线比内桥还少两个隔离开关，因而投资和占地面积更少，切换变压器方便，且易过渡到全桥接线，但该接线方式切换线路不方便，因此适用于电源线路短、故障与检修机会少、变压器负荷变化大且需经常切换的变电所。

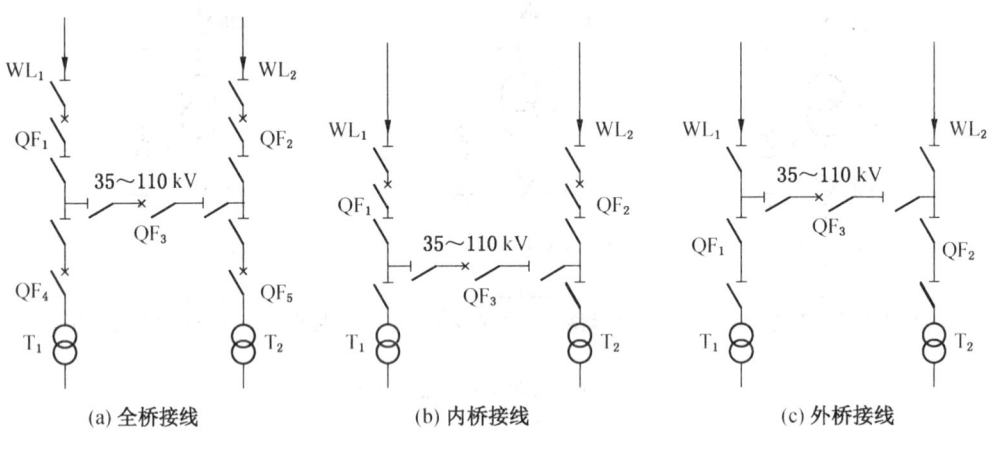

图 1-7 桥式接线

2. 母线接线

母线是一段用来分支线路的导体，通常安装于配电装置的上部。母线涂成黄、绿、红三色，分别代表 U、V、W 三相。母线的接线包括一次母线和二次母线的接法。

变电所二次母线是指主变压器出线侧所连接的母线。其接线方式有三种：

1) 单母线接线

图 1-8a 所示为单母线接线。一个电源通过母线可以向多个用户配电。单母线接线简单，但供电可靠性不高，一旦电源进线或母线出现故障或需要检修时，用户全部停电。因此，它只适用于对供电可靠性要求不高的变电所。

2) 单母线分段接线

单母线分段接线如图 1-8b 所示。至少两路电源进线，分别接于不同的母线段上。母线的段数与电源进线个数相同，各段母线之间用开关连接，称为母线联络开关，简称母联。变电所的一级和二级负荷，用双回路或环形供电方式，其两条配出线必须分别接在两段母线上，以防因母线故障中断供电。只有一回电源线路的负荷，均匀分配在两段母线上。这种接线能保证一级和二级负荷的供电可靠性，但当母线发生故障或检修时，将会有一半的单回路供电的用户停电。适用于出线回路不太多、母线故障较少的变电所。大、中型工矿企业变电所多采用这种接线方式。

单母线分段接线有三种运行方式：

(1) 母线分列运行。母线联络开关断开，每个电源各带一半负荷，称为分列运行方式。当一段母线发生故障时，有一半只有一个电源的负荷停电，但双回路供电的负荷不会停电。

(2) 单母线运行。母线联络开关合闸，一个电源工作，另一个电源带电备用（热备用），此时系统处于单母线运行方式。当工作电源或母线发生故障时会造成全部负荷短时停电。

（3）母线并列运行。两个电源都工作，母线联络开关合闸，称为并列运行方式。并列运行必须有配套的继电保护装置，才能在发生故障时，准确地切除故障，避免全所停电。

工矿企业变电所母线多采用分列运行方式和单母线运行方式。

3）双母线接线

采用单断路器的双母线接线如图 1-8c 所示。变电所每条进、出线都可以通过隔离开关接到任意一条母线上，母线之间用联络开关相连，两条母线互为备用。这种接线供电可靠性高、操作灵活。但所用设备多，接线复杂，投资大。多用于对供电可靠性要求很高的特大型工矿企业变电所和电力网的区域变电所。

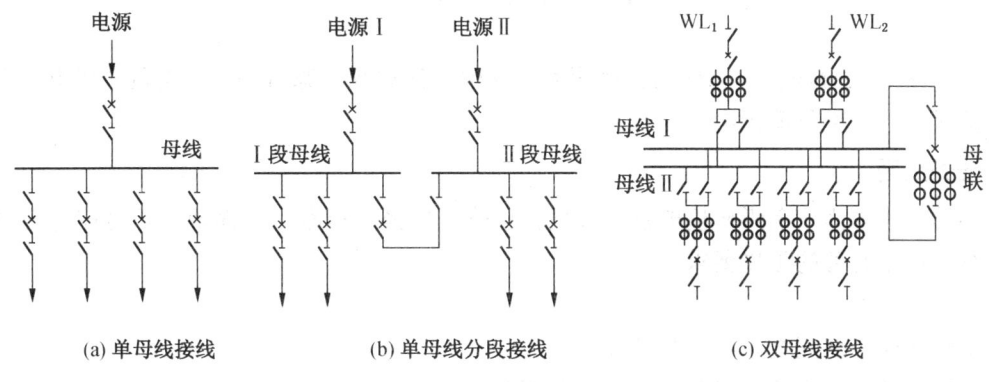

图 1-8 母线的接线形式

3. 配出线接线

配出线接线是指变电所向其负荷供电时，配电线路的设备配置与连接方式。

1）配电开关的种类

隔离开关、负荷开关、熔断器和断路器。

2）配出开关布置及适用对象

（1）负荷开关+熔断器：适用于容量较小、不重要的负荷。

（2）隔离开关+断路器：如图 1-9a 所示，适用于容量较大、比较重要的负荷，保证检修线路和断路器时的人身安全，在断路器的母线侧必须装设隔离开关。

（3）隔离开关+断路器+隔离开关：适用于容量大、重要的负荷，在断路器的两侧都需装设隔离开关，如图 1-9b 所示。目前，广泛使用的移开式高压开关柜以及矿用高压防爆配电箱均采用双隔离插销（隔离开关）结构。

3）停送电操作

在具有隔离开关和断路器的控制电路中，因为隔离开关无灭弧装置，因此送电时，先合隔离开关（如果有上、下隔离开关，应先合上隔离开关，后合下隔离开关），后合断路器。停电时，先断开断路器，后断开隔离开关（如果有上、下隔离开关，应先断开下隔离开关，后断开上隔离开关）。

4）总配电所的主接线

（1）单母线：对三类负荷供电。

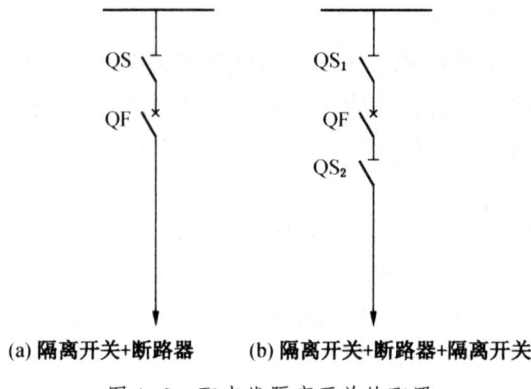

(a) 隔离开关+断路器　　(b) 隔离开关+断路器+隔离开关

图 1-9　配出线隔离开关的配置

（2）单母线分段：可靠性高，负荷大。其中：独立双电源对一、二类负荷供电，非独立电源对二、三类负荷供电。

任务实施

小贴士：作为一名煤矿机电技术人员，正确、严谨、科学、全面地分析煤矿企业变配电系统，这是必备的工作要求。

1. 任务内容

了解某煤矿变配电系统运行情况。

（1）某煤矿变配电系统运行情况工作计划书（表 1-3）。

表 1-3　工作计划书

工作任务	分析某煤矿变配电系统运行情况		
任务要求	分析以下情况： 1. 电源供电回路数； 2. 高低压部分接线方式； 3. 高、低压母线负荷分配情况； 4. 主接线情况； 5. 各设备负荷类型； 6. 涉及的设备作用； 7. 线路及设备的额定电压等级		
责任分工	1人负责按照计划步骤指挥分析； 1人负责有关记录； 1~2人负责监督分析； 多人负责分析		
阶段	实施步骤	防范措施	应急预案
准备	1. 分工		
	2. 做好记录用具：记录笔、钢笔等		

表1-3(续)

阶段	实施步骤	防范措施	应急预案
分析	1. 电源供电回路数	结合理论学习	
	2. 高低压部分接线方式	结合理论学习	
	3. 高、低压母线负荷分配情况	结合理论学习	
	4. 主接线情况	结合理论学习	
	5. 各设备负荷类型	结合理论学习	
	6. 涉及的设备作用	结合理论学习	
	7. 线路及设备的额定电压等级	结合理论学习	
收尾	1. 查看记录	注意有无缺项	对照计划
	2. 分析结果	教师审阅	

（2）工作记录表（表1-4）。

表1-4 工作记录表

工作时间		指挥者		记录员	
工作地点		监督者		分析人	
分析	1. 电源供电回路数				
	2. 高低压部分接线方式				
	3. 高、低压母线负荷分配情况				
	4. 主接线情况				
	5. 各设备负荷类型				
	6. 涉及的设备作用				
	7. 线路及设备的额定电压等级				
说明					

小贴士：根据工作计划的分工，各司其职，分工合作，才能正确实施煤矿变配电供电系统工作任务。

2. 工具器材

某煤矿变配电系统图1份。

任务拓展

任务内容：根据图1-10分析某煤矿深井供电系统。

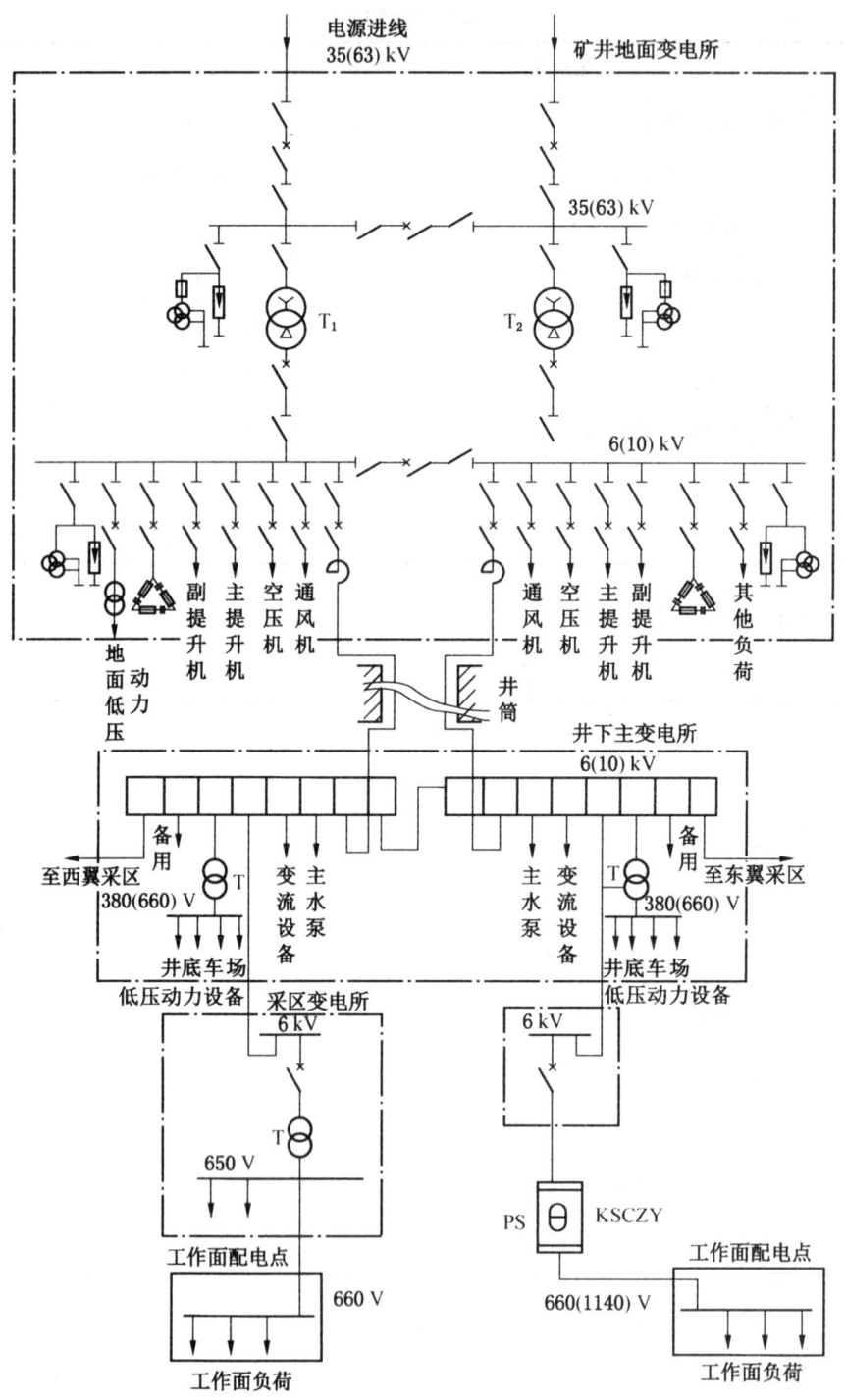

图 1-10 某煤矿深井供电系统

学习评价

本任务学习评价表见表 1-5。

表 1-5 "煤矿变配电系统运行分析"学习评价表

考核项目		考核标准	配分	自评分	互评分	教师评分
知识点	1. 煤矿企业对供电的基本要求	完整说出满分,少说一条扣2分	5			
	2. 电力负荷的分类	完整说出满分,少说一条扣2分	5			
	3. 电力系统额定电压等级	至少说出5种,少说一条扣2分	5			
	4. 电力网接线方式	完整说出满分,少说一条扣2分	5			
	5. 电力系统中性点的运行方式	完整说出满分,少说一条扣2分	5			
	6. 变电所接线方式分类及特点	完整说出满分,少说一条扣2分	5			
	小计		30			
技能点	1. 会根据电力负荷的类型确定配电方案	熟练确定满分;不熟练确定10~24分;不会确定0分	25			
	2. 会确定电力网和变电所的接线方式	熟练确定满分;不熟练确定10~24分;不会确定0分	35			
	小计		60			
素质点	1. 职业素养	能够独立思考分析煤矿供电系统图者满分,否则0~4分	5			
	2. 学习态度	遵守纪律、学习热情高涨、积极参与者,满分,否则0~4分	5			
	小计		10			
合计			100			

注:1. 考核时间为30 min,每超过1 min扣1分;
2. 要安全文明工作,否则教师酌情扣1~10分。

教师签字:＿＿＿＿＿＿＿＿

思考练习

1. 井下环境有哪些特殊性?
2. 煤矿企业对供电有哪些基本要求?
3. 电力负荷如何分类?
4. 电力系统中性点的运行方式有哪几种?各有什么特点?
5. 常见的煤矿供电系统的额定电压等级有哪些?
6. 电力网各种接线方式有哪几类?各有什么特点?

任务二 认识变电所位置及设备布置

任务描述

本任务主要围绕煤矿供电系统中各变电所位置确定及设备布置等问题展开,重点是熟悉变电所的位置确定原则,设备布置类型和方式,能够认识变电所主要电气设备并知道其作用,以及能根据相应原则确定变电所位置、接线方式,会布置变电所设备;难点是识读分析并绘制煤矿供电系统图、变电所设备布置框图及主接线图。

其学习目标如下:

☞ 知识目标
- 熟悉煤矿各级变电所位置确定原则;
- 熟悉煤矿各级变电所内主要电气设备的作用。

☞ 能力目标
- 会确定煤矿各级变电所的位置、接线方式及设备布置;
- 能够识读并绘制煤矿各级变电所设备布置图及主接线图。

☞ 素质目标
- 建立"标准"的概念,在绘制供电系统图、电气设备布置图及主接线图时能自觉遵守国家和行业标准;
- 培养学生的团结和协作能力。

相关知识

小贴士:变电所担负着电力系统接受电能、变换电压和分配电能的任务,是企业供电的枢纽,正确选择变电所的位置并进行设备布置,对企业供电系统的合理布局,提高供电的可靠性、经济性和供电质量是至关重要的。

典型煤矿供电系统由"三所一点"构成,即矿山地面变电所、井下中央变电所、采(盘)区变电所和工作面配电点。

一、矿山地面变电所

煤矿开采方式分为地下开采和露天开采,无论哪种开采方式,在地面均设有地面变电所,称为矿山地面变电所。地下开采时,其地面变电所也称为矿井地面变电所。

地面变电所

矿山地面变电所,其受电电压视负荷的大小和供电距离的远近为 6~35 kV,配电电压为 6 kV 或 10 kV。煤矿较为集中,距离电源又较远时,可在矿区设 110 kV 矿区区域变电所,向各矿地面变电所供电。同时该区域变电所兼作就近煤矿的地面变电所,直接向该矿的用电设备供电。

地面变电所的主要任务有:一是将受电电压(如 35 kV)经主变压器降压之后给地面高压用电设备供电(如主通风机、提升机等);二是经井筒为井下中央变电所提供两路入井电缆;三是将受电电压降压(如将 6 kV 降低至 380 V)之后给地面低压动力设备和照明设备供电。

以下以地下开采的井工煤矿供电系统（简称矿井供电系统）为例，介绍煤矿供电系统。

1. 地面变电所主接线

为了保证供电可靠性，《煤矿安全规程》规定，矿井应当有两回路电源线路（即来自两个不同变电站或者来自不同电源进线的同一变电站的两段母线）。当任一回路发生故障停止供电时，另一回路应当担负矿井全部用电负荷。矿井的两回路电源线路上都不得分接任何负荷。矿井电源线路上严禁装设负荷定量器等各种限电断电装置。10 kV 及以下的矿井架空电源线路不得共杆架设。

图 1-11 为典型矿井地面变电所的主接线图。矿井地面变电所是全矿井供电的枢纽，为了保证供电可靠性，变电所有两条 35 kV 电源进线，35 kV 侧采用全桥式接线，变电所设置两台主变压器（T_1、T_2），主变压器二次侧电网额定电压为 6（10）kV，采用单母线分段接线。一级负荷和重要的二级负荷由接在不同母线段上的双回路或环形回路供电。变电所内设置两台低压变压器供地面 380/220 V 动力和照明用电，变压器低压侧也采用单母线分段接线（图中省略）。

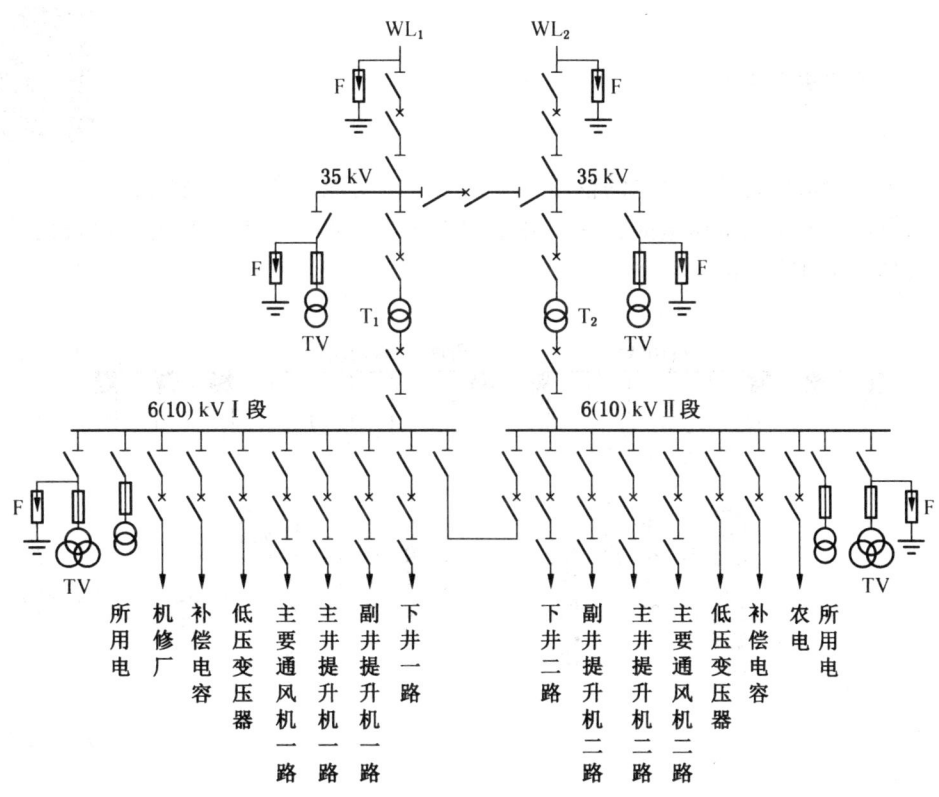

图 1-11　典型矿井地面变电所主接线

为了防止雷电入侵危害电气设备，架空进出线上和各段母线均装设避雷器。为了提高功率因数，在两段 6（10）kV 母线上分别装设补偿电容器组；为了测量和保护，在两段母线上均装有电压互感器，各进出线均装设电流互感器（图中省略）。

正常情况下，矿井地面变电所的电源进线，应采用分列运行方式。若一回路运行，另一回路必须带电备用，以保证供电的连续性和可靠性。带电备用电源的变压器宜热备用；

若冷备用，必须保证备用电源能及时投入正常运行，保证主要通风机等在 10 min 内可靠启动和运行。

中小型煤矿常采用 6 kV 或 10 kV 电源进线，母线采用单母线分段接线，不设主变压器，高压出线仍以 6 kV 或 10 kV 配出。此时称 6 kV 或 10 kV 配电所。

2. 矿井地面变电所的位置确定

确定矿井地面变电所位置时一般遵循以下几项原则：

（1）变电所位置应尽量靠近负荷中心，进出线路要方便，大型设备的运输和消防车辆进出要方便。

（2）具有适宜的地质条件，有防止地下水、雨水和洪水浸淹的措施；与其他工业建筑物保持足够的防火间距。

（3）应考虑与邻近设施的相互影响，远离震动大的设备和易燃易爆的场所，尽量避开污染源。

因此，煤矿地面变电所一般设置在矿井工业广场边沿、离井口较近且远离储煤场和矸石山的地方。

二、井下中央变电所

1. 井下中央变电所主接线

井下中央变电所是井下供电的枢纽，其任务是接受地面变电所高压电能、变换电压、配出高低压电能，并向井下中央车场附近和井下所有电气设备提供电能。其主接线如图 1-12 所示。

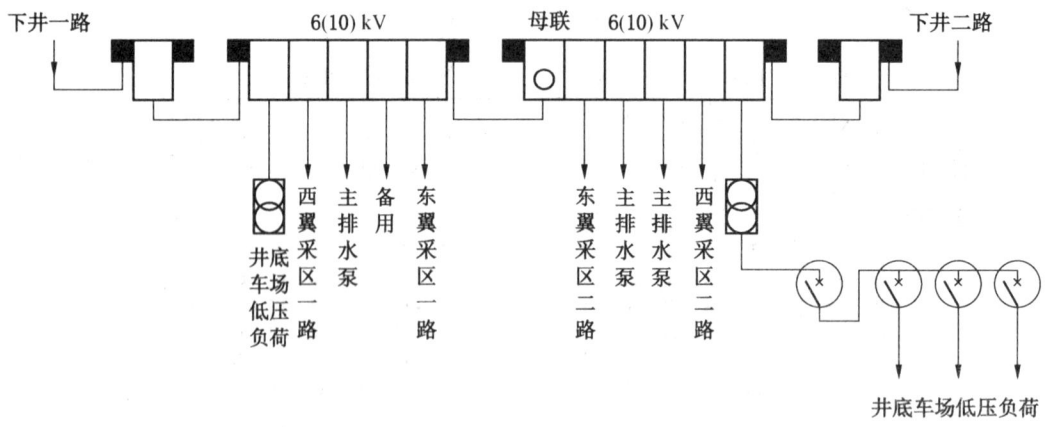

图 1-12 井下中央变电所主接线

《煤矿安全规程》规定："对井下各水平中央变（配）电所和采（盘）区变（配）电所、主排水泵房和下山开采的采区排水泵房供电线路，不得少于两回路。当任一回路停止供电时，其余回路应当承担全部用电负荷。向局部通风机供电的井下变（配）电所应当采用分列运行方式。"所以，为了保证井下供电的可靠性，由地面变电所引至中央变电所的电缆数目至少应有两条，并分别引自地面变电所的两段 6（10）kV 母线。

中央变电所的高压母线采用单母线分段接线方式，母线段数与下井电缆根数对应，各段母线通过高压开关联络。正常时联络开关断开，母线采用分列运行方式；当某条下井电缆故障退出运行时，合上母线联络开关，恢复对该段母线负荷的供电。

中央变电所向每个采区变电所馈送两条电缆线路。主排水泵是一级负荷，但由于水泵总数中已包括备用水泵和检修水泵，因此每台水泵用一条专用电缆供电。所有水泵必须均匀分配在各段母线上，不得集中接于一段母线。当主水泵为低压电动机时，配电变压器最少应有两台，变压器低压侧亦采用单母线分段接线，每台变压器的容量均应满足最大涌水期时的供电要求。

2. 井下中央变电所的位置和硐室布置

通常井下中央变电所设置在井底车场副井井底附近，与中央水泵房相邻。有条件时还应与电机车用的变流所联合建筑。硐室用砌碹或其他可靠的方式支护。

中央变电所的硐室与设备布置如图 1-13 所示。井下中央变电所应特别注意防水、通风及防火问题。为了防水，变电所地面应比其出口与井底车场或大巷连接处的底板标高高 0.5 m。为了使变电所有良好的通风，当硐室长度超过 6 m 时，必须在硐室的两端各设一个出口。硐室必须装设向外开的防火铁门，铁门上应装设便于关严的通风孔，铁门内可加设向外开的铁栅栏门，平时铁栅栏门关闭，防火铁门打开，以利于通风；在发生火灾时，将防火铁门关闭，便于灭火和防止火灾蔓延。为了防火，从防火铁门起 5 m 以内巷道应用砌碹或其他不燃性材料支护；硐室内还必须设置足够数量扑灭电气火灾的灭火器材。

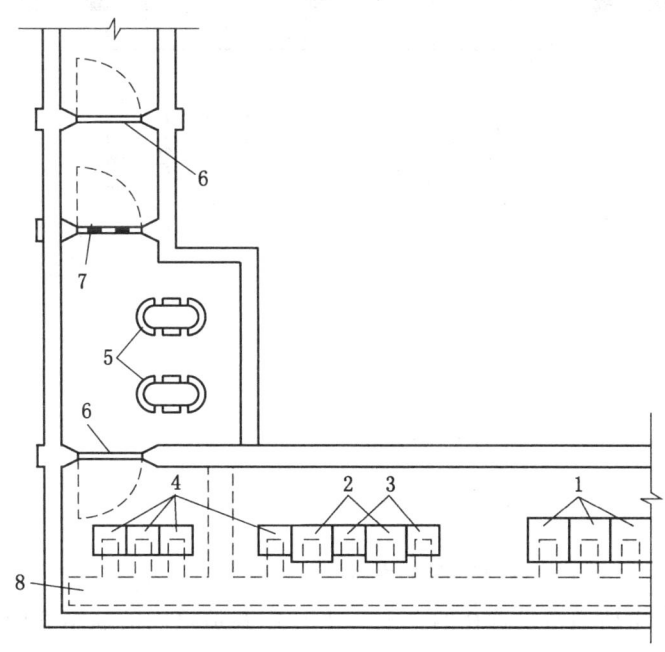

1—高压配电箱；2—硅整流器柜；3—直流配电箱；4—低压配电装置；
5—矿用变压器；6—防火铁门；7—铁栅栏门；8—电缆沟

图 1-13 中央变电所的硐室与设备布置示意图

应将变压器与配电装置分开布置,高、低压配电装置分开布置。设备与墙壁之间,各设备之间应留有足够的维护与检修通道,完全不需要从两侧或后面维护检修的设备,可互相靠近或靠墙放置。考虑发展余地,变电所的高压配电设备的备用位置应按设计最大数量的20%考虑,且不少于两台。低压设备的备用回路,也按最多馈出回路数的20%考虑。

三、采(盘)区变电所

采(盘)区变电所是采(盘)区供电的中心,井下中央变电所(或经钻孔或风井等由地面)送来的高压电力,经采(盘)区变电所直接配送或降压后配送至采掘工作面及采(盘)区其他用电设备。

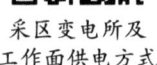

采区变电所及工作面供电方式

1. 采(盘)区变电所的接线

《煤矿安全规程》规定:"对井下各水平中央变(配)电所和采(盘)区变(配)电所、主排水泵房和下山开采的采区排水泵房供电线路,不得少于两回路。当任一回路停止供电时,其余回路应当承担全部用电负荷。向局部通风机供电的井下变(配)电所应当采用分列运行方式。"

图1-14为井下采(盘)区变电所主接线图。采(盘)区变电所为双回路电源、单母线分段接线,采用分列运行方式。综采和综掘工作面采用10 kV高压供电。

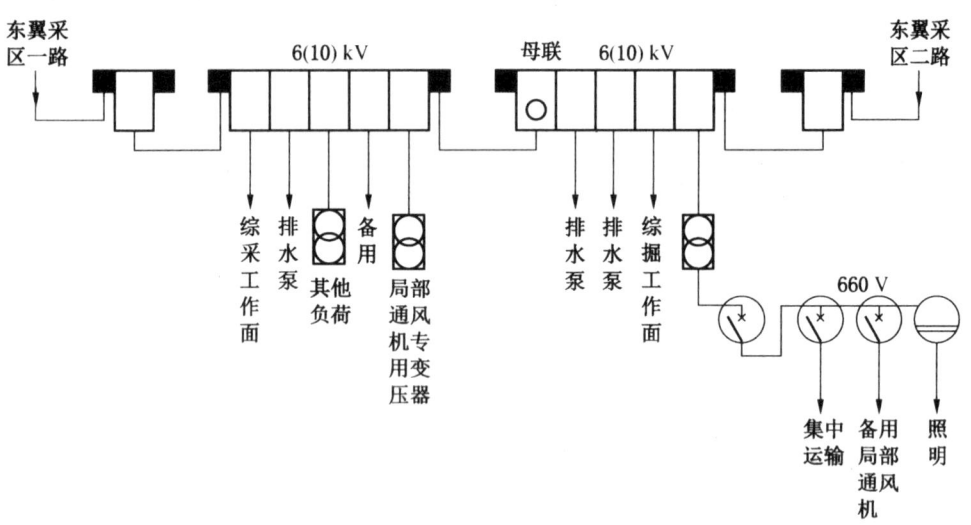

图1-14 井下采(盘)区变电所主接线

2. 采(盘)区变电所的位置和硐室布置

采(盘)区变电所通常设置在两个上(下)山巷道之间的联络巷中或运输大巷采区装车站附近。

采区变电所的硐室与设备布置如图1-15所示。采(盘)区变电所的防水、防火、通风等安全措施,除底板标高没有严格规定外,其他与中央变电所相同。采(盘)区变电所内变压器可与配电设备布置在同一硐室内;变电所的高、低压设备应分开布置;各设备之间、设备与墙壁之间均应留有维护和检修通道，不从侧面和背后检修的设备不留通道。

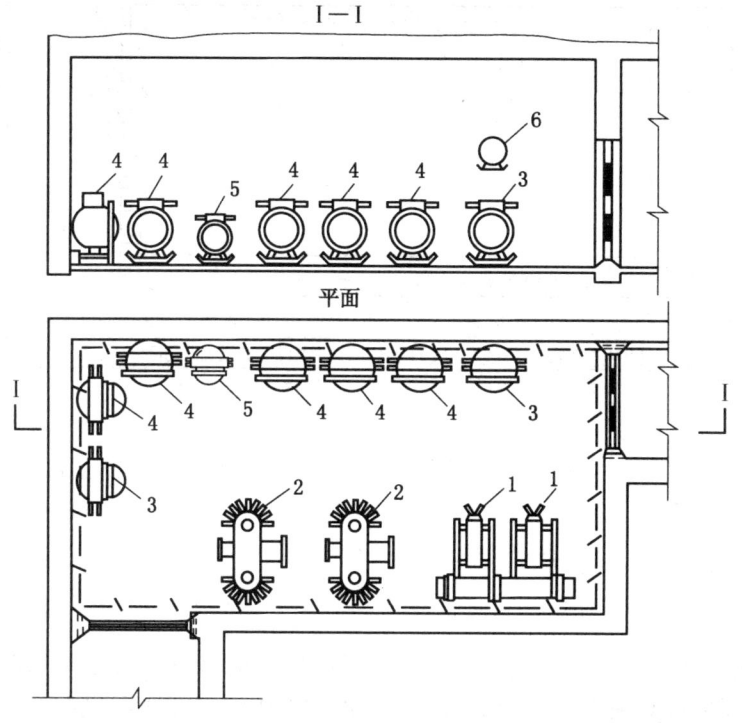

1—高压配电箱；2—矿用变压器；3、4—低压隔爆自动馈电开关；
5—照明变压器综合装置；6—检漏继电器

图 1-15 采区变电所的硐室与设备布置示意图

四、工作面配电点

1. 综合机械化采煤工作面配电系统

综合机械化采煤工作面（以下简称综采工作面），单机功率和总功率大，输电距离长，回采速度快，必须采用移动变电站供电。图 1-16 是综采工作面机电设备布置示意图。

综采工作面
供电设备布置

综采工作面设备的额定电压通常为 1140 V，大型高产高效工作面已使用 3300 V。

工作面内的生产设备由移动变电站供电；移动变电站距离工作面 150~300 m，工作面配电点设置在移动变电站附近。

2. 掘进工作面配电系统

掘进工作面局部通风机的安全运行，是保证掘进工作面安全生产的前提。《煤矿安全规程》规定："高瓦斯、突出矿井的煤巷、半煤岩巷和有瓦斯涌出的岩巷掘进工作面正常工作的局部通风机必须配备安装同等能力的备用局部通风机，并能自动切换。正常工作的局部通风机必须采用三专（专用开关、专用电缆、专用变压器）供电，专用变压器最多可向 4 个不同掘进工作面的局部通风机供电；备用局部通风机电源必须取自同时带电的另一电源，当正常工作的局部通风机故障时，备用局部通风机能自动启动，保持掘进工作面正

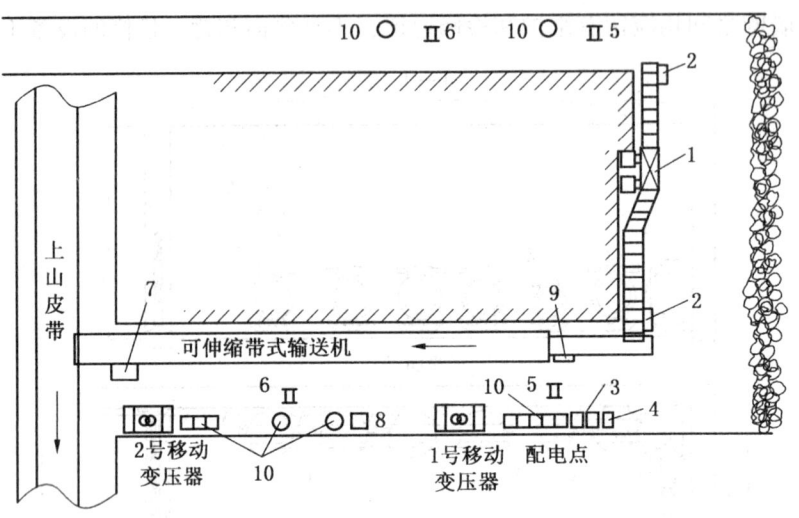

1—采煤机；2—刮板输送机；3—乳化液泵；4—喷雾泵；5—回柱绞车；6—调度绞车；
7—带式输送机电动机；8—小水泵；9—转载机；10—矿用低压防爆开关

图1-16 综采工作面机电设备布置示意图

常通风。"

"其他掘进工作面和通风地点正常工作的局部通风机可不配备备用局部通风机，但正常工作的局部通风机必须采用三专供电；或者正常工作的局部通风机配备安装一台同等能力的备用局部通风机，并能自动切换。正常工作的局部通风机和备用局部通风机的电源必须取自同时带电的不同母线段的相互独立的电源，保证正常工作的局部通风机故障时，备用局部通风机能投入正常工作。"

3. 工作面配电点位置确定

工作面电气设备多或距离采区变电所较远，为了方便工作面配电点电气设备的停送电，采用采区变电所-工作面配电点的供电方式。为了保证安全，采煤工作面配电点一般设在距工作面50~70 m处的巷道中；掘进工作面配电点一般设在距掘进头80~100 m处的巷道中，配电点至掘进设备的电缆长度以不超过100 m为宜。工作面配电点设有控制工作面各种设备的电磁启动器以及电钻（照明）综合保护装置，3台及其以上开关的配电点都需要设置自动馈电开关作为配电点的总开关，以便检修电磁启动器时切断总开关，实现断电检修和维护，保证人身安全。

五、变电所主要电气设备

（1）高压配电箱：控制高压电气设备，如主排水泵、控制变压器、控制线路等。

（2）矿用变压器：变换电压等级，向电气设备供电。

（3）移动变电站：变换电压等级，向综采工作面采煤机、刮板输送机和转载机等电气设备供电。

（4）采煤机：综采工作面采煤用。

（5）装载机：接采煤机采下的煤炭，向后面的输送机输送。

（6）输送机：将采煤工作面的煤炭向外运输。

(7) 电钻照明变压器综合装置：变换电压等级到 127 V，向煤电钻或照明装置供电。
(8) 液压支架：支护顶板。
(9) 启动器：用于控制装载机、刮板输送机等。
(10) 自动馈电开关：控制向工作面供电的线路。

📖 任务实施

1. 任务内容

矿井供电系统图及变电所主接线图的识读与绘制。

2. 工具器材

某矿井供电系统图和某井下变电所设备布置图以及主接线图等范例图各 1 份。

💡 任务拓展

任务内容：某矿井下中央变电所位置确定及电气设备布置。

根据任务要求，请同学们自行写出工作计划书，并按照计划书实施控制、评价、反馈。

任务要求：

(1) 按照收集资料进行井下中央变电所位置的确定与设备布置。
(2) 安装质量满足《煤矿安装工程质量检验评定标准》要求。

小贴士：小组成员共同按照任务要求编写"井下中央变电所位置确定与设备布置"工作计划，计划要符合实际、可行，要符合安全规程、操作规程和质量标准的要求。

❓ 学习评价

本任务学习评价内容及标准见表 1-6。

表 1-6 学习评价表

	考核项目	考核标准	配分	自评分	互评分	教师评分
知识点	1. 变电所位置确定原则	完整说出满分，少说一条扣 2 分	10			
	2. 认识变电所主要电气设备并知道其作用	完整说出满分，说错（少说）一条扣 2 分	10			
	小计		20			
技能点	1. 识读并绘制井下变电所设备布置图及主接线图	完成设备布置图及主接线图的识读和绘制的满分，未完成的 10~24 分；不会的 0 分	25			
	2. 会确定变电所位置	熟练确定满分；不熟练确定 5~9 分；不会确定 0 分	15			
	3. 会确定变电所的接线方式	熟练确定满分；不熟练确定 5~9 分；不会确定 0 分	15			
	4. 会布置变电所设备	熟练确定满分；不熟练确定 5~9 分；不会确定 0 分	15			
	小计		70			

表 1-6（续）

考核项目		考核标准	配分	自评分	互评分	教师评分
素质点	1. 职业素养	能够遵守国家及行业标准绘制图形者满分，否则 0~4 分	5			
	2. 学习态度	遵守纪律、学习热情高涨、积极参与者满分，否则 0~4 分	5			
		小计	10			
		合计	100			

注：1. 考核时间为 30 min，每超过 1 min 扣 1 分；
　　2. 要安全文明工作，否则教师酌情扣 1~10 分。

教师签字：_____

思考练习

1. 井下各类变电所位置的确定需要考虑哪些原则？
2. 井下中央变电所有哪些主要电气设备？其接线有何特点？
3. 采区变电所有哪些主要电气设备？其接线有何特点？
4. 综采工作面采用何种供电方式？

项目二　负荷计算与变压器选择

【项目描述】

供电系统设计时，电气设备的选型是一项关键任务。作为电气设备选型的基本依据，负荷计算是否合理，直接影响到电气设备（包括导线电缆）的选择是否经济合理。如计算负荷确定过大，将使电气设备和导线选得过大，造成投资和有色金属的消耗浪费；如计算负荷确定过小，又将使电气设备和导线电缆过早老化甚至烧毁，造成重大损失。

作为供电系统的重要组成部分，变压器的选择尤为重要。准确、合理的负荷计算是变压器容量选择的重要依据，也是变压器能够经济、安全运行的保障。

【项目分析】

本项目从煤矿供电系统设计中常用的负荷计算入手，介绍负荷计算常用的方法、变压器的选择、功率因数的提高及变压器损耗的计算。通过真实的企业案例引入，使学生掌握负荷计算的方法、功率因数的提高及变压器的选择，从而达到举一反三的目的。

在本项目的学习中，有3个功率因数需要重点关注，分别是自然功率因数、补偿后的功率因数和最终功率因数。

【学习目标】

☞　知识目标

掌握需用系数法负荷计算的步骤及过程；

掌握功率因数提高的方法及步骤；

掌握变压器容量的选择方法及变压器损耗的计算方法。

☞　能力目标

能够使用需用系数法进行负荷计算；

能够采用并联电容器进行功率因数的提高；

会选择变压器容量及计算变压器损耗；

能够计算人工补偿之后的功率因数。

☞　素质目标

培养养成一丝不苟、科学严谨的工作作风；

培养学生独立思考、独立计算、综合分析的能力；

培养学生团结协作的能力。

【案例引入】

某煤矿用电设备负荷统计见表2-1。该地区电源电压为35 kV，试选择该煤矿地面变电所的主变压器，并统计计算其总负荷。

表 2-1 某煤矿用电设备负荷统计表（空表）

序号	用电设备名称	额定电压/kV	设备台数		设备容量/kW		需用系数 K_{de}	功率因数 $\cos\varphi$	正切值 $\tan\varphi$	计算负荷				重要负荷比例/%	备注
			安装台数	工作台数	安装容量	工作容量				有功功率/kW	无功功率/kvar	视在功率/kVA	计算电流/A		
1	2	3	4	5	6	7	8	9	10	11	12	13	14	15	16
一	地面高压														
	1. 主井提升机	6	1	1	2000	2000								100	
	2. 副井提升机	6	1	1	1600	1600								100	
	3. 压风机	6	3	2	1800	1200								100	
二	南风井														
	1. 通风机	6	2	1	1600	800								100	同步机
	2. 压风机	6	3	2	750	500								100	
	3. 低压设备	6				539								25	
三	北风井														
	1. 通风机	6	2	1	1600	800								100	同步机
	2. 压风机	6	3	2	750	500								100	
	3. 低压设备	6				539								25	
四	地面低压														
	1. 地面工业广场	6				1880									
	2. 所用变压器	6				20								100	
	3. 锅炉房	6				918								80	
	4. 机修厂	6				888									
	5. 坑木厂	6				247									
	6. 选煤厂	6				3164								50	
	7. 水源井	6				175									
	8. 工人村	6				735									
	9. 其他用电设备	6				682									外供电

表 2-1（续）

序号	用电设备名称	额定电压/kV	设备台数		设备容量/kW		需用系数 K_{de}	功率因数 $\cos\varphi$	正切值 $\tan\varphi$	计算负荷				重要负荷比例/%	备注
			安装台数	工作台数	安装容量	工作容量				有功功率/kW	无功功率/kvar	视在功率/kVA	计算电流/A		
1	2	3	4	5	6	7	8	9	10	11	12	13	14	15	16
五	井下														
	1. 主排水泵（最大涌水量）	6				8812.5								100	
	2. 主排水泵（正常涌水量）	6				7459.2								100	
六	统计计算结果														
	1. 全矿合计	6				25999.5									取 K_s = 0.85
	2. 全矿计算负荷	6													
	3. 电容器补偿容量	6				7200 kvar									
	4. 补偿后负荷	6													
	5. 主变压器损耗														
	6. 全矿总负荷	35													

任务一 负 荷 计 算

任务描述

本任务主要采用目前工矿企业常用的需用系数法对负荷进行计算，重点介绍了负荷计算的方法及步骤。

其学习目标如下：

☞ 知识目标
➤ 理解需用系数的概念；
➤ 掌握需用系数法负荷计算的步骤。

☞ 能力目标
➤ 会查表确定用电设备组的需用系数；
➤ 会使用需用系数法负荷计算；

- 会计算自然功率因数。
☞ 素质目标
- 树立严谨、科学、实事求是的意识；
- 培养学生独立思考、一丝不苟的工作作风。

相关知识

一、负荷计算的常用方法

目前负荷计算的常用方法有需用系数法、二项式法和利用系数法。

（1）需用系数法。需用系数法比较简单因而广泛使用，但当用电设备台数较少而功率相差悬殊时，需用系数法的计算结果往往偏小，较适用于计算变、配电所的负荷。

（2）二项式法。二项式法是考虑用电设备和大容量用电设备对计算负荷影响的经验公式，它适用于确定台数较少而容量差别较大的低干线和分支线的计算负荷。

（3）利用系数法。利用系数法以概率论为理论基础，以分析所用电设备在工作时的功率叠加曲线而得到的参数为依据来确定计算负荷，计算结果接近实际负荷，但计算方法复杂。

结合上述方法的优缺点，确定本任务选择负荷计算的方法为需用系数法。

需用系数法
计算负荷

二、需用系数法

用电设备往往不是满负荷运行，实际负荷容量常小于其额定容量。一组用电设备中，所有用电设备也不可能同时运行；同时工作的设备，最大负荷出现的时间也不相同。因此，用电设备组的实际负荷总容量总是小于其额定容量之和。我们将用电设备组实际负荷总容量与其额定容量之和的比值称为需用系数。根据用电设备的额定容量和需用系数，计算实际负荷容量的方法称为需用系数法。

1. 用电设备的需用系数

一组用电设备的需用系数可由下式确定：

$$K_{de} = \frac{K_{si} K_{lo}}{\eta_w \eta_{wm}} \tag{2-1}$$

式中　K_{de}——需用系数；

　　　K_{si}——该组用电设备的同时系数，它等于该组设备在最大负荷时，同时工作设备的额定功率之和 $\sum P_{N \cdot si}$ 与该组用电设备额定功率之和 $\sum P_N$ 的比值，即

$$K_{si} = \frac{\sum P_{N \cdot si}}{\sum P_N};$$

　　　K_{lo}——该组用电设备的负荷系数，它等于同时工作设备的总实际输出功率 $\sum P_{si \cdot \Sigma}$ 与同时工作设备额定功率之和 $\sum P_{N \cdot si}$ 的比值，即 $K_{lo} = \dfrac{\sum P_{si \cdot \Sigma}}{\sum P_{N \cdot si}};$

η_w——供电线路效率；

η_wm——同时工作设备的加权平均效率。

2. 用电设备的计算负荷

计算负荷是按发热条件选择导体和电器时所使用的一个假想负荷。按计算负荷持续运行所产生的热效应，与实际变动负荷长时运行所产生的最大热效应相等。理论分析和实验证明，导体达到稳定温升的时间约为 30 min。因此，只有持续时间在 30 min 以上的负荷，才有可能在导体中产生最大稳定温升。所以，通常规定取 30 min 平均最大负荷作为计算负荷。

成组用电设备的计算负荷为

$$\begin{cases} P_\mathrm{ca} = K_\mathrm{de} \sum P_\mathrm{N} \\ Q_\mathrm{ca} = P_\mathrm{ca} \tan\varphi_\mathrm{wm} \\ S_\mathrm{ca} = \dfrac{P_\mathrm{ca}}{\cos\varphi_\mathrm{wm}} \end{cases} \quad (2-2)$$

式中　　P_ca——用电设备组的有功计算负荷，kW；

　　　　Q_ca——无功计算负荷，kvar；

　　　　S_ca——视在计算负荷，kVA；

　　　　$\sum P_\mathrm{N}$——该组用电设备的额定功率之和，kW；

　　　　K_de、$\cos\varphi_\mathrm{wm}$——该组用电设备的需用系数和加权平均功率因数，见表 2-2 和表 2-3；

　　　　$\tan\varphi_\mathrm{wm}$——与 $\cos\varphi_\mathrm{wm}$ 对应的正切值。

表 2-2　煤矿地面用电设备的需用系数和加权平均功率因数

用电设备名称	需用系数 K_de	功率因数 $\cos\varphi$	备　注
主、副井提升机	按备注中的式 1 计算	根据所选电动机及负荷率查备注中的表确定	式 1：$K_\mathrm{de} = \dfrac{P}{\eta P_\mathrm{N}} = \dfrac{FV_\mathrm{m}}{102\eta\eta_\mathrm{i} P_\mathrm{N}}$ 式 2：$K_\mathrm{de} = \dfrac{P}{\eta P_\mathrm{N}} = \dfrac{QH}{102\eta\eta_\mathrm{i}\eta_\mathrm{mec} P_\mathrm{N}}$ 式 3：$K_\mathrm{de} = \dfrac{P}{\eta P_\mathrm{N}} = \dfrac{rQH}{102\eta\eta_\mathrm{mec} P_\mathrm{N}}$ 式中　F——对主副井提升机为等效力；对输送机为驱动轮牵引力，kg； 　　　V_m——对主副井提升机为最大提升速度；对输送机为最大运行速度，m/s； 　　　η——电动机在相应负载率时的工作效率； 　　　η_i——机械传动效率； 　　　Q——对通风机为相应工况点的风量；对排水泵为相应工况点的流量，m³/s；
通风机	按备注中的式 2 计算		
排水泵	按备注中的式 3 计算		
空气压缩机	0.8~0.85		
大功率带式输送机	按备注中的式 1 计算		
生产系统用电设备	0.6	0.7	
储煤场用电设备	0.4	0.6	
主、副井提升辅助设备	0.7	0.7	

表 2-2（续）

用电设备名称	需用系数 K_{de}	功率因数 $\cos\varphi$	备 注
通风机辅助设备	0.5	0.7	H——对通风机为相应工况点的压力，mmH_2O；对排水泵为相应工况点的扬程，m； r——矿井涌水量的比重； P_N——电动机的额定功率，kW。
空气压缩机辅助设备	0.75	0.8	
铁路装车站用电设备	0.55	0.7	
铁路调车站用电设备	0.65	0.7	
坑木场用电设备	0.35	0.65	
联合生活福利动力设备	0.6	0.7	
矿灯房	0.3	0.8	
机修厂	0.3	0.65	
锅炉房	0.6~0.7	0.75	
空气加热室	0.7	0.75	
架空索道	0.6	0.7	
泥浆泵	0.7	0.75	
排矿系统	0.65	0.75	
副井井口	0.5	0.6	
塌陷区排水	0.75	0.8	
污水泵站	0.7	0.75	
脏煤处理系统	0.6	0.7	
煤样室	0.5	0.6	
化验室	0.5	0.8	
地面小负荷	0.65	0.7	

负载与功率因数变化表

负载	额定负载	3/4 负载	1/2 负载
功率因数	0.92	0.90	0.85
	0.91	0.89	0.83
	0.90	0.88	0.82
	0.89	0.87	0.80
	0.88	0.85	0.78
	0.87	0.84	0.77
	0.86	0.83	0.75
	0.85	0.82	0.74
	0.84	0.81	0.71
	0.83	0.80	0.70
	0.82	0.77	0.67
	0.81	0.76	0.66
	0.80	0.75	0.65
	0.79	0.74	0.63

表 2-3 煤矿井下用电设备的需用系数及加权平均功率因数

用电设备名称	需用系数 K_{de}	功率因数 $\cos\varphi$	备注
综采工作面	按备注中式1计算	0.7	式1：$K_{de} = 0.4 + 0.6 \dfrac{P_{N\cdot max}}{\sum P_N}$ 式2：$K_{de} = 0.286 + 0.714 \dfrac{P_{N\cdot max}}{\sum P_N}$ 式中 $P_{N\cdot max}$——用电设备组中容量最大的一台电动机的额定功率； $\sum P_N$——用电设备组额定功率之和
一般机采工作面	按备注中式2计算	0.6~0.7	
炮采工作面（缓倾斜煤层）	0.4~0.5	0.6	
炮采工作面（急倾斜煤层）	0.5~0.6	0.7	
非掘进机的掘进工作面	0.3~0.4	0.6	
掘进机的掘进工作面	按备注中式1计算	0.6~0.7	
架线电机车整流	0.45~0.65	0.8~0.9	
蓄电池电机车充电	0.8	0.8~0.85	
输送机和绞车	0.6~0.7	0.7	
井底车场（不包含主排水泵）	0.6~0.7	0.7	

3. 变电所总负荷的计算

统计全变电所的计算负荷时,应从供电系统最末端开始逐级向电源侧统计。统计时先将各用电设备按生产环节和设备装设地点分组,然后按式(2-2)计算各组用电设备的计算负荷。

若某一干线存在多个用电设备组时,应将该干线上各用电设备组的计算负荷相加后乘组间最大负荷同时系数,得出干线上的计算负荷。统计变电所二次母线上的计算负荷时,应将母线上各路配出线计算负荷相加,再乘组间最大负荷同时系数,计算公式如式(2-3)所示:

$$\begin{cases} P_\Sigma = K_s \sum P_{ca} \\ Q_\Sigma = K_s \sum Q_{ca} \\ S_\Sigma = \sqrt{P_\Sigma^2 + Q_\Sigma^2} \end{cases} \quad (2\text{-}3)$$

式中 $\sum P_{ca}$、$\sum Q_{ca}$——各组用电设备的有功与无功计算负荷之和;

K_s——考虑各组用电设备最大负荷不同时出现的组间最大负荷同时系数,组数越多,其值越小,一般 $K_s = 0.8 \sim 0.95$,煤矿各类变电所母线的同时系数见表2-4。

各级电网的 K_{sp} 或 K_{sq} 连乘之积不应小于0.8。负荷计算结果一般以表格形式给出。

表2-4 不同类型变电所母线的同时系数

序号	变电所母线类型	同时系数 K_s	备注
1	6(10)kV 母线	0.8~0.85	大型矿井
		0.85~0.9	中型矿井
2	低压母线	0.85~0.95	
3	采区变电所	1	供一个工作面
		0.9	供两个工作面
		0.85	供三个工作面
4	井下中央变电所母线	0.85~0.95	

小贴士:负荷计算犹如万丈高楼之地基,负荷计算结果是否准确,将直接影响到供电系统的设计、各种电气设备的选型、继电保护装置的整定计算等,是系统能否正常运行、保护装置能否动作的关键所在,因此必须细致、严谨、实事求是。

📖 **任务实施**

从案例 2-1 已知,某煤矿用电设备的技术数据及该地区电源电压为 35 kV。试选择该矿地面变电所的主变压器,并计算其总负荷。

负荷计算实例

1. 用电设备组的计算负荷

用需用系数法统计负荷,查表 2-2 和表 2-3 或通过计算,得出对应用电设备(组)的需用系数 K_{de}、功率因数 $\cos\varphi_{wm}$,并计算对应的正切值 $\tan\varphi_{wm}$,填于负荷统计表 2-1 的 8、9、10 栏内;然后按式(2-2)计算用电设备的计算负荷,分别填于表 2-1 的 11、12、13、14 栏内。

下面以主井提升机为例,计算各组用电设备的计算负荷,其余用电设备组的计算过程类似,不再赘述。

用表 2-2 备注中公式计算和查表,得主井提升机的 $K_{de} = 0.9$,$\cos\varphi_{\omega m} = 0.85$,则

$$P_{ca} = K_{de}\sum P_N = 0.9 \times 2000 = 1800.0 \text{ kW}$$

$$Q_{ca} = P_{ca}\tan\varphi_{wm} = 1800.0 \times 0.62 = 1116.0 \text{ kvar}$$

$$S_{ca} = \sqrt{P_{ca}^2 + Q_{ca}^2} = \sqrt{1800.0^2 + 1116.0^2} = 2117.6 \text{ kVA}$$

$$I_{ca} = \frac{S_{ca}}{\sqrt{3}U_N} = \frac{2117.6}{\sqrt{3}\times 6} = 203.8 \text{ A}$$

将上述计算结果分别填入表 2-1 第 11—14 栏内,其他各组负荷的计算与此相同,重复计算即可。

2. 全矿计算负荷

(1) 全矿负荷合计。将全矿各组高压计算负荷相加得

$$\sum P_{ca} = 1800.0 + 1280.0 + \cdots + 6433.1 = 17916.5 \text{ kW}$$

$$\sum Q_{ca} = 1116.0 + 793.6 + \cdots + 5017.8 = 12316.2 \text{ kvar}$$

(2) 全矿计算负荷。计算全矿 6 kV 侧总的计算负荷时,应考虑各组间同时系数,查表 2-3 取 $K_s = 0.85$,则

$$P_\Sigma = K_{sp}\sum P_{ca} = 0.85 \times 17916.6 = 15229.1 \text{ kW}$$

$$Q_\Sigma = K_{sq}\sum Q_{ca} = 0.85 \times 12316.2 = 10468.8 \text{ kvar}$$

$$S_\Sigma = \sqrt{P_\Sigma^2 + Q_\Sigma^2} = \sqrt{15229.1^2 + 10468.8^2} = 18480.3 \text{ kVA}$$

$$\cos\varphi_{NAT} = \frac{P_\Sigma}{S_\Sigma} = \frac{15229.1}{18480.3} = 0.824$$

将计算结果填入表 2-1 中,得到表 2-5。至此负荷计算完成。

进行负荷统计时,算出了多组用电负荷的 P、Q、S。最终用 P_Σ、Q_Σ、S_Σ 计算得到 $\cos\varphi_{NAT}$,称为自然功率因数,可以看到,自然功率因数一般都不高,在本案例中只有 0.824,而电网要求用户的功率因数不得低于 0.9,否则要罚款,因此,用户必须认识到功率因数不高会造成什么后果,应该采取什么措施提高功率因数,这些将在任务二"功率因数的提高"中进行介绍。

表2-5 某煤矿用电设备负荷统计表

序号	用电设备名称	额定电压/kV	设备台数 安装台数	设备台数 工作台数	设备容量/kW 安装容量	设备容量/kW 工作容量	需用系数 K_{de}	功率因数 $\cos\varphi$	正切值 $\tan\varphi$	计算负荷 有功功率/kW	计算负荷 无功功率/kvar	计算负荷 视在功率/kVA	计算负荷 计算电流/A	重要负荷比例/%	备注
1	2	3	4	5	6	7	8	9	10	11	12	13	14	15	16
一	地面高压														
	1. 主井提升机	6	1	1	2000	2000	0.9	0.85	0.62	1800.0	1116.0	2117.6	203.8	100	
	2. 副井提升机	6	1	1	1600	1600	0.8	0.85	0.62	1280.0	793.6	1505.9	144.9	100	
	3. 压风机	6	3	2	1800	1200	0.7	0.8	0.75	840.0	630.0	1050.0	101.0	100	
二	南风井														
	1. 通风机	6	2	1	1600	800	0.7	0.8	-0.75	560.0	-420.0	700.0	67.4	100	同步机
	2. 压风机	6	3	2	750	500	0.7	0.8	0.75	350.0	262.5	437.5	42.1	100	
	3. 低压设备	6				539	0.7	0.8	0.75	377.3	283.0	471.6	45.4	25	
三	北风井														
	1. 通风机	6	2	1	1600	800	0.7	0.8	-0.75	560.0	-420.0	700.0	67.4	100	同步机
	2. 压风机	6	3	2	750	500	0.7	0.8	0.75	350.0	262.5	437.5	42.1	100	
	3. 低压设备	6				539	0.7	0.8	0.75	377.3	283.0	471.6	45.4	25	
四	地面低压														
	1. 地面工业广场	6				1880	0.68	0.7	1.02	1278.4	1304.0	1826.3	175.7	100	
	2. 所用变压器	6				20	0.7	0.7	1.02	14.0	14.3	20.0	1.9		

表 2-5（续）

序号	用电设备名称	额定电压/kV	设备台数		设备容量/kW		需用系数 K_{de}	功率因数 $\cos\varphi$	正切值 $\tan\varphi$	计算负荷				重要负荷比例/%	备注
			安装台数	工作台数	安装容量	工作容量				有功功率/kW	无功功率/kvar	视在功率/kVA	计算电流/A		
1	2	3	4	5	6	7	8	9	10	11	12	13	14	15	16
	3. 锅炉房	6				918	0.65	0.75	0.88	596.7	525.1	795.6	76.6	80	
	4. 机修厂	6				888	0.3	0.65	1.17	266.4	311.7	409.8	39.4		
	5. 坑木厂	6				247	0.35	0.65	1.17	86.5	101.2	133.1	12.8		
四	6. 选煤厂	6				3164	0.6	0.8	0.75	1898.4	1423.8	2373.0	228.3	50	
	7. 水源井	6				175	0.8	0.8	0.75	140.0	105.0	175.0	16.8		
	8. 工人村	6				735	0.5	0.7	1.02	367.5	374.9	525.0	50.5		外供电
	9. 其他用电设备	6				682	0.5	0.7	1.02	341.0	347.8	487.0	46.9		
五	1. 主排水泵（最大涌水量）	6				8812.5	0.73	0.79	0.78	6433.1	5017.8	8158.6	785.1	100	
	2. 主排水泵（正常涌水量）	6				7459.2	0.72	0.78	0.80	5370.6	4296.5	6877.7	661.8	100	
	统计计算结果														
	1. 全矿合计	6				25999.5				17916.6	12316.2	21741.5			
六	2. 全矿计算负荷	6						0.824		15229.1	10468.4	18480.3			取 $K_s = 0.85$
	3. 电容器补偿容量	6			7200kvar						-6530.6		1513.6		
	4. 补偿后负荷	6						0.968		15229.1	3938.2	15730.1			
	5. 主变压器损耗									55.5	742.7				
	6. 全矿总负荷	35						0.956		15284.6	4680.9	15985.3	263.7		

任务拓展

试对下列案例的负荷进行统计,并计算自然功率因数 $\cos\varphi_{NAT}$。

某变电所为 110 kV 城郊变电所,有 3 个电压等级,分别为 110 kV、35 kV 和 10 kV。变电所建成后主要对本地区的工业和生活供电,并同其他地区连成环网。现需要计算各电压等级侧的负荷,包括站用电负荷(动力负荷和照明负荷)、10 kV 侧负荷、35 kV 侧负荷和 110 kV 侧负荷。其中,一、二类用户占 60%。

1. 110 kV 侧负荷资料

110 kV 侧有 2 回出线,最大一回出线负荷为 30000 kVA,每回出线长度为 10 km,负荷功率因数取 0.8。110 kV 侧最大负荷为 41.8 MW,则 110 kV 侧用户负荷为 41.8/0.8 = 52.25 MVA。

2. 35 kV 侧负荷资料

35 kV 侧有 4 回出线,最大一回出线负荷为 5000 kVA,负荷功率因数取 0.9。35 kV 侧最大负荷为 12.40 MW,则 35 kV 侧用户负荷为 12.40/0.9 = 13.8 MVA。

3. 10 kV 侧负荷资料

10 kV 侧有 16 回出线,最大一回出线负荷为 5000 kVA,负荷功率因数取 0.85。10 kV 侧最大负荷为 26.3 MW,则 35 kV 侧用户负荷为 26.3/0.85 = 30.9 MVA。

4. 变电站的气候与地理条件

该地区最高温度 42 ℃,最低气温 -15 ℃,平均气温 20 ℃,最高月平均气温为 30 ℃,最低月平均气温为 -8 ℃,覆冰 5 mm,海拔高度小于 1000 m,最多风向为西南、西北,地耐力为 2 kg/cm,地震级 8 级以下,周围环境无易燃及明显污秽。

某 110 kV 城郊变电站负荷计算表(空表)见表 2-6。

表 2-6 某 110 kV 城郊变电站负荷计算表(空表)

电压等级	负荷名称	自然功率/MW	K_{de}	$\cos\varphi$	$\tan\varphi$	计算负荷			
						P_{ca}/MW	Q_{ca}/Mvar	S_{ca}/MVA	I_{ca}/A
110 kV	1#	28	0.90	0.80	0.75				
	2#	30							
	小计($K_\Sigma = 0.8$)								
35 kV	1#	5	0.85	0.9	0.48				
	2#	4.5							
	3#	4.2							
	4#	4							
	小计($K_\Sigma = 0.8$)								

表 2-6（续）

电压等级	负荷名称	自然功率/MW	K_{de}	$\cos\varphi$	$\tan\varphi$	计算负荷			
						P_{ca}/MW	Q_{ca}/Mvar	S_{ca}/MVA	I_{ca}/A
10 kV	1#	3.5	0.80	0.85	0.62				
	2#	5							
	3#	4							
	4#	2.6							
	5#	4							
	6#	0.7							
	7#	1							
	8#	3							
	9#	4.2							
	10#	1.2							
	11#	1.8							
	12#	3							
	13#	2.2							
	14#	2.1							
	15#	2							
	16#	0.8							
	小计（$K_\Sigma = 0.8$）								
	母线侧总负荷								

1）计算 110 kV 侧负荷

110 kV 侧 1#负荷：

$P_{ca1} = K_{de} \times P_N = 0.9 \times 28 = 25.2 \text{ MW}$

$Q_{ca1} = P_{ca1} \times \tan\varphi = 25.2 \times 0.75 = 18.9 \text{ Mvar}$

$S_{ca1} = \dfrac{P_{ca1}}{\cos\varphi} = \dfrac{25.2}{0.8} = 31.5 \text{ MVA}$

$I_{ca1} = \dfrac{S_{ca1}}{\sqrt{3} U_N} = \dfrac{31.5 \times 1000}{\sqrt{3} \times 110} \approx 165.3 \text{ A}$

110 kV 侧 2#负荷：

$$P_{ca2} = K_{de} \times P_N = 0.9 \times 30 = 27 \text{ MW}$$

$$Q_{ca2} = P_{ca2} \times \tan\varphi = 27 \times 0.75 = 20.25 \text{ Mvar}$$

$$S_{ca2} = \frac{P_{ca2}}{\cos\varphi} = \frac{27}{0.8} = 33.75 \text{ MVA}$$

$$I_{ca2} = \frac{S_{ca2}}{\sqrt{3} U_N} = \frac{33.75 \times 1000}{\sqrt{3} \times 110} \approx 177.1 \text{ A}$$

该组用电设备的总有功计算负荷、总无功计算负荷、总视在计算负荷分别为

$$P_{\Sigma 1} = K_\Sigma \times (P_{ca1} + P_{ca2}) = 0.8 \times (25.2 + 27) = 41.76 \text{ MW}$$

$$Q_{\Sigma 1} = K_{\Sigma 1} \times (Q_{ca1} + Q_{ca2}) = 0.8 \times (18.9 + 20.25) = 31.32 \text{ Mvar}$$

$$S_{\Sigma 1} = \sqrt{P_\Sigma^2 + Q_\Sigma^2} = \sqrt{41.76^2 + 31.32^2} \approx 52.2 \text{ MVA}$$

2）计算 35 kV 侧负荷

35 kV 侧 1#负荷：

$$P_{ca3} = K_{de} \times P_N = 0.85 \times 5 = 4.25 \text{ MW}$$

$$Q_{ca3} = P_{ca3} \times \tan\varphi = 4.25 \times 0.48 = 2.04 \text{ Mvar}$$

$$S_{ca3} = \frac{P_{ca3}}{\cos\varphi} = \frac{4.25}{0.9} = 4.73 \text{ MVA}$$

$$I_{ca3} = \frac{S_{ca3}}{\sqrt{3} U_N} = \frac{4.73 \times 1000}{\sqrt{3} \times 35} \approx 78 \text{ A}$$

35 kV 侧 2#负荷：

$$P_{ca4} = K_{de} \times P_N = 0.85 \times 4.5 = 3.83 \text{ MW}$$

$$Q_{ca4} = P_{ca4} \times \tan\varphi = 3.83 \times 0.48 = 1.84 \text{ Mvar}$$

$$S_{ca4} = \frac{P_{ca4}}{\cos\varphi} = \frac{3.83}{0.9} = 4.26 \text{ MVA}$$

$$I_{ca4} = \frac{S_{ca4}}{\sqrt{3} U_N} = \frac{4.26 \times 1000}{\sqrt{3} \times 35} \approx 70.3 \text{ A}$$

35 kV 侧 3#负荷：

$$P_{ca5} = K_{de} \times P_N = 0.85 \times 4.2 = 3.57 \text{ MW}$$

$$Q_{ca5} = P_{ca5} \times \tan\varphi = 3.57 \times 0.48 = 1.71 \text{ Mvar}$$

$$S_{ca5} = \frac{P_{ca5}}{\cos\varphi} = \frac{3.57}{0.9} = 3.97 \text{ MVA}$$

$$I_{ca5} = \frac{S_{ca5}}{\sqrt{3} U_N} = \frac{3.97 \times 1000}{\sqrt{3} \times 35} \approx 65.5 \text{ A}$$

35 kV 侧 4#负荷：

$$P_{ca6} = K_{de} \times P_N = 0.85 \times 4 = 3.4 \text{ MW}$$

$$Q_{ca6} = P_{ca6} \times \tan\varphi = 3.4 \times 0.48 = 1.63 \text{ Mvar}$$

$$S_{ca6} = \frac{P_{ca6}}{\cos\varphi} = \frac{3.4}{0.9} = 3.78 \text{ MVA}$$

$$I_{ca6} = \frac{S_{ca6}}{\sqrt{3}\,U_N} = \frac{3.78 \times 1000}{\sqrt{3} \times 35} \approx 62.4 \text{ A}$$

该组用电设备的总有功计算负荷、总无功计算负荷、总视在计算负荷分别为

$$P_{\Sigma 2} = K_{\Sigma} \times \sum_{i=3}^{6} P_{cai} = 0.8 \times (4.25 + 3.83 + 3.57 + 3.4) = 12.04 \text{ MW}$$

$$Q_{\Sigma 2} = K_{\Sigma} \times \sum_{i=3}^{6} Q_{cai} = 0.8 \times (2.04 + 1.84 + 1.71 + 1.63) = 5.78 \text{ Mvar}$$

$$S_{\Sigma 2} = \sqrt{P_{\Sigma 2}^2 + Q_{\Sigma 2}^2} = \sqrt{12.04^2 + 5.78^2} \approx 13.36 \text{ MVA}$$

3) 10kV 侧负荷统计结果

略。

将上述所有数据，填入表 2-7 中。

表 2-7 某 110 kV 城郊变电站负荷计算表

电压等级	负荷名称	自然功率/MW	K_{de}	$\cos\varphi$	$\tan\varphi$	计算负荷			
						P_{ca}/MW	Q_{ca}/Mvar	S_{ca}/MVA	I_{ca}/A
110 kV	1#	28	0.90	0.80	0.75	25.20	18.90	31.50	165.30
	2#	30				27.00	20.25	33.75	177.10
	小计（$K_\Sigma = 0.8$）					41.76	31.32	52.20	
35 kV	1#	5	0.85	0.9	0.48	4.25	2.04	4.73	78.00
	2#	4.5				3.83	1.84	4.26	70.30
	3#	4.2				3.57	1.71	3.97	65.50
	4#	4				3.40	1.63	3.78	62.40
	小计（$K_\Sigma = 0.8$）					12.04	5.78	13.36	
10 kV	1#	3.5	0.80	0.85	0.62	2.80	1.74	3.29	189.95
	2#	5				4.00	2.48	4.71	271.94
	3#	4				3.20	1.98	3.77	217.67
	4#	2.6				2.08	1.29	2.45	141.45
	5#	4				3.20	1.98	3.77	217.67
	6#	0.7				0.56	0.35	0.66	38.11
	7#	1				0.80	0.50	0.94	54.27
	8#	3				2.40	1.49	2.82	162.82
	9#	4.2				3.36	2.08	3.95	228.06

表 2-7（续）

电压等级	负荷名称	自然功率/MW	K_{de}	$\cos\varphi$	$\tan\varphi$	计算负荷			
						P_{ca}/MW	Q_{ca}/Mvar	S_{ca}/MVA	I_{ca}/A
10 kV	10#	1.2	0.80	0.85	0.62	0.96	0.60	1.13	65.24
	11#	1.8				1.44	0.89	1.69	97.58
	12#	3				2.40	1.49	2.82	162.82
	13#	2.2				1.76	1.09	2.07	119.52
	14#	2.1				1.68	1.04	1.98	114.32
	15#	2				1.60	0.99	1.88	108.55
	16#	0.8				0.64	0.40	0.75	43.30
小计（$K_\Sigma=0.8$）						26.30	16.31	30.94	
母线侧总负荷						64.08	42.73	77.02	

则母线侧总负荷分别为

有功计算负荷 $P_\Sigma = K_\Sigma \times \sum_{i=1}^{3} P_{\Sigma i} = 0.8 \times (41.76 + 12.04 + 26.3) = 64.08$ MW

无功计算负荷 $Q_\Sigma = K_\Sigma \times \sum_{i=1}^{3} Q_{\Sigma i} = 0.8 \times (31.32 + 5.78 + 16.31) = 42.73$ Mvar

视在计算负荷 $S_\Sigma = \sqrt{P_\Sigma^2 + Q_\Sigma^2} = \sqrt{64.08^2 + 42.73^2} = 77.02$ MVA

计算自然功率因数 $\cos\varphi_{NAT} = \dfrac{P_\Sigma}{S_\Sigma} = \dfrac{64.08}{77.02} = 0.83$

学习评价

本任务学习效果考核的项目及标准见表 2-8。

表 2-8 学习效果考核评价表

考核项目		考核标准	配分	自评分	互评分	教师评分
知识点	1. 需用系数法	完整说出满分；不完整 7~14 分；不会 0 分	20			
	2. 负荷计算步骤	完整说出满分；不完整 7~14 分；不会 0 分	20			
		小计	40			

表2-8（续）

考核项目		考核标准	配分	自评分	互评分	教师评分
技能点	会进行负荷计算	会进行负荷计算满分；不熟练15~29分；不会0分	50			
	小计		50			
情感点	1. 职业素养	能够认真分析、仔细计算者满分，否则0~4分	5			
	2. 学习态度	遵守纪律、学习热情高涨、积极参与者满分，否则0~4分	5			
	小计		10			
	合计		100			

注：1. 考评时间为60 min，每超过1 min扣1分；
　　2. 要安全文明工作，否则教师酌情扣1~10分。

教师签字：_____

思考练习

1. 用电设备按照工作制可分为哪几类？
2. 负荷计算的原则是什么？
3. 负荷计算的步骤是什么？

任务二　功率因数的提高

任务描述

在任务一中，我们进行了负荷计算，得到了用户的自然功率因数，但该数值往往低于0.9，低于电网规定的功率因数下限，因此需要进行功率因数的提高。本任务将介绍提高功率因数的意义及方法，重点介绍提高功率因数的计算过程。

其学习目标如下：
☞　知识目标
➢　理解功率因数的概念；
➢　掌握提高功率因数的两种方法及优缺点；
➢　掌握人工补偿法提高功率因数的步骤。
☞　能力目标
➢　会用人工补偿法提高功率因数，并会选择电容器（组）型号；
➢　能够分析所需补偿容量和实际补偿容量的区别；
➢　会计算补偿之后的功率因数。
☞　素质目标
➢　树立严谨、科学、实事求是的意识；
➢　培养学生独立思考、一丝不苟的工作作风。

小贴士：功率因数是衡量系统对电能利用率的重要指标，电网要求用户提高功率因数，即各自提高对电能的利用率，则电能可供给更多的用户。各种形式的一次能源不可再生，将其转换成电能提供给用户，因此电力系统中各组成部分都需要提高利用率，节约能源，这也是"绿水青山就是金山银山"的一种具体体现。

相关知识

一、提高功率因数的意义

由于工矿企业广泛使用感应电动机和变压器等用电设备，因此供电系统除供给有功功率外，还需供给大量的无功功率，为此必须提高工矿企业用户的功率因数。减少对电源系统的无功功率需求量，提高功率因数有下列实际意义。

（1）提高电力系统的供电能力。在发、输、配电设备容量一定情况下，用户的功率因数越高，则无功功率越小，所需视在功率就越小，这样同样容量的供、配电设备，可向更多的用户提供电能。

（2）减少供电网络中的电压损失，提高供电质量。用户的功率因数越高，在同样有功功率的情况下，线路中的电流就越小，因而网络上电压损失也越小，用电设备的端电压就越高。

（3）减少供电网络的电能损耗。在线路电压和输送的有功功率一定的情况下，功率因数越高，电流就越小，则网络中的电能损耗就越少。

提高功率因数，可以充分利用现有的变电、输电和配电设备，保证供电质量，减少电能损耗，提高供电效率，因而具有显著的经济效益。为此，我国电力部门实行电费奖惩制度，一般对于高压电力用户 $\cos\varphi > 0.9$ 的给予奖励，$\cos\varphi < 0.9$ 的给予罚款。

二、提高功率因数的方法

1. 提高自然功率因数

没有人为增加功率因数补偿设备，仅由电力用户电气设备的运行情况所决定的功率因数，称为自然功率因数。电力用户应通过采取技术措施，改进电气设备的运行情况来提高自然功率因数，提高自然功率因数的方法有：

（1）正确选择并合理使用电动机，使其不轻载或空载运行。在条件允许时尽量选用笼型异步电动机。

（2）合理选择变压器容量，适当调整其运行方式，尽量避免变压器空载或轻载运行。

（3）对于容量较大，且不需调速的电动机（如矿井通风机），尽量选用同步电动机，并使其运行于过激状态。因为同步电动机运行于过激状态时呈容性负载，能补偿线路上其他感性负载的无功功率。

2. 人工补偿法提高功率因数

若自然功率因数不能满足要求，应采用人工补偿法来提高功率因数。由于工矿企业均为感性负荷，因此目前工矿企业广泛采用并联电容器进行无功功率的补偿。

3. MSVC 高压动态无功补偿装置

MSVC 高压动态无功补偿装置是近年来在煤矿等大型企业广泛应用的一种新型产品，

可实现提高功率因数、降低无功损耗、稳定系统电压、有效消除或抑制电网谐波分量和电压畸变的作用。该装置主要由滤波补偿支路、磁阀式可控电抗器（magnetic control reactor, MCR）支路及控制系统几部分组成。

滤波补偿支路由不同次数的滤波支路组成；MCR支路由MCR磁控电抗器组成；控制系统由MCR励磁单元、MCR控制单元、MSVC监控单元组成，检测系统参数，并实现自动控制。控制系统检测系统无功参数，根据程序设定控制MCR磁控电抗器输出的感性无功功率，调节MSVC的无功输出，实现系统无功功率的动态补偿。

三、电容器的选择

1. 电容器补偿容量的计算

设补偿前负荷的有功功率为 P_Σ，功率因数角为 φ_{NAT}，补偿后功率因数角要求达到 φ_{ac}，则电容器所需补偿容量 Q_C（图2-1）为

$$Q_C = P_\Sigma (\tan\varphi_{NAT} - \tan\varphi_{ac}) \qquad (2-4)$$

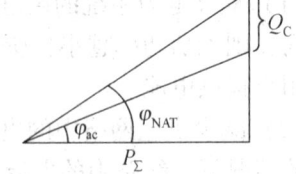

图2-1 补偿前后功率三角形示意图

2. 电容器柜台数的确定

电容器的额定电压应当与其接入的电网工作电压相适应，由于电容器实际补偿容量与其工作电压的平方成正比，因而电容器柜台数 N 可按下式计算：

$$N = \frac{Q_C}{q_{N \cdot C} \left(\dfrac{U_w}{U_{N \cdot C}} \right)^2} \qquad (2-5)$$

式中　$q_{N \cdot C}$ ——单台电容器柜的额定容量，kvar；

　　　U_w ——电容器的实际工作电压，kV；

　　　$U_{N \cdot C}$ ——电容器的额定电压，kV。

电容器柜的台数选取不小于计算值的整数。由于电容器柜一般分为两组，分别接在两段母线上，为了后续设计计算简便，应使两段母线所接电容柜数相同，所以应使电容器柜的总数为偶数。因电容器柜数取整，使所需补偿容量 Q_C 变大，应重新计算人工补偿之后的功率因数 $\cos\varphi_{ac}$。

3. 电容器的补偿方式和接线方式

1) 电容器的补偿方式

电容器的补偿方式有三种：单独就地补偿、分散补偿和集中补偿。

(1) 单独就地补偿方式。单独就地补偿是将补偿电容器直接与要补偿的设备并联，并共用一套开关设备控制。这种补偿方式适用于长时运行的所需补偿容量较大的设备，或者由较长线路供电的设备。

(2) 分散补偿方式。分散补偿是将电容器装设在各配电用户的母线上。电容器视技术经济比较情况，既可装在配电变压器高压侧也可装在低压侧，或采用高低压混合补偿方式。这种补偿方式适用于用电负荷分散的工矿企业。

(3) 集中补偿方式。集中补偿就是将电容器集中装设在工矿企业总变电所的6~10 kV高压母线上，用专用开关控制。这种补偿方式电容器利用率高，管理方便，适用于负荷较

为集中的工矿企业。

2) 补偿电容器的接线方式

当电容器组采用三角形接线时，若某一电容器内部击穿会造成相间短路故障，有可能引起电容器爆炸。而当电容器组采用星形接线时，当某一电容器被击穿时，故障电流仅为电容器组额定电流的3倍，不会形成相间短路故障。因而GB 50227—2017《并联电容器装置设计规范》中规定：并联电容器组应采用星形接线。在中性点非直接接地的电网中，星形接线电容器组的中性点不应接地。低压并联电容器装置可与低压供电柜同接一条母线。低压电容器或电容器组，可采用三角形接线或星形接线方式。

电容器组还应单独装设控制、保护和放电设备。电容器与电网断开后，电容器中仍有残余电压，该电压最高可达电网的峰值电压，危及人身安全。因而GB 50227—2017中规定：放电线圈的最大配套电容器容量（放电容量），不应小于与其并联的电容器容量；放电线圈的放电性能应能满足电容器组脱开电源后，在5 s内将电容器组的剩余电压降至50 V及以下。另外，当人体接触电容器前还必须用导线将电容器两端短接一下，以确保人身安全。高压电容器组放电设备一般采用电压互感器。单独补偿方式的电容器组由于与用电设备直接相连，所以不需要另外装设放电设备。

▣ 任务实施

在任务一"负荷计算"中，已经对案例完成了负荷统计，计算得自然功率因数 $\cos\varphi_{NAT} = 0.824$，因此需要提高功率因数，前面介绍了提高功率因数的方法，有提高自然功率因数法和人工补偿法等。提高自然功率因数主要是利用改进系统自身的运行状态来进行功率因数的提高，并没有附加任何设备，因此对于功率因数的提高是有限的，所以在实际现场中，主要是采用人工补偿法进行功率因数的提高。

电容器补偿容量的计算过程如下。

（1）电容器所需补偿容量。因全矿自然功率因数 $\cos\varphi_{NAT} = 0.824$，低于0.9，所以应进行人工补偿，补偿后的功率因数应达0.95以上，即 $\cos\varphi_{ac} = 0.95$。则全矿所需补偿容量为

$$Q_C = P_\Sigma(\tan\varphi_{NAT} - \tan\varphi_{ac})$$
$$= 15229.1 \times (0.688 - 0.329) = 5467.2 \text{ kvar}$$

（2）电容器柜数及型号的确定。补偿电容器拟采用双星形接线，接在变电所6 kV母线上，因此选用标称容量为30 kvar、额定电压为 $6.3/\sqrt{3}$ kV的BWF6.3/$\sqrt{3}$-30型电容器，装于TBB型6 kV并联电容器自动投切成套装置中，每柜装15只，每柜容量为450 kvar，则电容器总柜数应为

$$N = \frac{Q_C}{q_{N \cdot C}\left(\frac{U_w}{U_{N \cdot C}}\right)^2} = \frac{5467.2}{450 \times \left(\frac{6/\sqrt{3}}{6.3/\sqrt{3}}\right)^2} = 12.8$$

由于电容器柜要接在两段母线上，为了在每段母线上构成双星形接线，因此每段母线上的电容器也应分成相等的两组，每组的电容器柜数应为

$$n = \frac{N}{4} = \frac{12.8}{4} = 3.2, \text{ 取 } n = 4$$

则电容器柜总数为 $N = 4 \times 2 \times 2 = 16$ 台。

（3）电容器实际补偿容量为

$$Q_C = q_{N \cdot C} N \left(\frac{U_w}{U_{N \cdot C}} \right)^2 = 450 \times 16 \times \left(\frac{6/\sqrt{3}}{6.3/\sqrt{3}} \right)^2 = 6530.6 \text{ kvar}$$

（4）人工补偿后的功率因数为

$$Q_{ac} = Q_\Sigma - Q_C = 10468.8 - 6530.6 = 3938.2 \text{ kvar}$$

$$S_{ac} = \sqrt{P_\Sigma^2 + Q_{ac}^2} = \sqrt{15229.1^2 + 3938.2^2} = 15730.1 \text{ kVA}$$

$$\cos\varphi_{ac} = \frac{P_\Sigma}{S_{ac}} = \frac{15229.1}{15730.1} = 0.968$$

$$I_{ca} = \frac{S_{ac}}{\sqrt{3} U_N} = \frac{15730.1}{\sqrt{3} \times 6} = 1513.6 \text{ A}$$

可以看到，经人工补偿法提高功率因数后，功率因数达 0.968，符合大于 0.95 的要求。

任务拓展

在任务一的任务拓展中，已经计算出自然功率因数 $\cos\varphi_{NAT} = 0.824$，试按照人工补偿法完成表 2-9 的填写，提高功率因数至 0.95 以上。

表 2-9 功率因数提高训练表

步骤	名称	选用公式及计算过程	计算结果	备注
1	计算电容器所需补偿容量 Q_C			功率因数应达到 0.95 以上
2	确定电容器柜数 N 及型号			补偿电容器拟采用双星形接线，接在变电所 10 kV 母线上，因此选用标称容量为 30 kvar、额定电压为 10.5/$\sqrt{3}$ kV 的电容器。装于电容器柜中，每柜装 15 只，每柜容量为 450 kvar
3	计算电容器实际补偿容量 Q_C			
4	计算人工补偿后的无功计算负荷 Q_{ac}			
5	计算人工补偿法提高后的功率因数 $\cos\varphi_{ac}$			

学习评价

本任务学习效果考核的项目及标准见表2-10。

表2-10 学习效果考核评价表

考核项目		考核标准	配分	自评分	互评分	教师评分
知识点	1. 补偿前后无功功率的关系	完整说出满分；不完整2~14分；不会0分	15			
	2. 电容器的确定	完整说出满分；不完整2~14分；不会0分	15			
	小计		30			
技能点	1. 会确定需要补偿的无功功率	会正确确定满分；不熟练7~14分；不会0分	15			
	2. 会确定电容器规格及台数	会正确确定满分；不熟练7~14分；不会0分	15			
	3. 会确定实际补偿的无功功率	会正确确定满分；不熟练7~14分；不会0分	15			
	4. 会计算补偿后的功率因数	会正确计算满分；不熟练7~14分；不会0分	15			
	小计		60			
素质点	1. 职业素养	能够认真分析、仔细计算者满分，否则0~4分	5			
	2. 学习态度	遵守纪律、学习热情高涨、积极参与者满分，否则0~4分	5			
	小计		10			
合计			100			

注：1. 考评时间为30 min，每超过1 min扣1分；
  2. 要安全文明工作，否则教师酌情扣1~10分。

教师签字：_____

思考练习

1. 请画出补偿前后的两个三角形。
2. 实际补偿容量为什么大于所需补偿容量？

任务三 变压器的选择

任务描述

作为煤矿供电系统的主要电气设备,变压器起到承上启下的作用。正确合理选择变压器的型号、容量、台数等对企业供电系统及设备具有十分重要的意义。本任务主要介绍地面变电所主变压器和井下变压器的选择,以及变压器损耗的计算。

其学习目标如下:

☞ 知识目标
- 掌握变压器容量的选择方法;
- 掌握变压器损耗的概念;
- 掌握变压器损耗对功率因数产生的影响。

☞ 能力目标
- 会用确定变压器的容量;
- 能够计算变压器的损耗;
- 会计算变压器损耗对功率因数的影响。

☞ 素质目标
- 树立严谨、科学、实事求是的意识;
- 培养学生独立思考、一丝不苟的工作作风。

相关知识

一、地面变电所主变压器的选择

变压器的选择

根据《煤炭工业矿井设计规范》(GB 50215—2015)规定:矿井地面主变电所主变压器不应少于2台,当1台停止运行时,其余变压器的容量应保证主变压器的一级和二级负荷用电。

因此,当选用两台主变压器且同时运行时,每台主变压器容量应按式(2-6)计算。

$$S_{\text{N·T}} \geqslant \frac{K_{\text{tp}} P_{\Sigma}}{\cos\varphi_{\text{ac}}} = K_{\text{tp}} S_{\text{ac}} \tag{2-6}$$

式中 $S_{\text{N·T}}$ ——变压器的额定容量,kVA;
P_{Σ} ——变电所总有功计算负荷,kW;
$\cos\varphi_{\text{ac}}$ ——变电所人工补偿后的功率因数,一般应在0.95以上;
S_{ac} ——变电所人工补偿后的视在功率,kVA;
K_{tp} ——故障保证系数,根据变电所一、二类负荷所占比例确定,且煤矿企业 $K_{\text{tp}} \geqslant 0.8$。

当两台主变压器采用一台工作、一台备用的运行方式时,变压器容量应按式(2-7)确定。

$$S_{\text{N·T}} \geqslant S_{\text{ac}} \tag{2-7}$$

主变压器型号的选择应尽量考虑低损耗、效率高的变压器,部分电力变压器技术数据见表2-11。

表2-11 S11型电力变压器技术数据

型号	额定容量/kVA	额定电压/kV 高压	额定电压/kV 低压	连接组	阻抗电压/%	额定损耗/W 空载	额定损耗/W 短路	空载电流/%	质量/kg 油	质量/kg 器身	质量/kg 总体	外形尺寸/mm 长	外形尺寸/mm 宽	外形尺寸/mm 高	轨距/mm
S11-800/35	800	35	0.4 6.3 10.5	Y, Yn0 Y, d11	6.5	950	9950	1.1	1110	1760	4100	2420	1440	2840	820
S11-1000/35	1000	35			6.5	1100	12100	1	1220	1920	4620	2470	1460	2940	820
S11-1250/35	1250	35			6.5	1350	14560	0.9	1390	2020	4990	2730	1490	3050	820
S11-1600/35	1600	35			6.5	1650	17400	0.8	1530	2630	6300	2860	1680	3090	1070
S11-2000/35	2000	35			6.5	2050	17680	0.8	1830	2820	6520	2920	1910	3220	1070
S11-2500/35	2500	35			6.5	2400	18250	0.7	1920	3310	7910	3190	1950	3320	1070
S11-3150/35	3150	35		Y, d11	7	2900	24500	0.6	2040	4240	9240	3470	2300	3390	1070
S11-4000/35	4000	35			7	3400	29000	0.5	1810	4300	8040	3030	2880	2880	1070
S11-5000/35	5000	35			7	4100	34000	0.5	2020	5210	9270	3140	2990	2990	1070
S11-6300/35	6300	35			7.5	4950	36550	0.5	2390	6420	11300	3250	3110	3110	1070
S11-8000/35	8000	35			7.5	6900	40380	0.5	2510	7610	13390	3360	3220	3220	1070
S11-10000/35	10000	35	6.3 10.5	YN, d11	7.5	8200	47770	0.5	2650	9320	15450	3470	3340	3340	1475
S11-12500/35	12500	35			8	9700	56530	0.4	3020	9980	17510	3630	3450	3450	1475
S11-16000/35	16000	35			8	11400	68000	0.4	3180	12320	21630	3850	3570	3570	1475
S11-20000/35	20000	35			8	14900	80280	0.4	3610	14650	24720	4070	3680	3680	2040
S11-25000/35	25000	35			8	16000	94450	0.35	4240	17310	29870	4290	3810	3810	2040
S11-31500/35	31500	35			8	18500	113500	0.35	4770	18950	36050	4510	3910	3910	2040

二、井下变压器的选择

1. 变压器型号的选择

根据《煤矿井下供配电设计规范》(GB/T 50417—2017)规定:井下中央变电所严禁使用带油电气设备;采区严禁选用带油电气设备,电气设备应选用矿用防爆型。为此井下必须选择隔爆型干式动力变压器或移动变电站。

小贴士:各行各业必须遵守有关行业标准及行业规范,要特别注意其中的表述,如"严谨""应""必须"等字样,用户应在遵守标准及规范的前提下,结合实际,选用适合的方式及设备。

2. 变压器台数的选择

选择井下变压器的台数时,一台满足要求时尽量选一台,以减少设备投资和硐室开拓费用。为防止因某一工作面的设备故障影响其他工作面的供电可靠性,一台变压器只向一个工作面的用电设备供电。

当低压侧有一类负荷时,变压器的台数不得少于两台(两台满足要求时尽量选两台)。

此外,在确定变压器台数时,还应考虑采区用电设备可能有不同的电压等级;局部通风机使用专用变压器;掘进工作面和采煤工作面分开供电等问题。

3. 变压器容量的确定

变压器的容量按式(2-7)确定,也可用式(2-8)直接计算变压器容量:

$$S_{N \cdot T} \geq S_{ac} = \frac{K_{de} \sum P_N}{\cos\varphi_{ac}} \tag{2-8}$$

当不进行无功功率补偿时,式中 $\cos\varphi_{ac}$ 应为各用电设备的加权平均功率因数 $\cos\varphi_{wm}$,S_{ac} 则为该组用电设备的计算负荷 S_{ca}。

当选择两台及以上变压器时,由于井下变压器采用分列运行方式,应将负荷按变压器台数分组,然后按上述方法选择各台变压器的容量。当变压器低压侧有一类负荷时,变压器的容量应保障,任一台变压器停止运行时,其余变压器必须保证低压一类负荷的用电要求。

三、变压器损耗的计算

变压器运行过程中,在绕组和铁芯中都会产生一定的功率损耗,变压器的功率损耗包括:有功功率损耗(简称有功损耗)和无功功率损耗(简称无功损耗)两部分。

1. 变压器有功功率损耗

变压器有功功率损耗由两部分组成:一部分是变压器额定电压时的空载损耗,常称为铁损;另一部分是变压器带负荷时绕组中的损耗,常称为铜损,它与变压器负荷率的平方成正比。则变压器的有功功率损耗为

$$\Delta P_T = \Delta P_{i \cdot T} + \Delta P_{N \cdot T} \beta^2 \tag{2-9}$$

式中 ΔP_T ——变压器的有功功率损耗,kW;

$\Delta P_{i \cdot T}$ ——变压器在额定电压时空载损耗,kW,见表 2-11;

$\Delta P_{N \cdot T}$ ——变压器在额定负荷时短路损耗,kW,见表 2-11;

β——变压器负荷率（又称负荷系数），它等于变压器实际负荷容量与额定容量之比。

2. 变压器无功功率损耗

变压器无功功率损耗也由两部分组成：一部分是变压器空载时的无功损耗，它与变压器空载电流百分数有关；另一部分是变压器额定负荷时的无功损耗，它与变压器阻抗电压百分数以及变压器的负荷率有关。变压器无功损耗为

$$\Delta Q_{\mathrm{T}} = \Delta Q_{\mathrm{i \cdot T}} + \Delta Q_{\mathrm{N \cdot T}} \beta^2 = \frac{I_0 \%}{100} S_{\mathrm{N \cdot T}} + \frac{u_z \%}{100} S_{\mathrm{N \cdot T}} \beta^2 \qquad (2\text{-}10)$$

式中　ΔQ_{T}——变压器无功功率损耗，kvar；

　　　$\Delta Q_{\mathrm{i \cdot T}}$——变压器空载时的无功功率损耗，kvar；

　　　$\Delta Q_{\mathrm{N \cdot T}}$——变压器额定负荷时的无功功率损耗，kvar；

　　　$I_0 \%$——变压器空载电流百分数，见表 2-11；

　　　$u_z \%$——变压器阻抗电压百分数（短路电压百分数），见表 2-11；

　　　$S_{\mathrm{N \cdot T}}$——变压器的额定容量，kVA。

如果缺乏变压器有关技术参数，变压器的功率损耗也可按式（2-11）进行估算：

$$\begin{cases} \Delta P_{\mathrm{T}} = 0.02 P_{\mathrm{T}} \\ \Delta Q_{\mathrm{T}} = 0.1 Q_{\mathrm{T}} \end{cases} \qquad (2\text{-}11)$$

式中　P_{T}、Q_{T}——变压器负荷的有功功率和无功功率。

变压器选择实例

任务实施

在任务一和任务二中，已经对案例完成了负荷统计和功率因数的提高，计算得自然功率因数 $\cos\varphi_{\mathrm{NAT}} = 0.824$ 以及人工补偿后的功率因数 $\cos\varphi_{\mathrm{ac}} = 0.968$，可以看到，经并联电容器组后，功率因数提高了 0.144。然而 0.968 并不是系统最终的功率因数，此时还未考虑供电系统中变压器的选型。因此还需计算变压器运行中的损耗对功率因数产生的影响，这样才能得到最终的功率因数。

案例中的变电所有一类负荷，所以选择两台主变压器，当为两台变压器同时运行时，根据式（2-6），每台变压器的容量为

$$S_{\mathrm{N \cdot T}} \geq K_{\mathrm{tp}} S_{\mathrm{ac}} = 0.8 \times 15730.1 = 12584.08 \text{ kVA}$$

经统计，全矿一、二类负荷的计算负荷（考虑 $K_s = 0.85$）为：有功功率 11714.0 kW，无功功率 7414.3 kvar，总补偿容量为 6530.6 kvar。再考虑一段母线退出运行后，电容器补偿容量为总补偿容量的一半，此时的无功功率为 7414.3 − 6530.6/2 = 4149.0 kvar，所以总的视在功率为 $\sqrt{11714.0^2 + 4149.0^2} \approx 12427.1 \text{ kVA}$。占全矿计算负荷比例为 12427.1/15730.1 = 0.79，小于 0.8，因而故障保证系数 K_{tp} 应取 0.8。

查表 2-11 选择 S11-16000/35 型变压器两台，其主要技术数据见表 2-12。

表 2-12　所选电力变压器的部分技术数据

型号	额定容量/kVA	额定电压/kV		连接组	阻抗电压/%	额定损耗/W		空载电流/%
		高压	低压			空载	短路	
S11-16000/35	16000	35	6.3	YN, d11	8	11400	68000	0.4

全矿总负荷的计算如下。

1. 主变压器损耗计算

变压器的有功损耗为

$$\Delta P_T = 2(\Delta P_{i \cdot T} + \Delta P_{N \cdot T}\beta^2)$$
$$= 2 \times (11.4 + 68 \times 0.49^2) \approx 55.5 \text{ kW}$$

式中变压器的负荷率为

$$\beta = \frac{S_{ac}}{2S_{N \cdot T}} = \frac{15730.1}{2 \times 16000} \approx 0.49$$

变压器的无功损耗为

$$\Delta Q_T = 2 \times \left(\frac{I_0\%}{100}S_{N \cdot T} + \frac{u_z\%}{100}S_{N \cdot T}\beta^2\right)$$
$$= 2 \times \left(\frac{0.4}{100} \times 16000 + \frac{8}{100} \times 16000 \times 0.49^2\right) \approx 742.7 \text{ kvar}$$

2. 全矿总负荷

$$P'_\Sigma = P_\Sigma + \Delta P_T = 15229.1 + 55.5 = 15284.6 \text{ kW}$$

$$Q'_\Sigma = Q_{ac} + \Delta Q_T = 3938.2 + 742.7 = 4680.9 \text{ kvar}$$

$$S'_\Sigma = \sqrt{P'^2_\Sigma + Q'^2_\Sigma} = \sqrt{15284.6^2 + 4680.9^2} \approx 15985.3 \text{ kVA}$$

$$\cos\varphi'_\Sigma = \frac{P'_\Sigma}{S'_\Sigma} = \frac{15284.6}{15985.3} = 0.956$$

$$I'_\Sigma = \frac{S'_\Sigma}{\sqrt{3}U_N} = \frac{15985.3}{\sqrt{3} \times 35} \approx 263.7 \text{ A}$$

可以看到，考虑功率因数提高及变压器损耗的影响后，全矿总的功率因数为 0.956，大于 0.95，符合要求。

任务拓展

在任务二中的任务拓展中，已经计算出人工补偿后的功率因数 $\cos\varphi_{ac}$，试按照上述方法选择合适的变压器，并考虑所选变压器损耗对功率因数产生的影响，计算最终的功率因数，完成表 2-13 的填写。

表 2-13 变压器选择训练表

步骤	名称	选用公式及计算过程	计算结果	备注
1	选择变压器台数及容量			
2	计算故障保证系数 K_{tp}			
3	变压器选型			查表 2-11

表2-13（续）

步骤	名称	选用公式及计算过程	计算结果	备注
4	主变压器损耗计算（有功损耗和无功损耗）			
5	全矿总负荷（含最终功率因数）			

实操案例：选择某矿主变压器。

已知某煤矿年产量为150万t，地区电源电压为6 kV，矿井全部用电设备的技术数据为：$P = 16266.2$ kW，$Q = 10532.7$ kvar，$\cos\varphi = 0.839$。试求该矿井总降压变电所的计算负荷，并选择主变压器，计算全矿吨煤电耗及确定主变压器的经济运行方式。

小贴士：举一反三是提高计算、分析能力的重要途径，学习者应在研究案例的基础上，仔细分析、动手练习、深入思考，熟练掌握相关内容。

学习评价

本任务学习效果考核的项目及标准见表2-14。

表2-14 学习效果考核评价表

考核项目		考核标准	配分	自评分	互评分	教师评分
知识点	1. 变压器选择原则	完整说出满分；不完整2~14分；不会0分	15			
	2. 变压器的经济运行分析方法	完整说出满分；不完整2~14分；不会0分	15			
	小计		30			
技能点	1. 会确定变压器的型号	会正确确定满分；不熟练7~14分；不会0分	15			
	2. 会确定变压器的台数	会正确确定满分；不熟练7~14分；不会0分	15			
	3. 会确定变压器的容量	会正确确定满分；不熟练7~14分；不会0分	15			
	4. 会分析变压器的经济运行情况	会正确分析满分；不熟练7~14分；不会0分	15			
	小计		60			

表 2-14（续）

考核项目		考核标准	配分	自评分	互评分	教师评分
素质点	1. 职业素养	能够认真分析、仔细计算者满分，否则 0~4 分	5			
	2. 学习态度	遵守纪律、学习热情高涨、积极参与者满分，否则 0~4 分	5			
		小计	10			
		合计	100			

注：1. 考评时间为 30 min，每超过 1 min 扣 1 分；
  2. 要安全文明工作，否则教师酌情扣 1~10 分。

教师签字：＿＿＿＿＿＿

思考练习

1. 说出你对变压器经济运行的理解。
2. 说出选择变压器的具体方法和步骤。

项目三　矿用电缆的应用与维护

【项目描述】
　　矿用电缆是针对煤矿井下特殊工况条件而设计制造的专用电缆，它适用于有火灾和瓦斯煤尘爆炸危险、潮湿、淋水、空间狭小、易受机械损伤的井下电能输送的工作环境。

【项目分析】
　　本项目以掌握矿用电缆的应用与维护为目的，介绍矿用电缆的分类、选择、敷设、连接及故障判断等问题。通过具体的任务使学生掌握矿用电缆的分类、选择、敷设、连接及故障判断等相关的理论知识及操作技能。

【学习目标】
- ☞ 知识目标
  - ➢ 熟悉矿用电缆的分类、结构、特点；
  - ➢ 熟悉矿用电缆选择原则；
  - ➢ 掌握输电线路的敷设、连接、维护与检修方法。
- ☞ 能力目标
  - ➢ 能够根据现场情况确定输电线路的型式；
  - ➢ 会根据选择原则确定输电线路截面，会计算电压损失；
  - ➢ 能够正确敷设、连接、维护、检修输电线路。
- ☞ 素质目标
  - ➢ 培养严谨细致、精益求精的职业素养；
  - ➢ 树立规范操作的安全意识；
  - ➢ 培养学生独立思考，分析计算的能力。

任务一　矿用电缆的选择

任务描述

　　在煤矿井下由于岩石冒落、机械压砸等原因，电缆容易产生短路、漏电，引发瓦斯煤尘爆炸、设备烧毁和人身触电等事故。因此，必须正确地选择、安装、使用和维护矿用电缆。本任务主要围绕矿用电缆的分类及选择展开，难点是如何根据工作条件和负荷大小确定电缆型号和截面。

　　其学习目标如下：
- ☞ 知识目标
  - ➢ 熟悉矿用电缆的分类、结构、特点；
  - ➢ 熟悉矿用电缆选择原则。

☞ 能力目标
➢ 能够根据现场情况确定输电线路的型式；
➢ 会根据选择原则确定输电线路截面，会计算电压损失。
☞ 素质目标
➢ 培养严谨细致、精益求精的职业素养；
➢ 培养学生独立思考、计算分析的能力。

相关知识

矿用电缆的分类

一、矿用电缆的分类

电缆按电压等级可分为高压电缆（大于 1200 V）和低压电缆；按用途可分为动力电缆及照明、控制、通信等电缆。按绝缘材料可分为：纸绝缘电缆、橡胶绝缘电缆、塑料绝缘电缆三种。

由于纸绝缘电缆在煤矿井下已禁止使用，所以这里仅介绍橡胶绝缘电缆、塑料绝缘电缆。

电缆的基本结构是由导电芯线、绝缘层、保护层三大部分组成，额定电压大于 3 kV 的电缆还需要有屏蔽层。

（一）橡胶绝缘电缆

用于向移动设备供电的橡胶绝缘橡胶护套电缆，称为橡套电缆。橡套电缆按护套材料不同可分为普通橡套电缆和阻燃橡套电缆；按有无屏蔽层可分为屏蔽电缆和非屏蔽电缆。因普通橡套电缆用天然橡胶制成，易燃烧，所以不允许在易燃易爆的场所使用。阻燃橡套电缆的结构与普通橡套电缆相同，只是其护套采用氯丁橡胶制成。氯丁橡胶同样可燃，但它燃烧时产生的氯化氢气体不助燃，并能将火焰包围起来使之与空气隔离，很快熄灭。故其适于在易燃易爆的场所使用。

1. 非屏蔽普通橡套电缆

没有屏蔽层的普通橡套电缆结构如图 3-1 所示。导电芯线 1 由多根细铜丝绞合而成，外包橡胶绝缘 2 作为相间绝缘。防震橡胶芯 3 在电缆受冲击、砸、压时起缓冲作用，同时保证成缆后电缆呈圆形。橡胶护套 4 用以增强电缆的机械强度和对地的绝缘强度。

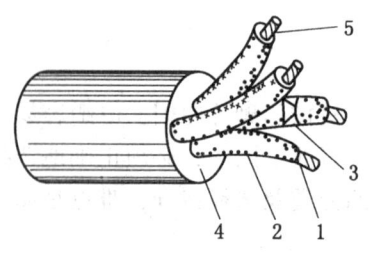

1—导电芯线；2—橡胶分相绝缘；3—防震橡胶芯；4—橡胶护套；5—接地芯线

图 3-1 非屏蔽普通橡套电缆的结构

用于向三相设备供电的电缆，其导电芯线数最少应为三芯；具有保护接地的最少应为四芯，其中一根为接地芯线。多于四芯的电缆如六芯、七芯等，多出的芯线用作控制线。电缆中的接地芯线可以包绝缘层也可以包半导体橡胶。

普通橡套电缆因其橡套采用天然橡胶制成，易燃烧，所以在易燃易爆场所不宜使用。

2. 屏蔽橡套电缆

屏蔽电缆的结构与非屏蔽电缆的不同之处，是在其导电芯线橡胶绝缘层外又包了一层屏蔽层。屏蔽层有半导体橡胶和铜丝尼龙编织网两种。图3-2为国产矿用低压屏蔽电缆的结构图，其垫芯1用导电橡胶制成，接地裸芯线6与导电橡胶紧密接触，连为一体。

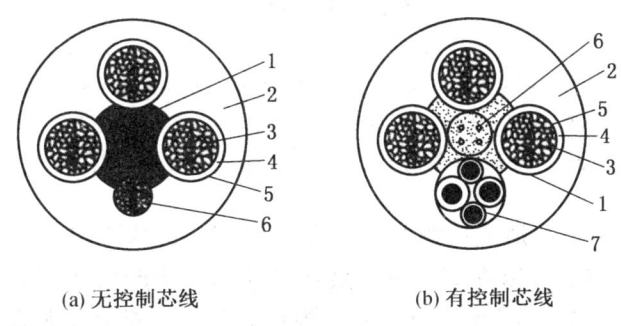

(a) 无控制芯线　　　　(b) 有控制芯线

1—垫芯；2—橡胶护套；3—主芯线；4—绝缘层；5—半导体屏蔽层；6—接地芯线；7—控制芯线

图3-2　矿用低压屏蔽电缆的结构

在电缆中，由于各屏蔽层都是接地的，所以当任一主芯线绝缘破坏时，首先通过屏蔽层接地造成接地故障，使检漏继电器动作切断电源。这样既可防止严重的相间短路故障的发生，又可防止漏电火花或短路电弧引起易燃易爆物的燃烧和爆炸。所以，屏蔽电缆特别适用于向有爆炸危险的场所和移动频繁的电气设备供电。

在综采工作面和综掘工作面常采用移动变电站供电，为了保证安全，向移动变电站供电的高压电缆必须采用如图3-3所示的煤矿用移动屏蔽监视型橡套电缆。

图3-3中，1为电缆的导电芯线，在其外绕包的导电胶带2起均匀电场的作用。在内绝缘3外，包有由铜丝尼龙网做成的分相屏蔽层4，然后通过分相绝缘5将三相分开。各分相屏蔽层连接在一起作为电缆的接地芯线。在分相绝缘5外又统包了一层导电胶带6，作为总的屏蔽层。电缆中的三根监视线10，经导电橡胶与总屏蔽层紧密接触。三根监视线连接在一起与接地线之间构成监视保护层。当监视线与接地线之间因电缆受到损伤绝缘下降或发生断线故障时，均可使控制它的高压配电箱跳闸，起到监视保护作用。

橡套电缆柔软性好，容易弯曲，便于移动和敷设，因此适用于向移动设备供电，且敷设时的垂直落差不受限制。

（二）塑料绝缘电缆

常用塑料绝缘电力电缆有：交联聚乙烯绝缘聚氯乙烯护套电缆和聚氯乙烯绝缘聚氯乙烯护套电缆两种。塑料绝缘电缆导电芯线也分铜芯和铝芯、有铠装和无铠装、有屏蔽层和无屏蔽层、有外被层和无外被层等几种。由于裸铠装电缆属不合理结构，现已淘汰。

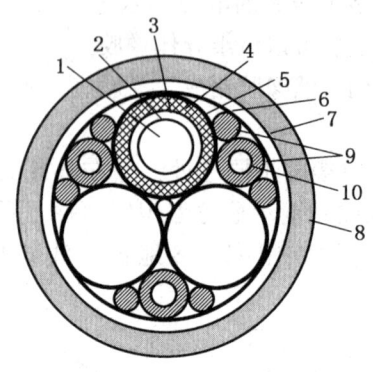

1—铜绞线；2、6—导电胶带；3—内绝缘；4—铜丝尼龙网；
5—分相绝缘；7—统包绝缘；8—氯丁胶护套；9—导电橡胶；10—监视线

图 3-3　MYPTJ 型煤矿用移动屏蔽监视型橡套电缆的结构

铝芯电缆的接头易氧化造成接触不良，尤其在短路时，短路电弧产生的高温铝粉，很容易引燃易燃易爆气体。所以在有火灾、爆炸危险的场所严禁使用铝芯电缆和铝包电缆（纸绝缘电缆有铝包电缆）。因此《煤矿安全规程》规定：对固定敷设的高压电缆，在进风斜井、井底车场及其附近、中央变电所至采区变电所之间，可以采用铝芯电缆；其他地点必须采用铜芯电缆。

无铠装层的电缆不能承受机械外力，所以在有机械外力作用的场所应采用铠装电缆。但是钢带铠装电缆和细钢丝铠装电缆不能承受大的拉力，只能敷设在倾斜角度在 45°以下的场所。当倾斜角度在 45°及其以上或垂直敷设时应采用粗钢丝铠装电缆。

聚氯乙烯护套具有抗酸碱、耐腐蚀、质量轻、敷设垂直落差不受限制等优点，所以条件适合时应尽量采用。交联聚乙烯绝缘电缆容许温升高、介电性能优良、耐热性好，故在一般情况下应优先选用交联聚乙烯绝缘电缆。

塑料绝缘阻燃电力电缆具有不易燃烧或燃烧后电缆的延燃仅局限在一定范围的特点，适用于易燃易爆的场所使用。塑料绝缘阻燃电缆按电缆结构和阻燃原理不同，目前分为一般型阻燃电缆和隔氧层阻燃电缆两大类。塑料绝缘阻燃电缆按电缆燃烧时释放出的烟雾和卤素浓度减少的程度，又分为一般型、低烟低卤型和低烟无卤型三种。

一般型阻燃电缆是在普通塑料绝缘电缆的基础上，将不阻燃的护套改为阻燃护套，将不阻燃的无纺色布带改为阻燃的玻璃布；隔氧层阻燃电缆是在电缆绝缘材料或线芯绝缘与护套间填充无臭、无毒、无卤的金属氢氧化物。金属氢氧化物在电缆燃烧时能析出其质量 40%左右的水分，并形成一个不熔不燃的氧化铝硬壳，阻断内绝缘有机物与外界热氧反应通道，达到电缆阻燃自熄的目的。

塑料绝缘耐火电力电缆在着火燃烧的情况下仍能保持在一定的时间内安全运行，适用于与消防救生有关的场所。塑料绝缘耐火电缆按其阻燃性能和燃烧时释放出的烟雾和卤素的程度，可分为普通耐火电缆、阻燃耐火电缆、低烟低卤阻燃耐火电缆、低烟无卤阻燃耐火电缆、隔氧层阻燃耐火电缆、隔氧层低烟无卤阻燃耐火电缆等。

塑料电缆柔软性差，一般用于向固定设备供电。

二、矿用电缆的选择

输电导线的选择是供电设计的重要内容之一,为了保证供电安全、可靠、经济合理和供电质量的要求,必须正确合理地选择输电导线的型号和截面。

(一) 矿用电缆的型号含义

1. 橡套电缆的型号含义

工矿企业常用橡套电缆的型号及用途见表3-1。

表3-1 工矿企业常用橡套电缆型号及用途

型号	电缆名称	额定电压/kV	主要用途
YQ,YQW	轻型橡套软电缆	0.3/0.3	用于轻型移动设备和工具
YZ,YZW	中型橡套软电缆	0.3/0.5	用于各种移动设备和工具
YC,YCW	重型橡套软电缆	0.45/0.75	用于各种移动设备,能承受较大的机械外力
MZ MZP	煤矿用电钻电缆 煤矿用屏蔽电钻电缆	0.3/0.5	电钻、照明设备
MYQ	煤矿用移动轻型橡套软电缆		巷道照明,输送机联锁控制与信号设备
MC	采煤机橡套软电缆	0.38/0.66	
MCP	采煤机屏蔽橡套软电缆	0.38/0.66, 0.66/1.14, 1.9/3.3	
MCPB	采煤机屏蔽编织加强型橡套软电缆		
MCPT	采煤机金属屏蔽橡套软电缆		采煤机、掘进机及类似设备
MCPTJ	采煤机金属屏蔽监视型橡套软电缆		
MCPJR	采煤机金属屏蔽监视绕包加强型橡套软电缆	0.66/1.14, 1.9/3.3	
MCPJB	采煤机金属屏蔽监视编织加强型橡套软电缆		
MY	煤矿用移动橡套软电缆	0.38/0.66	
MYP	煤矿用移动屏蔽橡套软电缆	0.38/0.66, 0.66/1.14, 3.6/6	移动采煤设备及类似设备
MYPT	煤矿用移动金属屏蔽橡套软电缆	0.66/1.14, 3.6/6	

表 3-1（续）

型号	电缆名称	额定电压/kV	主要用途
MYPTJ	煤矿用移动屏蔽监视型橡套软电缆	3.6/6、6/10、8.7/10	移动变电站及类似设备

注：1. 型号含义：Y-移动；Q-轻型；Z-中型；C-重型；W-户外、耐油；M-煤矿用阻燃型；Z-电钻；C-采掘机用；P-屏蔽；T-金属；J-监视；R-绕包；B-编织加强。
2. 煤矿用电缆护套颜色：3.6/6-红色；1.9/3.3-黑色；0.66/1.14-黄色；0.38/0.66-黑色。

2. 塑料电缆的型号含义

塑料电缆的型号含义见表 3-2。根据电缆的型号可确定电缆的使用场所。

表 3-2 塑料电缆型号的含义

系列代号	绝缘	导体	内护层	铠装层	外被层
M-煤矿用阻燃 ZR-阻燃 GZR-隔氧层型阻燃 DL-低烟低卤型 DW 或 WL-低烟无卤型 NH-耐火	V-聚氯乙烯绝缘 YJ-交联聚乙烯绝缘	L-铝 非 L 为铜	V-聚氯乙烯护套 Y-聚乙烯护套	0-无 1-联锁钢带 2-双钢带 3-细圆钢丝 4-粗圆钢丝	0-无 1-纤维层 2-聚氯乙烯套 3-聚乙烯或聚烯烃套 4-弹性体外套

（二）选择导线截面的条件

1. 选择导线截面的一般原则

（1）按长时允许电流选择。一方面，由于电线和电缆通过电流时会发热使其温度升高，当通过的电流超过导线的长时允许电流时，将使裸导线加速氧化，使绝缘电线和电缆的绝缘材料加速老化，严重时将使其损坏，甚至引起火灾和其他事故；另一方面，为了充分利用导线的负荷能力，避免有色金属的浪费，通过导线的电流又不能太小。因此，应按导线的长时允许电流选择其截面。

选择导线截面原则及按长时允许电流选择截面

（2）按允许电压损失选择。因线路存在电阻和电抗，电流通过时会产生电压损失，当电压损失过大时，将严重影响用电设备的正常运行。因此，应按电网允许的电压损失选择导线的截面。

（3）按经济电流密度选择。线路的年运行费用包括电能损耗费、折旧费和维修费三部分。线路年运行费用的大小直接影响着供电的经济性，若导线截面选择过小，线路的折旧费和维修费用少，但电耗增加；截面选择过大，虽然电耗减小，但折旧费和维修费用增大。因此，为使线路的年运行费用最低，应按经济电流密度选择导线的截面。

（4）按机械强度选择。架空线路因受自然环境条件的影响可能发生断线事故，矿井井下的橡套电缆经常移动，且易受砸、受拉、受压，所以导线必须有足够的机械强度，以确保线路的安全运行。

(5) 按短路时的热稳定条件选择。线路短路时，若导线截面选择过小，超过材料的短时最大允许温度，绝缘就会迅速损坏。所以，应按短路时的热稳定条件选择导线的截面。

2. 各种导线截面的选择条件

1) 高压架空导线

架空导线因受风、雨、冰雪等自然条件的影响很大，所以其机械强度必须满足要求。高压架空导线因是裸导线，散热条件好、允许温度高，按其他条件选择的导线截面能满足短路时的热稳定要求，因此选择时不必考虑短路时的热稳定性。

对输电距离远、容量大、运行时间长的线路，其截面应按经济电流密度选择，按其他条件校验。对年运行费用不高的线路，可不考虑经济电流密度条件，此时可根据线路的长短和通过电流的大小，按允许电压损失或长时允许电流选择，按其他条件校验。

2) 高压电缆

高压电缆机械强度较高，所以选择时可不考虑此项条件。但由于高压电缆散热条件差，所以必须考虑短路时的热稳定性。其他选择条件与高压架空线路相同。

3) 低压导线和电缆

对负荷电流大、线路长的干线，应按正常工作时的允许电压损失初选其截面。对经常移动的橡套电缆支线，应按机械强度初选其截面。对负荷电流较大，但线路较短的导线应按长时允许电流初选其截面。初选的导线截面还应按其他条件校验。

在校验导线截面时，对裸导线不必校验短路时的热稳定性，但绝缘导线和电缆的截面应与保护装置配合得当，避免发生导线已过热而保护装置仍未动作的情况。导线的截面还应按机械强度条件校验，但对干线电缆，不必校验其机械强度。低压线路短、年运行时间不长，对供电经济性影响不大，因此低压线路一般不按经济电流密度选择。

笼型电动机直接全压启动时，启动电流大，启动时的电压损失也大，为了保证电动机有足够的启动转矩，电磁启动器有足够的吸持电压，直接全压启动时对导线截面还应按启动时的允许电压损失条件进行校验。

总之，在选择各种导线的截面时，应在其诸多的选择条件中，确定一个有可能选择出最大截面的条件初选其截面，然后再按其他条件校验，这样可使选择计算简便避免返工。

(三) 导线截面的选择方法

1. 按长时允许电流选择导线截面

导线的长时允许电流应不小于流过导线的最大长时工作电流。即

$$K_{so}I_p \geq I_{ca} \tag{3-1}$$

式中　I_p——标准环境温度（一般为 25 ℃）时，导线的长时允许电流，A（见表 3-3）；

　　　I_{ca}——导线的最大长时工作电流，A；

　　　K_{so}——温度校正系数，查表 3-4。

表 3-3 电线及电缆在空气中敷设时的载流量

导线截面/mm²	铜绞线 TJ 室外	铜绞线 TJ 室内	铝绞线 LJ 室外	铝绞线 LJ 室内	钢芯铝绞线 LGJ 室外	聚氯乙烯绝缘铠装电缆 1 kV 四芯 铜芯	聚氯乙烯绝缘铠装电缆 1 kV 四芯 铝芯	聚氯乙烯绝缘铠装电缆 6 kV 三芯 铜芯	聚氯乙烯绝缘铠装电缆 6 kV 三芯 铝芯	交联聚乙烯绝缘细钢丝铠装电缆 6 kV 铜芯	交联聚乙烯绝缘细钢丝铠装电缆 6 kV 铝芯	交联聚乙烯绝缘细钢丝铠装电缆 10 kV 铜芯	交联聚乙烯绝缘细钢丝铠装电缆 10 kV 铝芯	矿用橡套电缆 1 kV 铜芯	矿用橡套电缆 6 kV 铜芯
1															
1.5															
2.5															
4	50	25				30	23							36	
6	70	35				39	30							46	53
10	95	60				52	40	56	43					64	72
16	130	100	105	80	105	70	54	73	56					85	94
25	180	140	135	110	135	94	73	95	73			148	115	113	121
35	220	175	170	135	170	119	92	118	90			180	140	138	148
50	270	220	215	170	220	149	115	148	114	211	163	214	166	173	170
70	340	280	265	215	275	184	141	181	143	260	203	267	207	215	205
95	415	340	325	260	335	226	174	218	168	318	246	324	251	260	250
120	485	405	375	310	380	260	201	251	194	367	285	372	288		
150	570	480	440	370	445	301	321	290	223	417	324	422	327		
185	645	550	500	425	515	345	266	333	256	479	365	482	376		
240	770	650	610		610			391	301	562	439	567	443		
300					700										
400					800										

注: 1. 环境温度 25 ℃;
2. 铝绞线最高允许温度为 70 ℃;
3. 聚氯乙烯绝缘电缆导电芯线最高允许温度为 65 ℃;
4. 交联聚乙烯绝缘电缆导电芯线最高允许温度 6~10 kV 为 90 ℃;
5. 矿用橡套电缆导电芯线最高允许温度为 65 ℃。

表 3-4 不同环境温度时的载流量校正系数

线芯工作温度/℃	环境温度/℃								
	5	10	15	20	25	30	35	40	45
90	1.14	1.11	1.08	1.03	1.0	0.960	0.920	0.875	0.830
80	1.17	1.13	1.09	1.04	1.0	0.954	0.905	0.853	0.798
70	1.20	1.15	1.10	1.05	1.0	0.940	0.880	0.815	0.745
65	1.22	1.17	1.12	1.06	1.0	0.935	0.865	0.791	0.707
60	1.25	1.20	1.13	1.07	1.0	0.926	0.845	0.765	0.655
50	1.34	1.26	1.18	1.09	1.0	0.895	0.775	0.633	0.447

注：标准环境温度为 25 ℃。

向单台或两台电动机供电的导线，其最大长时工作电流 I_{ca} 可取电动机的额定电流。向三台及以上电动机供电的干线，其最大长时工作电流 I_{ca} 可按式（3-2）计算。

$$I_{ca} = \frac{K_{de} \sum P_N \times 10^3}{\sqrt{3} U_N \cos\varphi_{wm}} \quad (3-2)$$

式中 K_{de} ——线路所带负荷的需用系数；

$\sum P_N$ ——线路所带用电设备额定功率之和，kW；

U_N ——线路的额定电压，V；

$\cos\varphi_{wm}$ ——线路所带负荷的加权平均功率因数。

对三相四线制供电线路中的中性线，其长时允许电流不应小于三相线路中的最大不平衡电流，同时还应考虑三次谐波电流的影响。一般中性线的截面应不小于相线截面的 50%。对三次谐波电流相当大的三相线路，中性线的电流可能接近于相线电流，此时中性线的截面应与相线截面相同或接近。

2. 按允许电压损失选择导线截面

1）电压损失的计算

电网通过电流时，将产生电压损失。所谓电压损失是指电网始、末两端电压的算术差值。电网的电压损失，包括变压器的电压损失和线路的电压损失两部分。无论是变压器还是一段线路，计算电压损失时，均可看成一个电阻和电感的串联电路。下面分别介绍线路和变压器电压损失的计算方法。

线路可分为终端负荷线路和分布负荷电路。

图 3-4 为终端负荷分布的三相交流输电线路，图中 $\dot{U}_1$ 和 $\dot{U}_2$ 分别为线路始端和末端的相电压。

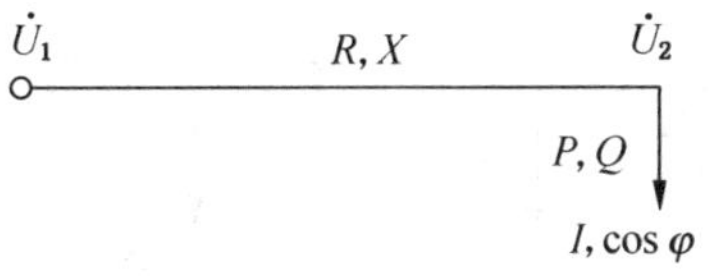

图 3-4 终端负荷分布输电线路及其电压损失电路图

相电压损失为

$$\Delta U = IR\cos\varphi + IX\sin\varphi \tag{3-3}$$

对于三相对称线路，其线电压损失为

$$\Delta U_w = \sqrt{3}I(R\cos\varphi + X\sin\varphi) \tag{3-4}$$

式中　ΔU_w——线路的电压损失，V；
　　　I——流过线路的负荷电流，A；
　　　φ——线路所带负载的功率因数角；
　　　R、X——线路每相电阻、电抗，Ω。

线路每相电阻和电抗可用式（3-5）计算：

$$\begin{cases} R = r_0 L \\ X = x_0 L \end{cases} \tag{3-5}$$

式中　r_0、x_0——线路每千米电阻、电抗，Ω/km；
　　　L——线路的长度，km。

电压损失用功率表示时则为

$$\Delta U_w = \frac{PR + QX}{U} \approx \frac{PR + QX}{U_N} \tag{3-6}$$

式中　P——线路所带负荷的有功功率，W；
　　　Q——线路所带负荷的无功功率，var；
　　　U——负载的端电压，V；
　　　U_N——电网的额定电压，V。

因为电缆线路的电抗很小，与电阻相比可忽略不计，此时其电压损失为

$$\Delta U_w = \sqrt{3}IR\cos\varphi = \frac{PR}{U_N} \tag{3-7}$$

图 3-5 为干线式分布负荷的供电线路，在计算电压损失时，可按式（3-3）求出各段线路上的电压损失后，再相加，即可求出整个线路的总电压损失。图 3-5 中从 O 点到 C 点整个线路的电压损失为

$$\begin{aligned}\Delta U_w &= \Delta U_1 + \Delta U_2 + \Delta U_3 \\ &= \frac{P_1R_1 + Q_1X_1}{U_N} + \frac{P_2R_2 + Q_2X_2}{U_N} + \frac{P_3R_3 + Q_3X_3}{U_N} \\ &= \frac{1}{U_N}[(P_1R_1 + P_2R_2 + P_3R_3) + (Q_1X_1 + Q_2X_2 + Q_3X_3)]\end{aligned} \tag{3-8}$$

式中，$P_1 = p_1 + p_2 + p_3$，$Q_1 = q_1 + q_2 + q_3$；
　　　$P_2 = p_2 + p_3$，　　　$Q_2 = q_2 + q_3$；
　　　$P_3 = p_3$，　　　　　$Q_3 = q_3$。

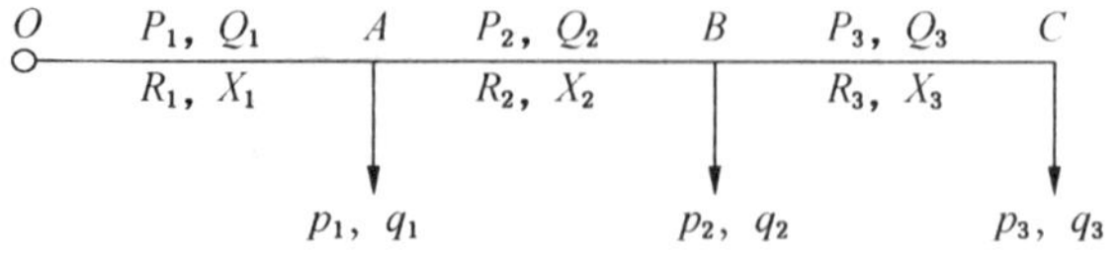

图 3-5　干线式分布负荷的供电线路

若有 n 段线路，则线路的总电压损失为

$$\Delta U_{\mathrm{w}} = \frac{1}{U_{\mathrm{N}}} \left(\sum_{i=1}^{n} P_i R_i + \sum_{i=1}^{n} Q_i X_i \right) \tag{3-9}$$

式中　　P_i——第 i 段线路所带负荷的有功功率，W；
　　　　Q_i——第 i 段线路所带负荷的无功功率，var；
　　　　R_i、X_i——第 i 段线路的电阻、电抗，Ω。

对于变压器的电压损失，若已知变压器折算到二次侧的每相电阻、电抗和变压器所带负荷的有关技术参数，则可直接用式（3-4）和式（3-6）求出变压器的电压损失。在变压器的技术数据中，阻抗常以相对值给出，为了计算方便，可改写成用相对值表示的形式，即

$$\frac{\Delta U_{\mathrm{T}}}{U_{2\mathrm{N\cdot T}}} = \frac{I_{\mathrm{T}}}{I_{2\mathrm{N\cdot T}}} \left(\frac{\sqrt{3} I_{2\mathrm{N\cdot T}} R_{\mathrm{T}}}{U_{2\mathrm{N\cdot T}}} \cos\varphi_{\mathrm{T}} + \frac{\sqrt{3} I_{2\mathrm{N\cdot T}} X_{\mathrm{T}}}{U_{2\mathrm{N\cdot T}}} \sin\varphi_{\mathrm{T}} \right) \tag{3-10}$$

$$\Delta U_{\mathrm{T}}\% = \frac{S_{\mathrm{T}}}{S_{\mathrm{N\cdot T}}} (u_{\mathrm{r}}\% \cos\varphi_{\mathrm{T}} + u_{\mathrm{x}}\% \sin\varphi_{\mathrm{T}}) \tag{3-11}$$

则变压器的电压损失为

$$\Delta U_{\mathrm{T}} = \frac{\Delta U_{\mathrm{T}}\%}{100} U_{2\mathrm{N\cdot T}} \tag{3-12}$$

式中　　　　　　　　　ΔU_{T}——变压器的电压损失，V；

$\Delta U_{\mathrm{T}}\% = \dfrac{\Delta U_{\mathrm{T}}}{U_{2\mathrm{N\cdot T}}} \times 100$——变压器电压损失的百分数；

$u_{\mathrm{r}}\% = \dfrac{\sqrt{3} I_{2\mathrm{N\cdot T}} R_{\mathrm{T}}}{U_{2\mathrm{N\cdot T}}} \times 100$——变压器额定运行时电阻压降百分数；

$u_{\mathrm{x}}\% = \dfrac{\sqrt{3} I_{2\mathrm{N\cdot T}} X_{\mathrm{T}}}{U_{2\mathrm{N\cdot T}}} \times 100$——变压器额定运行时电抗压降百分数；

　　　　S_{T}——变压器负荷的视在功率，kVA；
　　　　φ_{T}——变压器负荷的功率因数角；
　　　　$S_{\mathrm{N\cdot T}}$——变压器的额定容量，kVA；
　　　　$U_{2\mathrm{N\cdot T}}$——变压器的二次额定电压，V；
　　　　$I_{2\mathrm{N\cdot T}}$——变压器的二次额定电流，A。

变压器的电阻压降百分数和电抗压降百分数可按下式计算：

$$u_{\mathrm{r}}\% = \frac{\Delta P_{\mathrm{N\cdot T}}}{S_{\mathrm{N\cdot T}}} \times 100 \tag{3-13}$$

$$u_{\mathrm{x}}\% = \sqrt{(u_{\mathrm{z}}\%)^2 - (u_{\mathrm{r}}\%)^2} \tag{3-14}$$

式中　$\Delta P_{\mathrm{N\cdot T}}$——变压器的短路损耗，kW；
　　　$u_{\mathrm{z}}\%$——变压器的阻抗电压百分数。

以上两个数据可从变压器的技术数据中查得。

2）选择方法

（1）允许电压损失的确定。

某一电压等级电网的允许电压损失，应根据用电设备端子的电压偏移允许值和变压器二次侧电压偏移的具体情况来确定，即根据用电设备端子允许的电压偏移求出用电设备允许的最低电压，然后用式（3-15）计算电网的允许电压损失。

$$\Delta U_\mathrm{p} = U_{20 \cdot \mathrm{T}} - U_{\mathrm{p} \cdot \min} \tag{3-15}$$

式中 ΔU_p——电网的允许电压损失，V；

$U_{20 \cdot \mathrm{T}}$——变压器二次侧实际空载电压，V，可根据其一次侧实际端电压除以变压器变比计算；

$U_{\mathrm{p} \cdot \min}$——该电网末端（或用电设备）允许的最低电压，V，根据电网末端允许的电压偏移确定，见表3-5。

变压器一次侧实际端电压可根据前一级电网的计算结果确定，当没有前一级电网的计算资料，或为了简化计算，电网的允许电压损失也可用式（3-16）计算，即

$$\Delta U_\mathrm{p} = U_{2\mathrm{N} \cdot \mathrm{T}} - U_{\mathrm{p} \cdot \min} \tag{3-16}$$

式中 $U_{2\mathrm{N} \cdot \mathrm{T}}$——变压器二次额定电压，V。

为了保证电压质量，电网的允许电压损失 ΔU_p 应不小于电网的实际电压损失 ΔU，即

$$\Delta U_\mathrm{p} \geqslant \Delta U \tag{3-17}$$

线路允许的电压损失可用电网的允许电压损失减去变压器的电压损失得到，无其他数据或简化计算时也可参考表3-6选取。

表3-5 用电户受电端及用电设备端子电压偏移允许值

用电户及用电设备名称		电压偏移允许值/%
电力用户	35 kV 及以上供电和对电压质量有特殊要求的用户	+5～-5
	10 kV 及以下高压供电的电力用户	+7～-7
电动机	正常情况下	+5～-5
	特殊情况下	+5～-10
照明灯	视觉要求较高的场所	+5～-2.5
	一般工作场所	+5～-5*
	事故、道路、警卫照明	+5～-10
其他用电设备无特殊要求时		+5～-5

注：* 对于远离变电所的小面积工作场所，允许为-10。

表3-6 线路电压损失允许值

线 路 名 称	允许电压损失/%
从供电变压器二次侧母线算起的 6（10）kV 线路	5
从配电变压器二次侧母线算起的低压线路	5
从配电变压器二次侧母线算起的供给有照明负荷的低压线路	3～5

(2) 选择导线截面。

一般情况下导线截面可先按其他条件选出，然后按电压损失的条件校验。当输电线路较长，而且负荷电流较大时，一般应先按允许电压损失的条件初选导线截面，然后再按其他条件校验。

按电压损失选择导线截面时，可先求出某段线路的允许电压损失，然后根据该段线路的允许电压损失再确定其导线的截面积。由于线路的电压损失包括电阻和电抗两部分电压损失之和，所以此时不能直接确定导线的截面积。

但是，由于导线截面对线路的电抗影响很小，对架空线路其电抗值一般在 0.36~0.42 Ω/km，电缆的电抗值约为 0.08 Ω/km。所以，可先假定线路的电抗值，计算出线路电抗部分的电压损失，那么线路电阻上的允许电压损失即为线路的允许电压损失与其电抗电压损失之差。然后根据线路电阻上的允许电压损失求出导线满足电压损失的最小截面积。

根据式 (3-7) 可知线路电阻上的电压损失为

$$\Delta U_{\mathrm{r}} = \frac{PR}{U_{\mathrm{N}}} = \frac{K_{\mathrm{de}} \sum P_{\mathrm{N}} L \times 10^3}{U_{\mathrm{N}} \gamma_{\mathrm{sc}} A} \qquad (3\text{-}18)$$

式中　ΔU_{r}——导线电阻上的电压损失，V；

　　　U_{N}——线路的额定电压，V；

　　　K_{de}——该段线路所带负荷的需用系数；

　　　$\sum P_{\mathrm{N}}$——由该段线路供电的用电设备额定功率之和，kW。

线路电阻为

$$R = \frac{L}{\gamma_{\mathrm{sc}} A} \qquad (3\text{-}19)$$

式中　L——该段线路导线的长度，m；

　　　A——线路导线截面积，mm²；

　　　γ_{sc}——线路导线电导率，m/(Ω·mm²)，电缆线路的电导率可查表 3-7。

表 3-7　电缆的电导率　　　　　　　　　m/(Ω·mm²)

电缆种类	电导率		
	20 ℃	65 ℃	80 ℃
铜芯软电缆	53	42.5	
铜芯铠装电缆		48.6	44.3
铝芯铠装电缆	32	28.8	

根据式 (3-18)，该段导线满足电压损失条件的最小截面积为

$$A_{\min} = \frac{K_{\mathrm{de}} \sum P_{\mathrm{N}} L \times 10^3}{U_{\mathrm{N}} \gamma_{\mathrm{sc}} \Delta U_{\mathrm{p \cdot r}}} \qquad (3\text{-}20)$$

式中 $A_{\min}$——该段导线满足电压损失的最小截面积,mm^2;

$\Delta U_{p·r}$——该段导线电阻上允许的电压损失,V。

根据式(3-20)的计算结果,选择标称截面不小于 $A_{\min}$ 的导线,然后再求出该线路的电抗值。若实际电抗值等于或稍小于假定的电抗值,则说明所选截面合适,否则应代入式(3-4)和式(3-6)校验电压损失,或重新假定电抗值,进行复算。

若忽略电缆线路的电抗时,导线电阻的允许电压损失为该段线路的允许电压损失。选择出截面后不必再进行校验。

3. 按经济电流密度选择导线截面

输电线路的年运行费用包括年电能损耗费和年折旧费与维护费,其大小与导线截面积关系密切。若导线截面积大,则电能损耗费用少,但需增加初期投资,使线路的年折旧、维护费用增加。若导线截面积小,可使年折旧、维护费用减少,但年电能损耗费用增加。为了保证供电的经济性,应选择一个合适的导线截面积,使线路的年运行费用最小。年运行费用最小时的导线截面称为经济截面;对应于经济截面的电流密度,称为经济电流密度。

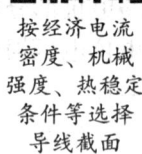

按经济电流密度、机械强度、热稳定条件等选择导线截面

图3-6曲线3为年运行费用与导线截面的关系曲线,它由曲线1和曲线2叠加而成。由图可知,当导线截面为 A_e 时,年运行费用最小,因此 A_e 为经济截面。

直接应用曲线确定经济截面比较困难,所以我国有关部门统一规定了不同情况下的经济电流密度,其值见表3-8。在选择导线截面时,先从表3-8中查出经济电流密度,然后按式(3-21)求出经济截面。

$$A_e = \frac{I_{mn}}{I_{ed}} \qquad (3-21)$$

式中 A_e——导线的经济截面,mm^2;

I_{mn}——线路正常工作时的最大长时工作电流,A;

I_{ed}——经济电流密度,A/mm^2。

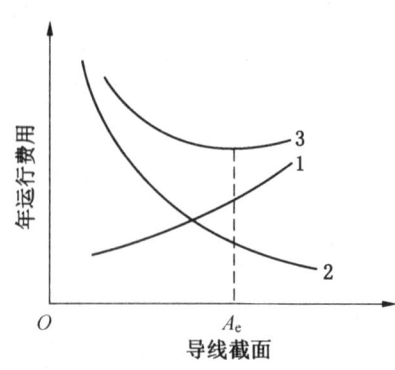

1—年折旧费与维护费;2—年电能损耗费;3—年运行费用

图3-6 年运行费用与导线截面的关系

选取等于或稍小于 A_e 的标准截面,若大于 A_e 的标准截面与 A_e 很接近时,则应选择大于 A_e 的标准截面。

表3-8 经济电流密度 A/mm²

导体材料	年最大负荷利用小时数/h		
	1000~3000	3000~5000	5000 以上
裸铜导体和母线	3.0	2.25	1.75
裸铝导体和母线	1.65	1.15	0.90
裸钢导体和母线	0.45	0.4	0.35
铜芯电缆	2.5	2.25	2.0
铝芯电缆	1.92	1.73	1.54

从表3-9中可看出,经济电流密度与年最大负荷利用小时数 T_{max} 有关。所谓年最大负荷利用小时数,就是线路全年的送电量 W,都按最大负荷 P_{max} 输送所需要的时间,如图3-7所示,即

$$T_{max} = \frac{W}{P_{max}} \tag{3-22}$$

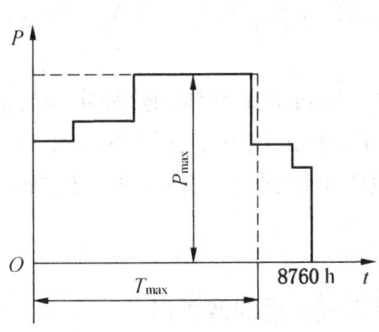

图 3-7 某用户的年负荷曲线

实际上,设计时用户的年负荷曲线是未知的,所以只能根据负荷的性质和经验来选择 T_{max}。各类用户的年最大负荷利用小时数可参考表3-9选取。

表3-9 各类用户的年最大负荷利用小时数 h

负荷类型	室内照明及生活用电	单班制企业	两班制企业	三班制企业
T_{max}	2000~3000	1500~2200	3000~4500	6000~7000

4. 按机械强度选择导线截面

为满足机械强度的要求,矿用橡套电缆应符合表3-10的要求。

表 3-10　矿用橡套电缆满足机械强度的最小截面积　　　　　　　　　mm²

用电设备名称	最小截面积	用电设备名称	最小截面积
采煤机组	35~50	调度绞车	4~6
可弯曲输送机	16~35	局部扇风机	4~6
一般输送机	10~25	煤电钻	4~6
回柱绞车	16~25	照明设备	2.5~4
装岩机	16~25		

5. 按短路时的热稳定条件选择导线截面

为了保证短路时导线的温度不超过导体材料的短时允许温度，导线截面应按式（3-23）进行短路热稳定条件的校验。

$$A_{\min} = \frac{I_{ss}}{C}\sqrt{t_i} \tag{3-23}$$

式中　$A_{\min}$——导线的最小截面积，mm²；

　　　I_{ss}——三相短路电流稳态值，A；

　　　t_i——短路电流的假想作用时间，s；

　　　C——导体材料的热稳定系数，它与导体的电导率、密度、热容量和最大短时允许温升有关。

当导体截面积 $A \geqslant A_{\min}$ 时，便可满足导体的热稳定条件。

【例题】某普通机械化采煤工作面供电系统简图如图 3-8 所示，已知变压器的电压损失为 23.9 V，采煤机支线电缆的电压损失为 13.6 V，试按允许电压损失选择干线电缆的截面积。

解：

（1）按允许电压损失选择干线电缆的截面积：

电网的允许电压损失为

$$\Delta U_p = U_{2N \cdot T} - U_{p \cdot \min} = 693 - 0.95 \times 660 = 66 \text{ V}$$

干线电缆的允许电压损失为

$$\Delta U_{p \cdot ms} = \Delta U_p - \Delta U_T - \Delta U_{bl} = 66 - 23.9 - 13.6 = 28.5 \text{ V}$$

需用系数为

$$K_{de} = 0.286 + 0.714 \frac{P_{N \cdot \max}}{\sum P_N} = 0.286 + 0.714 \times \frac{100}{100 + 75 + 30 + 8 + 1.2} \approx 0.62$$

满足电压损失的最小截面积为

$$A_{\min} = \frac{K_{de} \sum P_N L \times 10^3}{U_N \gamma_{sc} \Delta U_{p \cdot r}}$$

$$= \frac{0.62 \times (100 + 75 + 30 + 8 + 1.2) \times 400 \times 10^3}{660 \times 48.6 \times 28.5} \approx 58.11 \text{ mm}^2$$

故选择截面积为 70 mm² 的铜芯电缆。

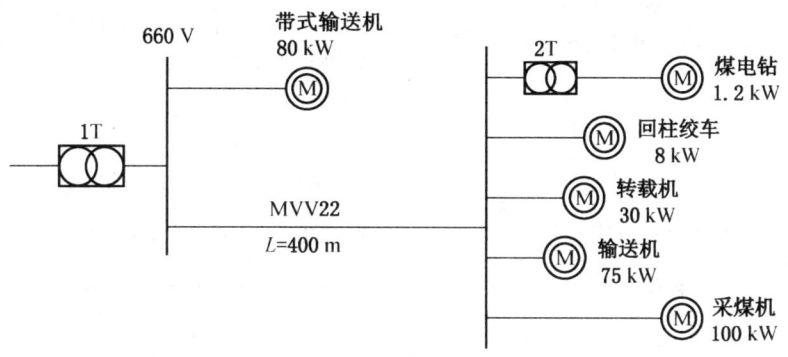

图 3-8 例题图

（2）按长时允许电流校验干线电缆截面积：

干线电缆的最大长时工作电流为（查表 2-2 取 $\cos\varphi_{wm} = 0.65$）

$$I_{ca} = \frac{K_{de} \sum P_N \times 10^3}{\sqrt{3} U_N \cos\varphi_{wm}}$$

$$= \frac{0.62 \times (100 + 75 + 30 + 8 + 1.2) \times 10^3}{\sqrt{3} \times 660 \times 0.65} \approx 178.7 \text{ A}$$

查表 3-3 可知，70 mm² 的聚氯乙烯绝缘铜芯电缆的长时允许电流为 $I_p = 181$ A $> I_{ca} = 178.7$ A。所以，确定选用 MVV22-0.38/0.66-3×70 型铜芯聚氯乙烯绝缘、聚氯乙烯护套、聚氯乙烯护外被层、钢带铠装煤矿用阻燃型塑料电缆。

任务实施

1. 任务内容

某煤矿高压 35 kV 导线的选择。

（1）某煤矿 35 kV 导线选择工作计划书见表 3-11。

表 3-11 "某煤矿高压 35 kV 导线选择"工作计划书

工作任务	选择某煤矿高压 35 kV 导线
任务要求	①准备工作：做好记录；②根据某煤矿的负荷统计分析结果等参数和电压等级选择高压 35 kV 导线；③注意线路的结构及组成部件的作用
责任分工	1 人负责分工；1~2 人进行负荷统计及有关计算等，包括记录；1~2 人根据有关参数选择高压开关柜，包括记录

表 3-11（续）

阶段	实施步骤	防范措施	应急预案
准备	1. 分工		
	2. 携带铅笔、记录本、尺子等记录用品和供电系统图及有关设备说明书等	带上所有电气设备使用说明书和变电所供电系统图	
参数计算分析	1. 认真研究供电系统图		
	2. 分析电压等级	带上变电所供电系统设计说明书	做好记录
	3. 负荷统计计算分析	带上变电所供电系统设计说明书	做好记录
	4. 进行有关计算	带上变电所供电系统设计说明书	做好记录
导线的选择	1. 初选导线		
	2. 校验导线		
	3. 选定导线		
收尾处理	1. 分析结果	资料齐全	做好记录
	2. 经老师或技术人员审核		
	3. 现场清理	现场干净、整洁	
	4. 填写工作记录单		

小贴士：严谨细致、精益求精。导线的类型：适用性强；导线的截面：安全、可靠、合理、经济，并注意考虑今后发展需要；电压损失等有关计算：正确，数据处理得当，符合实际情况。

（2）工作记录表（表3-12）。

表3-12 "某煤矿高压35 kV导线选择" 工作记录表

工作时间		指挥者		记录员	
工作地点		监督者		分析人	
记录内容	1. 负荷统计				
	2. 负荷电压等级				
	3. 计算分析结果				
	4. 导线类型、结构以及组成元件的作用				
	5. 选择导线				
说明					

小贴士：小组成员各司其职、分工合作，共同实施分析工作任务，指挥者负责按照工

作计划指挥实施，监督者负责检查工作过程，实施者负责计划的实施并服从指挥者的指挥和监督者监督。

2. 工具器材

电线及电缆在空气中敷设时的载流量查询表、电缆每千米电阻值、电抗值查询表等。

任务拓展

根据下列参数选择导线截面：某矿井下中央变电所最大涌水量时的计算负荷 S_1 = 6400 kVA，功率因数 $\cos\varphi_1$ = 0.78；正常涌水量时的计算负荷 S_2 = 5600 kVA，功率因数 $\cos\varphi_2$ = 0.75；电源由地面变电所 6 kV 母线经长度为 500 m 的电缆供给。已知地面变电所 6 kV 母线最大短路容量为 100 MVA，向井下配电的开关继电保护动作时间为 0.5 s；设下井电缆的允许电压损失在正常时为 1%，故障时为 3%。试选择下井电缆。

学习评价

本任务学习评价表见表3-13。

表3-13 "导线截面选择"学习评价表

考核项目	考核标准		配分	自评分	互评分	教师评分
知识点	1. 电缆线路的分类、结构、性能、作用等	完整说出满分；不完整2~14分；不会0分	15			
	2. 电缆线路选择方法	完整说出满分；不完整2~14分；不会0分	15			
	小计		30			
技能点	1. 会确定输电线路型式	正确确定满分；不熟练10~19分；不会确定0分	20			
	2. 会选择输电线路截面	正确选择满分；不熟练10~19分；不会确定0分	20			
	3. 会计算电压损失	会正确计算满分；不熟练10~19分；不会确定0分	20			
	小计		60			
素质点	1. 职业素养	能够独立思考并完成输电线路截面选择和电压损失计算任务，并展现出严谨细致、精益求精的职业素养者满分，否则0~4分	5			
	2. 学习态度	遵守纪律、学习热情高涨、积极参与者满分，否则0~4分	5			
	小计		10			
合计			100			

注：1. 考核时间为30 min，每超过1 min扣1分；

2. 要安全文明工作，否则教师酌情扣1~10分。

教师签字：_____

思考练习

1. 电力电缆有哪几种类型？各种电缆的适用场合如何？
2. 选择导线截面的一般原则是什么？为什么要考虑这些原则？
3. 什么是电压损失？什么是经济电流密度？什么是年最大负荷利用小时数？

任务二　井下电缆的敷设与维护

任务描述

煤矿井下电缆敷设与连接是井下供电安全和机电管理中的重要环节，必须科学地进行敷设、连接、维护和管理，保证煤矿的正常安全生产。本任务主要围绕矿用电缆的敷设、连接和运行维护展开，难点是如何对矿用电缆进行故障查找与修复。

其学习目标如下：

☞　知识目标
➢ 熟悉输电线路的敷设与连接要求；
➢ 掌握输电线路的维护与检修方法。

☞　能力目标
➢ 能够根据不同的环境和条件正确敷设电缆；
➢ 能够进行电缆线路维护与检修。

☞　素质目标
➢ 遵守相关国家标准、行业标准；
➢ 树立规范操作的安全意识。

相关知识

小贴士：电缆的安装必须满足《煤矿安装工程质量检验评定标准》（电缆敷设部分）的要求。

一、矿用电缆的敷设

矿用电缆的敷设必须符合《煤矿安全规程》的有关规定，具体要求如下。

1. 电缆的敷设地点

（1）在总回风巷、专用回风巷及机械提升的进风倾斜井巷（不包括输送机上、下山）中不应敷设电力电缆。

（2）确需在机械提升的进风倾斜井巷（不包括输送机上、下山）中敷设电力电缆时，应当有可靠的保护措施，并经矿总工程师批准。

（3）溜放煤、矸、材料的溜道中严禁敷设电缆。

2. 电缆的悬挂方法

根据《煤矿安全规程》的规定，井下电缆必须悬挂，并满足以下要求。

（1）在立井井筒或者倾角在30°及以上的井巷中，电缆应当用夹子、卡箍或者其他夹持装置进行敷设。夹持装置应当能承受电缆重量，并不得损伤电缆。

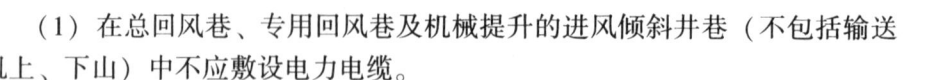
矿用电缆的敷设

电缆应用夹子、卡箍或其他夹持装置,固定在巷道壁上,为防止损伤电缆,金属夹持物内,应垫有木材。沿钻孔敷设的电缆必须绑紧在钢丝绳上,钻孔必须加装钢管,如图3-9所示。

立井井筒中敷设的电缆,中间不得有接头。如因井筒太深需要设置接头时,应将接头设置在中间水平巷道内。无中间水平巷道可利用时,可在井筒中设置接线盒,但接线盒应放置在托架上,使电缆接头不承受重力。

(2)在水平巷道或者倾角在30°以下的井巷中,电缆应当用吊钩悬挂。水平巷道或者倾斜井巷中悬挂的电缆应当有适当的弛度,并能在意外受力时自由坠落。其悬挂高度应当保证电缆在矿车掉道时不受撞击,在电缆坠落时不落在轨道或者输送机上,如图3-10所示。

(3)电缆悬挂点间距,在水平巷道或者倾斜井巷内不得超过3 m,在立井井筒内不得超过6 m。

(4)盘圈或者盘"8"字形的电缆不得带电,但给采、掘等移动设备供电电缆及通信、信号电缆不受此限。

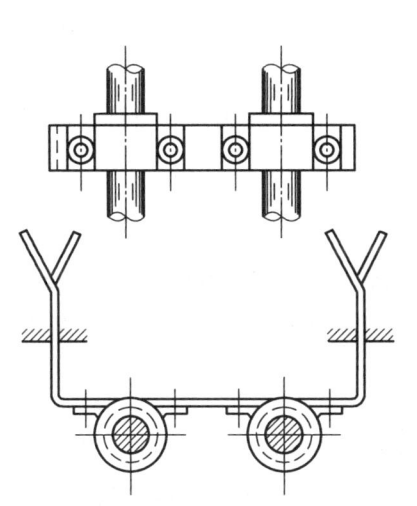

图3-9 电缆在井筒中的固定

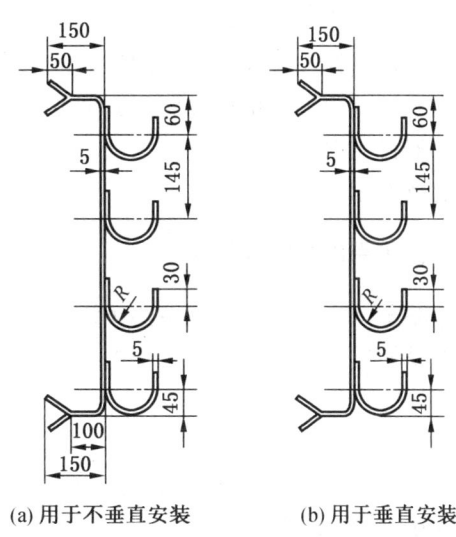

(a)用于不垂直安装　　(b)用于垂直安装

图3-10 吊钩悬挂方式(单位:mm)

3. 电缆的敷设间距

(1)电缆不应悬挂在管道上,不得遭受淋水。电缆上严禁悬挂任何物件。

(2)电缆与压风管、供水管在巷道同一侧敷设时,必须敷设在管子上方,并保持0.3 m以上的距离。

(3)在有瓦斯抽采管路的巷道内,电缆(包括通信电缆)必须与瓦斯抽采管路分挂在巷道两侧。

(4)井筒和巷道内的通信和信号电缆应当与电力电缆分挂在井巷的两侧,如果受条件所限,在井筒内,应当敷设在距电力电缆0.3 m以外的地方;在巷道内,应当敷设在电力电缆上方0.1 m以上的地方。

(5)高、低压电力电缆敷设在巷道同一侧时,高、低压电缆之间的距离应当大于0.1 m。高压电缆之间、低压电缆之间的距离不得小于50 mm。

4. 电缆敷设的其他要求

井下巷道内的电缆，沿线每隔一定距离、拐弯或者分支点以及连接不同直径电缆的接线盒两端、穿墙电缆的墙的两边都应当设置注有编号、用途、电压和截面积的标志牌。

二、矿用电缆的连接

在温度较低的冬季，电缆变硬而不易弯曲时，应预先放在温度较高的室内或通电加热后再进行敷设。为了防止电缆的接头发生漏电或短路，引起人身触电或瓦斯煤尘爆炸，井下电缆的连接必须遵守《煤矿安全规程》等有关规定。

矿用电缆的连接与故障判断

（1）电缆与电气设备连接时，电缆线芯必须使用齿形压线板（卡爪）、线鼻子或者快速连接器与电气设备进行连接。

（2）不同型电缆之间严禁直接连接，必须经过符合要求的接线盒、连接器或者母线盒进行连接。

（3）同型电缆之间直接连接时必须遵守下列规定：

①橡套电缆的修补连接（包括绝缘、护套已损坏的橡套电缆的修补）必须采用阻燃材料进行硫化热补或者与热补有同等效能的冷补。在地面热补或者冷补后的橡套电缆，必须经浸水耐压试验，合格后方可下井使用；

②塑料电缆连接处的机械强度以及电气、防潮密封、老化等性能，应当符合该型矿用电缆的技术标准。

三、矿用电缆的运行维护

小贴士：电缆的检修维护必须满足《煤矿机电设备完好标准》（电气部分）的要求。

电缆的运行维护主要是防止电缆绝缘受热、受潮以及机械损伤引起的短路、断路、漏电等事故的发生。

（一）电缆的巡视

立井和斜井井筒中敷设的电缆，应由专职电工每月至少巡查一次。井底车场、大巷、采区运输巷道和配电硐室敷设的电缆，应由专职电工每周至少巡视一次。巡视的主要内容如下：

（1）电缆有无机械损伤；

（2）铠装层有无松散及严重锈蚀；

（3）固定电缆的卡子有无松动、损坏；

（4）悬挂是否合格；

（5）电缆两端引入及引出部分有无异状，检查接线盒的地线是否完好，接线盒的表面温度是否过高；

（6）通过硐室和墙壁的电缆应有保护管，密封可靠，无被挤压破损现象；

（7）电缆的标牌应符合要求，无损坏；

（8）电缆与电力设备的连接应符合防爆要求，无不合格接头。

移动设备的电缆（如采煤机组、刮板输送机、装载机、小绞车、回柱绞车、煤电钻等设备的电缆），每班应有专人检查，严防碰、砸、挤、压。停电后电缆要妥善盘放，为防止电缆发热着火，盘圈或盘"8"字形的电缆不得带电（采掘机用电缆除外）。矿用橡套电缆与防爆三通、四通、插销及母线盒等的连接点，应由专人每月检查一次，特别要注意连接处是否有松动和接触不良的现象。

（二）电缆的运行与维护

新安装的电缆投入运行前，应由电工跟班全面测定负荷电流及电压损失，并检查电缆接头有无发热现象，发现问题及时处理。无外被层铠装电缆的铠装层应定期涂防腐漆，一般每两年进行一次。

铠装电缆的钢带或钢丝如有断裂应及时绑扎。高压电缆在巷道中跨越电机车架线时，电缆的跨越部分应加胶皮被覆，防止架线火花灼伤电缆麻皮和铠装。电缆线路穿过淋水区时，最好不设接线盒，若有接线盒时，应严密遮盖，并由专人经常检查。

为了减少杂散电流对铠装电缆的腐蚀，应定期测量电缆铅包中的杂散电流密度，凡超过规定值时，必须采取措施加以解决。

用温度表测量运行中电缆的外皮温度：高压接线盒的表面温度，应不大于 45 ℃；交联聚乙烯绝缘电缆外皮温度，应不大于 55 ℃；3 kV 及以下的电缆外皮温度，应不大于 50 ℃。

在紧急事故状态下，电缆允许短时间过负荷，但只允许超过额定负荷的 10%（3 kV 及以下）和 15%（3 kV 以上），并且时间不超过 2 h。

应每年进行一次绝缘电阻的测定，其绝缘电阻值应符合规定。如果测试的绝缘电阻比规定的数值有明显降低，应考虑电缆受潮、受损伤和有缺陷或者接线盒有问题，应作泄漏电流试验和耐压试验，进一步查找原因。用绝缘电阻随时间变化的关系（即吸收比）来判定电缆是否受潮，一般取加压后 15 s 与 60 s 绝缘电阻的比值。

测量泄漏电流及直流耐压试验应每年进行一次。两个试验的方法和接线完全相同，都是在绝缘体上加一个逐渐升高到几倍于额定电压的直流电压，观察绝缘中泄漏电流的变化。当泄漏电流与电压不成比例迅速增加时，甚至发生绝缘击穿现象，说明电缆绝缘有局部缺陷和均匀整体性缺陷，例如老化、受潮等。

（三）电缆故障点的寻找方法

常用的方法是首先判断故障类型，然后再找故障点。

1. 判断故障类型

电缆常见的故障类型是：短路、接地和断线。

可利用保护装置的动作判定故障类型：短路保护动作，说明电缆发生短路；检漏继电器动作，说明电缆发生接地；通电后电路不工作，说明电缆断线。

在不通电的情况下，通常用兆欧表判断故障性质。首先将电缆两端的芯线全部开路，用兆欧表测定电缆芯线之间和对地的绝缘电阻，如果绝缘电阻小于正常值，说明发生了相间短路或接地。其次将电缆一端的芯线全部短接，用兆欧表分别测量电缆另一端主芯线之间的电阻，如果某一芯线分别与其他两芯线间电阻很大，说明这一芯线发生断线。

2. 寻找故障点

通过向事故现场人了解情况，并根据上述电缆故障类型，对可疑地段重点查找。

1）直观法

（1）查短路点。由于电缆短路时常有"放炮"声，并伴有绝缘烧焦的气味，在短路点表面有明显的焦痕。一般通过听"放炮"声、闻焦味、看焦痕就可找到故障点；也可以用手触及电缆外皮和接线盒外壳，摸到有异常温度处即为短路点。

（2）查断线点。当电缆截面积较小时，可将电缆逐点弯曲，根据弯曲时的不均匀感觉找出断线点。

当电缆截面积较大时,可将电缆一端的芯线全部短接,用万用表的欧姆挡测量断线的芯线与另一芯线间的电阻,然后由检修人员对电缆逐段进行弯曲或翻动。当电缆弯曲到某一点,万用表指针有较大的摆动时,说明这就是故障点;也可用木棒敲打电缆护套,当敲打到某处,万用表针有较大的摆动时,也就找到了故障点。这种方法适用于寻找一芯或多芯低阻(几十千欧以下)接地或短路故障,不管是屏蔽电缆还是非屏蔽电缆均可采用。此外,也可在电缆与负载连接的情况下,通电进行上述试验,当电缆弯曲到某一点负载工作,说明该点就是故障点。

(3)查接地点。可用验电笔测电缆外皮,当电笔发亮时,说明该点发生接地。

2)仪器法

当故障点不能用直观方法寻找时,必须用仪器探测。下面介绍常用的矿用本质安全型电缆探伤仪,它可以在煤矿井下有瓦斯和煤尘爆炸危险的场所内探测非屏蔽矿用橡胶电缆的故障,采用的是音频感应法。

(1)查短路点。用音频感应法探测短路故障点的原理如图3-11所示。在电缆的一端用音频信号发生器向故障芯线内送入音频电流,音频电流在电缆的周围产生音频磁场。将感应线圈1置于音频磁场中,便会感应出音频电动势,经放大器2放大后送入耳机3。根据从耳机中听到声音变化的特点,就可以找到故障点。

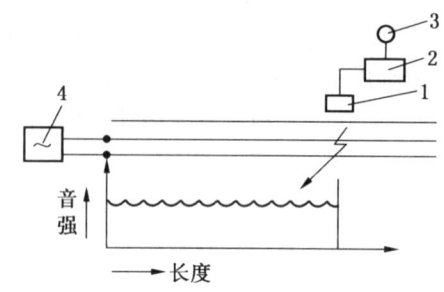

1—感应线圈;2—放大器;3—耳机;4—音频信号发生器

图3-11 音频感应法探测短路故障点原理图

由于芯线呈螺旋状缠绕,因而当感应线圈平行于电缆移动时,由耳机中听到的音响信号强度与电缆芯线的捻距一致,呈周期性的变化,但是在故障点音响声便骤然降低,并且以后不再呈周期性变化。由此可准确地找到故障点,误差不超过0.5 m。

(2)查接地点。在探测铠装电缆一相接铅皮的故障时,将音响信号发生器一端接故障芯线,另一端接铅皮,如图3-12所示。这时,若沿电缆移动感应线圈,则可在耳机中听到如图3-11中曲线所示的音响变化。在故障点之前,音响仍与捻距一致,呈周期性变化,但越接近故障点,音响越弱(这是由于芯线间电容电流的影响),在过故障点时音响突然降低。但是,在故障点距末端很远时,音响还很大,但不再是周期变化了,这个特点在测听时要注意区别。

(3)查断线点。利用音频感应法探测断线故障点的方法如图3-13所示。将音频信号

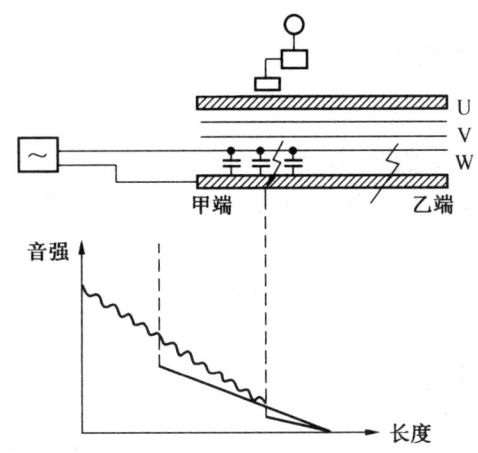

图 3-12 音频感应法探测铠装接地故障点原理图

发生器分别接在电缆首端故障芯线和完好的芯线上,电缆末端的芯线短接在一起。这时,由电缆的首端开始向末端移动感应线圈,在断线处可以发现音响突然下降。在音响突然下降处往复探测几次,便可确定断线的准确位置。

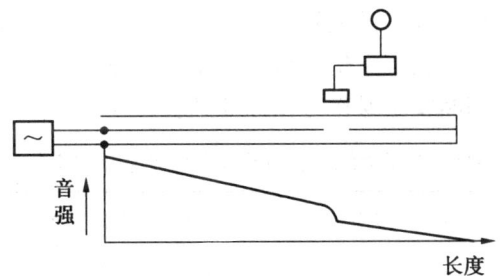

图 3-13 音频感应法探测断线故障点原理图

在实施过程中,教师应注重对学生学习过程的评价,主要包括学习主动性、对不同环境下电缆类型选择的正确性,连接电缆的操作能力,对煤矿供电安全的重视程度等方面的综合评价。

任务实施

1. 任务内容

训练内容及要点见表 3-14。

表 3-14 训练内容及要点

序号	训练内容	训练要点
1	矿用电缆的敷设	根据不同的环境和条件选择合适的敷设方式
2	矿用电缆的连接	橡套和铠装电缆选择不同的连接方式
3	矿用电缆的故障查找与修复	注意操作安全

2. 工具器材

矿用电缆及相关辅助工具。

任务拓展

拓展一：矿用低压橡套电缆的安装维护

根据任务要求，请同学们自行写出工作计划书，并按照计划书实施控制、评价、反馈。

任务要求：

(1) 根据所连接的采煤机（100 kW，1140 V）设备核定所安装矿用低压橡套电缆的型号、额定参数、敷设路径。

(2) 对所安装的低压橡套电缆进行绝缘检测。

(3) 按规定进行停电操作。

(4) 安装工作：①低压橡套电缆挂设；②低压橡套电缆连接。

(5) 检修工作：①故障检测；②低压橡套电缆修复。

(6) 维护工作：①运行检查；②日常维护。

(7) 收尾工作：①检查验收；②填写记录；③恢复送电。

拓展二：井下电缆连接与故障判断安全操作（K4）

本任务来自《煤矿井下电气作业安全技术实际操作考试标准》，编号 K4，根据相关要求，实训场所要求配备矿用隔爆型低压磁力启动器、矿用橡套电缆、兆欧表、高低压验电器、放电导体、电工工具等实物。学生分组完成相关任务。

井下电缆连接与故障判断安全操作考核标准见表 3-15。

表 3-15　井下电缆连接与故障判断安全操作考核标准　考试时间：15 min

序号	考试项目	操作内容与步骤	考试方式	分值	评分标准
1	井下电缆连接安全操作	1. 去护套 按照接线盒规格去掉橡套电缆外护套→露出一定长度的电缆线芯	实物操作 + 手指口述	4 分	操作步骤每步 2 分，每缺一步或一步不正确扣 2 分
		2. 进线 将做好的电缆头依次穿入压线嘴、金属护圈和密封胶圈→把电缆线芯穿入进线嘴		4 分	操作步骤每步 2 分，每缺一步或一步不正确扣 2 分
		3. 接线 操作外护套进入接线室 5~15 mm→将密封胶圈、金属护圈、压线嘴等依次入位→上紧压线嘴（压紧度以手拉无串动、搬动不松动为准）→紧固压线板		8 分	操作步骤每步 2 分，每缺一步或一步不正确扣 2 分
		4. 压线、合盖 去掉多余的电缆线芯→将每相线芯（包括地线）逐个压在接线柱上→紧固接线柱螺栓→确认接线及紧固情况良好→清除接线腔内杂物→擦净接线盒防爆面→涂防腐油脂→盖好上盖→紧固上盖螺栓→检查连接电缆引出引入装置有无失爆现象		10 分	操作步骤每步 1 分，每缺一步或一步不正确扣 1 分

表 3-15（续）

序号	考试项目	操作内容与步骤	考试方式	分值	评分标准
2	井下电缆故障判断安全操作	1. 判断单相接地故障 放电后，将电缆的一端开路分岔→在电缆的另一端，将兆欧表的 E 端和 L 端中的一端接地或连接铠装电缆铠装层→将兆欧表的另一端依次连接三相主线芯，分别测试每相线芯对地的绝缘电阻值→测得某一相绝缘电阻值为零或很低时，可判断为单相接地故障→确认读数为零或很低的一相为接地相	实物操作+手指口述	10 分	操作步骤每步 2 分，每缺一步或一步不正确扣 2 分
		2. 判断相间短路故障 放电后，将电缆的一端开路分岔→在电缆的另一端，将兆欧表的 E 端和 L 端分别与电缆两相主线芯连接→测得绝缘电阻值为零时，可判断为相间短路故障		6 分	操作步骤每步 2 分，每缺一步或一步不正确扣 2 分
		3. 判断断相故障 放电后，将电缆的一端短接→在电缆的另一端，将兆欧表的 E 端和 L 端分别连接任意两相主线芯，逐个测试主线芯之间的绝缘电阻值→测得绝缘电阻值无限大时，可判断为断相故障→确认与其他两相主线芯之间的绝缘电阻都为无限大的一相为断相的一相		8 分	操作步骤每步 2 分，每缺一步或一步不正确扣 2 分
	合计			50 分	

小贴士：操作规范、严谨细致。对照考核标准规范实施"井下电缆连接与故障判断安全操作"工作任务。

学习评价

本任务学习评价内容及标准见表 3-16。

表 3-16 学 习 评 价 表

考核项目		考核标准	配分	自评分	互评分	教师评分
知识点	1. 电缆敷设、连接的要求	完整说出满分，不完整 2~14 分；不会 0 分	15			
	2. 电缆线路的运行、维护及故障查找方法	完整说出满分，不完整 2~14 分；不会 0 分	15			
		小计	30			

表 3-16（续）

考核项目		考核标准	配分	自评分	互评分	教师评分
技能点	1. 能够根据不同的环境和条件正确敷设电缆	会正确敷设电缆线路满分；不熟练 1~29 分；不会 0 分	30			
	2. 能够进行电缆线路维护与检修	会正确维护与检修电缆线路满分；不熟练 1~29 分；不会 0 分	30			
	小计		60			
素质点	1. 职业素养	能够遵照《煤矿安全规程》、行业标准、并按表 3-15 进行电缆连接与故障判断，操作规范者满分，否则 0~4 分	5			
	2. 学习态度	遵守纪律、学习热情高涨、积极参与者满分，否则 0~4 分	5			
	小计		10			
合计			100			

注：1. 考核时间为 30 min，每超过 1 min 扣 1 分；
  2. 要安全文明工作，否则教师酌情扣 1~10 分。

教师签字：_____

思考练习

1. 在敷设电缆时应注意哪些问题？为什么？
2. 电缆的敷设方式有哪几种？各种敷设方式有何特点？其适用场合如何？
3. 简述电缆线路的维修方法。
4. 简述电缆维护与检修的项目和内容。

项目四 短路电流计算

【项目描述】

短路是煤矿供电系统中经常出现的故障之一，正确认识短路，预防短路的发生对供电系统的正常运行具有十分重要的意义。

根据负荷计算结果进行的电气设备选型，只能保证设备在系统正常运行时能正常工作，即设备能承受正常工作时的负荷电流，但是如果系统中发生了以电流突然急剧增大作为主要特征的短路故障，之前选择的电气设备在这种情况下可能无法正常工作，甚至可能造成更为严重的后果，因此，短路电流计算尤为必要。通过短路电流计算，可以使得设备既能在系统正常运行时正常工作，也能短时承受短路电流所产生的电动力和热量，从而使得设备无论在系统正常时还是短路故障时都能正常工作。

【项目分析】

本项目从短路的概念入手，介绍常见的几种短路形式，以工矿企业电源这一无限大容量电源系统为载体，以三相短路这种危害最为严重的短路为对象，介绍有名值法和相对值法这两种常用的短路电流计算方法，并且对这两种方法的优缺点进行了对比介绍，使学生能够在企业实际案例的计算中，学会这两种计算方法，增强对日后工作岗位的适应性。

【学习目标】

☞ 知识目标
➢ 掌握短路的特点、产生的原因、造成的危害；
➢ 掌握短路的几种类型及特点；
➢ 掌握短路电流计算的两种方法及其优缺点。

☞ 能力目标
➢ 能够分析并确定短路的类型；
➢ 能够进行短路电流计算。

☞ 素质目标
➢ 培养严谨细致、精益求精的职业素养；
➢ 培养学生独立思考，分析计算的能力。

【案例引入】

某工作面供电系统如图 4-1 所示，已知采区变电所母线上的短路容量为 80 MVA。

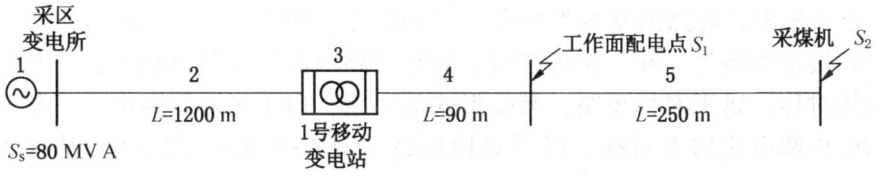

图 4-1 某工作面供电系统图

设采区变电所至移动变电站的电缆型号为 MYPTJ-3.6/6-3×35+3×16/3+3×2.5 型煤矿用移动金属屏蔽橡套软电缆。试求 S_1 点和 S_2 点短路时的三相、两相短路电流和短路容量。

任务一　有名值法计算短路电流

任务描述

本任务主要介绍短路电流的计算方法之一——有名值法，也叫绝对值法或者欧姆法。本任务从短路的种类及产生原因入手，介绍短路产生的原因及危害，以工矿企业中常见的无限大容量电力系统为研究对象，重点介绍有名值法进行短路电流计算的方法、步骤及优缺点。

其学习目标如下：

☞　知识目标
- 熟悉短路的基本类型及特点；
- 掌握无限大容量电源系统的特点；
- 掌握与短路电流计算有关的参数及其关系；
- 掌握有名值法计算短路电流的步骤；
- 掌握短路电流的效应及校验方法。

☞　能力目标
- 能够分析无限大容量电源系统的各个参数；
- 会使用有名值法计算短路电流；
- 会进行短路电流的校验。

☞　素质目标
- 培养严谨细致、精益求精的职业素养；
- 培养学生独立思考，计算分析的能力。

相关知识

一、短路

（一）短路种类及产生原因

电力系统的故障最为常见且危害最大的是各种短路，所谓短路是指电位不同的导体在电气上被短接。

1. 短路种类

在三相系统中，短路的基本类型有：三相短路、两相短路、两相接地短路、单相短路和单相接地短路等。在三相短路时，短路回路中的三相阻抗相等，三相电压和电流仍然保持对称，属于对称短路。其他形式的短路，由于短路回路中的三相阻抗不相等，三相电压和电流均不对称，属不对称短路。表 4-1 列出了短路的基本类型及其特点。

表4-1 短路的基本类型及其特点

短路种类	示意图	特 点
三相短路		三相同时在一点短接，属于对称短路
两相短路		两相同时在一点短接，属于不对称短路
两相接地短路		中性点不直接接地系统中两相与地短接，属于不对称短路
单相短路		三相四线制系统中，相线与中性线在一点短接，属于不对称短路
单相接地短路		中性点直接接地系统中，一相与地短接，属于不对称短路

除了上述短路外，对变压器和电动机等电气设备还可能发生一相绕组的匝间及层间短路。

三相供电系统中最为常见的是单相接地短路。三相短路发生的概率最小，但短路电流值最大，造成的危害最严重，所以常用三相短路电流来校验电气设备承受短路的能力。两相短路电流值最小，常用来校验保护装置的灵敏度。

2. 短路产生的原因

造成短路故障的原因很多，主要有以下几个方面。

（1）绝缘损坏。电气设备年久陈旧，绝缘自然老化；绝缘瓷瓶表面污秽，使绝缘性能下降；绝缘受到机械性损伤；供电系统受到雷电的侵袭或者在切换电路时产生过电压，将电气装置绝缘薄弱处击穿，都会造成短路。

（2）误操作。例如，带负荷拉切隔离开关，形成强大的电弧，造成弧光短路；将低压设备误接入高压电网，造成短路。

（3）鸟兽危害。鸟兽跨越不等电位的裸露导体时，造成短路。

（4）恶劣的气候。雷击造成的闪络放电或避雷器动作，架空线路由于大风或导线覆冰引起电杆倾倒等。

（5）其他意外事故。挖掘沟渠损伤电缆，起重机臂碰触架空导线，车辆撞击电杆、风筝跨接在载流裸导体等。

（二）短路的危害

短路时系统的阻抗大幅度减小，而电流则大幅度增加，通常短路电流可达正常工作电流的几十倍甚至几百倍，在大电力系统中短路电流可达几万甚至几十万安培，这样大的短路电流将产生极大的危害，同时系统电压将会骤降。

短路的危害有以下几种。

（1）损坏电气设备。短路电流产生的电动力效应和热效应，可能使电气设备遭到损坏，短路点的电弧可能烧毁电气设备，甚至引发火灾事故。

（2）影响电气设备的正常运行。短路点附近电压显著下降，系统中最主要的电力负荷是异步电动机，其电磁转矩与端电压的平方成正比，电压下降时，电动机的电磁转矩显著减小，转速随之下降，当电压大幅度下降时，电动机甚至可能停转，造成产品报废、设备损坏等严重后果。

（3）影响系统的稳定性。严重的短路会使并列运行的发电机组失去同步，造成电力系统解列。这是短路故障最严重的后果。

（4）造成停电事故。短路时，电力系统的保护装置动作，使开关跳闸，从而造成大范围停电。

（5）产生电磁干扰。不对称短路的不平衡电流，在周围空间中将产生很大的交变磁场，干扰附近的通信线路和自动控制装置的正常工作。

由此可见，短路的后果是非常严重的，因此必须尽力设法消除可能引起短路的一切因素。此外还应正确地选择电气设备，使电气设备在短路电流的作用下不致损坏；正确选择和整定保护装置，使其能在发生短路时，迅速、准确地把故障线路和设备从电网中切除，尽量减少短路所造成的危害和损失。

（三）计算短路电流的目的

为了使电力系统安全、可靠地运行，将短路带来的损失和影响限制在最小范围内，必须正确地进行短路电流计算，其主要目的如下。

（1）选择电气设备。选择电气设备时，需要计算出可能通过电气设备的最大短路电流及其产生的电动力效应及热效应，以检验电气设备的分断能力和动、热稳定性。

（2）选择和整定继电保护装置。选择和整定继电保护装置时，需要计算出被保护范围内可能产生的最小短路电流,以校验继电保护装置动作的灵敏性。

(3) 选择限流电抗器。当短路电流过大时,会造成设备选择困难或不经济,这时可在供电线路中串接电抗器来限制短路电流。通过短路电流的计算,决定是否使用限流电抗器,并确定所选电抗器的参数。

(4) 确定供电系统的接线和运行方式。供电系统的接线和运行方式不同,短路电流的大小也不同。只有计算出在某种接线和运行方式下的短路电流,才能判断这种接线及运行方式是否合适。

(四) 短路电流的暂态过程

电力系统发生短路故障时,由于系统中存在着电感,使得电路中的电流不能突变,必须经过一定的时间才能由短路前的稳定状态过渡到短路后的稳定状态,这一过渡过程称为短路电流的暂态过程,也称为短路电流的过渡过程。暂态过程中的短路电流往往比短路电流的稳态值大得多,因而对电气设备的危害也相当严重。

1. 无限大容量电源系统短路电流的暂态过程

所谓无限大容量电源系统,是指电力系统的电源容量无穷大,该系统中,无论电流有多大,其电源电压恒定不变,即内阻抗为零。事实上无限大容量电源是不存在的,但是,当短路点距电源的电气距离足够远时,短路回路的阻抗相较电源的内阻抗大得多,此时尽管该点短路后电流增大,但电源电压的变化甚微,该电力系统可看作无限大电源容量系统。工矿企业供电系统内发生短路时,可以认为是无限大电源容量系统的短路。此处主要介绍三相短路电流的暂态过程。

发生三相短路时,由于是对称性短路,短路电流的暂态过程可取一相进行分析,如图4-2所示。

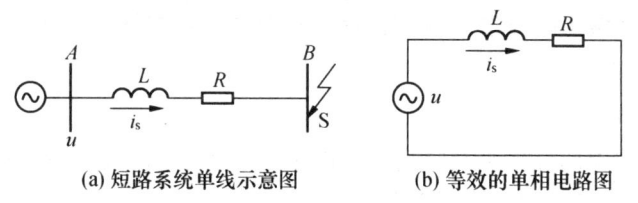

(a) 短路系统单线示意图　　(b) 等效的单相电路图

图 4-2　无限大容量电源系统中三相短路

设电源母线 A 上相电压的瞬时值表达式为

$$u = U_m \sin(\omega t + \theta) \tag{4-1}$$

短路前负荷电流的瞬时值表达式为

$$i = I_m \sin(\omega t + \theta - \varphi) \tag{4-2}$$

式中　U_m——电源母线相电压的幅值;

I_m——短路前负荷电流的幅值;

φ——负荷的阻抗角。

当母线 B 处发生三相短路时,其短路电流的波形如图4-3所示。从图中看出,短路电流 i_s 是由周期分量 i_{pe} 和非周期分量 i_{ap} 两部分合成的。周期分量的幅值 $I_{pe \cdot m}$ 取决于电源电压和短路回路的总阻抗。在无限大容量电源系统中,由于电源电压保持不变,所以 $I_{pe \cdot m}$ 在暂态过程中保持恒定。非周期分量 i_{ap} 是随着时间按指数规律衰减的直流量,其衰减速度取决于短路回路的时间常数 T_s。在一般情况下,短路后 0.2 s 即衰减到初始值的 2% 左右,在工程上即认为暂态过程已经结束,电路进入了短路后的稳定状态。

短路电流非周期分量的产生是因为短路回路中存在着电感,在发生短路的瞬间,电路中产生反电动势,阻止电流突变,以维持电流的连续性。

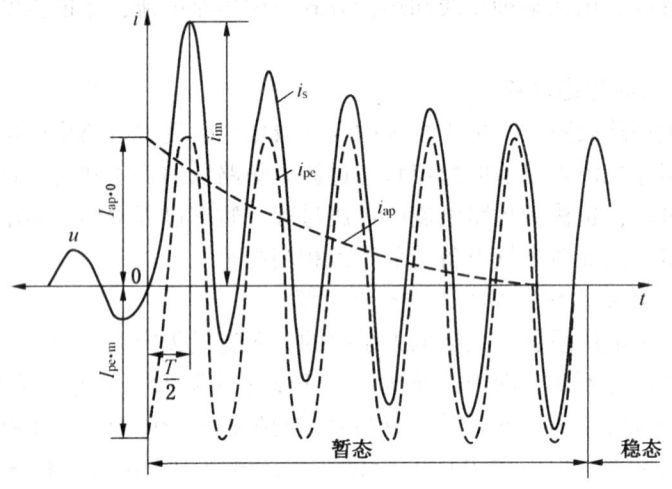

图 4-3 短路电流的波形图

小贴士:无限大容量系统发生三相短路时,其短路电流波形边震荡边衰减,其震荡的特点由周期分量决定,其衰减的特点由非周期分量决定,因此我们必须要抓住其本质及主要矛盾,这有助于理解短路电流的暂态过程,且暂态过程最终会消失,进入到稳态过程。

2. 需计算的短路参数

1)短路稳态电流 I_{ss}

当短路电流的非周期分量衰减完后,短路电流进入了新的稳定状态,这时的短路电流有效值称为短路稳态电流,其有效值用 I_{ss} 表示。

2)次暂态电流

在短路暂态过程中,短路电流第一个周期的周期分量的有效值称为次暂态电流,用 I'' 表示。对于无限大容量电源系统,由于周期分量不衰减,所以任一周期的周期分量有效值都相等,即 $I'' = I_{ss} = I_{pe}$。

3)短路冲击电流

由图 4-3 可知,在暂态过程中,由于短路电流非周期分量的存在,在短路发生后,出现了一个较短路电流周期分量的幅值大得多的最大瞬时值,它由短路电流周期分量的幅值与非周期分量经相应时间衰减后的数值叠加而成。短路发生的时间和电路条件不同,该最大瞬时值的数值也不同,我们把短路电流最大可能的瞬时值称为短路冲击电流,简称冲击电流,用 i_{im} 表示。

通过分析,短路瞬间非周期分量的初始值越大,最大瞬时值也越大,且其最大初始值等于周期分量的幅值。产生短路冲击电流必备的条件:

(1) 短路前电路为空载，即负荷电流为零（$I_m = 0$）；

(2) 短路瞬间电压的相位角为零（$\theta = 0$）。

因此，短路冲击电流出现的时间为短路后半个周期，即短路后 0.01 s。

将短路周期分量的幅值 $I_{pe·m}$ 与非周期分量经 0.01 s 衰减后的数值 $I_{pe·m}e^{-\frac{0.01}{T_s}}$ 相加，则可求出短路冲击电流为

$$i_{im} = I_{pe·m} + I_{pe·m}e^{-\frac{0.01}{T_s}} = I_{pe·m}(1 + e^{-\frac{0.01}{T_s}}) = \sqrt{2} K_{im} I'' \tag{4-3}$$

式中　K_{im}——冲击系数，$K_{im} = 1 + e^{-\frac{0.01}{T_s}}$。

冲击系数 K_{im} 的数值随短路回路的时间常数 T_s 的不同而变化：

当短路回路为纯电阻电路时，回路没有非周期分量，此时 $T_s = L/R = 0$，$K_{im} = 1$；

当短路回路为纯电感电路时，非周期分量不衰减，此时 $T_s = L/R = \infty$，$K_{im} = 2$。

在实际计算中，对于一般高压电网，$T_s \approx 0.05$ s，此时 $K_{im} = 1.8$，则短路冲击电流为

$$i_{im} = \sqrt{2} K_{im} I'' = \sqrt{2} \times 1.8 \times I'' \approx 2.55 I'' \tag{4-4}$$

对于一般低压电网，$T_s \approx 0.008$ s，$K_{im} = 1.3$，则短路冲击电流为

$$i_{im} \approx 1.84 I'' \tag{4-5}$$

4）短路冲击电流有效值

通常把短路后第一个周期短路电流的有效值称为短路冲击电流有效值，用符号 I_{im} 表示。

对于高压电网：

$$I_{im} = 1.52 I'' \tag{4-6}$$

对于低压电网：

$$I_{im} = 1.09 I'' \tag{4-7}$$

5）短路容量

在短路计算和电气设备选择时，常用到短路容量的概念，它是短路回路的电源电压和短路电流所决定的三相视在功率，如次暂态短路容量可由下式计算：

$$S'' = \sqrt{3} U_{av} I'' \tag{4-8}$$

对无限大容量电源系统，由于各周期分量的有效值都相等，一般不区分各周期的短路参数值。因此，当 S 点短路时，其短路容量表达式为

$$S_s = \sqrt{3} U_{av} I_s \tag{4-9}$$

式中　U_{av}——短路点所在电网的平均电压；

I_s——短路点（S 点）的短路电流。

二、有名值法计算短路电流

无限大容量电源系统短路电流的计算方法常用有名值法和相对值法。当所需计算的电网有多个电压等级时，用相对值法计算较为简单；否则，用有名值法计算较为简单。

有名值法计算短路电流

有名值法又称绝对值法或欧姆法，采用这种方法计算短路电流时，电压、电流、阻抗、容量等物理量直接带单位参加计算。有名值法多用于低压电网短路电流的计算，因为

在计算低压电网的短路电流时,由于高压系统的阻抗与低压系统的阻抗相比很小,可忽略不计,减少了阻抗折算的麻烦,使计算较为简单。

(一) 低压电网短路电流计算的特点

(1) 低压电网中变压器的容量不超过供电电源容量的3%,线路短路时,可认为降压变压器高压侧端电压不变。工矿企业绝大部分都符合这一条件。

(2) 低压电网一般不允许忽略电阻的影响,只有当短路回路总电阻小于或等于总电抗的1/3时,才允许不计入电阻。

(3) 需计算长度超过10 m的母线和电缆,300/5 A以下多匝电流互感器、开关的接触电阻和低压断路器的过电流线圈等元件的阻抗。

(二) 有名值法计算短路电流的步骤

首先计算出短路回路的总阻抗,然后利用欧姆定律求出短路电流。

1. 短路回路各元件阻抗的计算

短路回路中的阻抗元件有:电源(电源系统或发电机)、变压器、输电线路和电抗器等,各元件阻抗的计算方法如下。

1) 电源系统的阻抗

计算短路电流时,若已知降压变压器高压侧系统的短路容量,便可求出系统的电抗。由于电源系统的电抗远大于电阻,可将电阻忽略不计。

$$X_{sy} = \frac{U_{av}^2}{S_s} = \frac{U_{av}}{\sqrt{3} I_s^{(3)}} \tag{4-10}$$

式中 X_{sy} ——电源系统的电抗,Ω;

U_{av} ——电源母线上的平均电压,kV;

S_s ——电源母线上的短路容量,MVA;

$I_s^{(3)}$ ——电源母线上的三相短路电流,kA。

由于输电线路在运行中有电压损失,沿线路的各点电压各不相同。为简化计算,在计算短路电流时,用线路的平均电压值进行计算,平均电压一般取1.05倍的额定电压。工矿企业供电系统中各标准电压等级所对应的平均电压见表4-2。

表4-2 标准电压等级的平均电压　　　　　　　　　　　　　　kV

标准电压	0.38	0.66	1.14	3	6	10	35	110
平均电压	0.40	0.693	1.2	3.15	6.3	10.5	37	115

2) 变压器的阻抗

变压器的阻抗可用下式计算:

$$Z_T = \frac{u_z\%}{100} \cdot \frac{U_{2N \cdot T}^2}{S_{N \cdot T}} \tag{4-11}$$

式中 Z_T ——变压器的阻抗,Ω;

$u_z\%$ ——变压器阻抗电压百分数,可由变压器技术数据查得;

$U_{2N \cdot T}$ ——变压器二次额定电压,kV;

$S_{N \cdot T}$ ——变压器的额定容量,MVA。

变压器的电阻可由下式计算

$$R_\mathrm{T} = \Delta P_\mathrm{N \cdot T} \frac{U_\mathrm{2N \cdot T}^2}{S_\mathrm{N \cdot T}^2} \quad (4-12)$$

式中　　R_T——变压器的电阻，Ω；

　　　　$\Delta P_\mathrm{N \cdot T}$——变压器的短路损耗，MW，其值可由变压器技术数据查得。

变压器电抗可由下式计算

$$X_\mathrm{T} = \sqrt{Z_\mathrm{T}^2 - R_\mathrm{T}^2} \quad (4-13)$$

式中　　X_T——变压器的电抗，Ω。

对于大容量的电力变压器，$X_\mathrm{T} \gg R_\mathrm{T}$，可忽略电阻 R_T，认为 $X_\mathrm{T} \approx Z_\mathrm{T}$。对于较小容量的变压器，其电阻不能忽略。

3）输电线路的阻抗

线路的电阻和电抗可用下式计算：

$$\begin{cases} R_\mathrm{w} = r_0 L \\ X_\mathrm{w} = x_0 L \end{cases} \quad (4-14)$$

式中　　R_w、X_w——输电线路的电阻、电抗，Ω；

　　　　L——输电线路的长度，km；

　　　　r_0、x_0——输电线路每千米电阻、电抗，Ω/km。

输电线路每千米电阻、电抗值，可查阅相关手册；每千米电抗值也可采用表4-3的平均值；输电线路电阻值也可用式（3-19）计算，或由 $R_W = r_0 \cdot L$ 计算。6 kV 高压铠装电缆的 r_0、x_0 的取值见表4-4。

表4-3　各种线路电抗平均值

线路种类	电抗/$(\Omega \cdot \mathrm{km}^{-1})$
6~220 kV 架空线路（每一回路）	0.4
1000 V 以下架空线路（每一回路）	0.3
35 kV 电缆线路	0.12
3~10 kV 电缆线路	0.07~0.08
1000 V 以下电缆线路	0.06~0.07

表4-4　6 kV 高压铠装电缆电阻及电抗

芯线截面/mm^2	铜芯		铝芯	
	电阻/$(\Omega \cdot \mathrm{km}^{-1})$	电抗/$(\Omega \cdot \mathrm{km}^{-1})$	电阻/$(\Omega \cdot \mathrm{km}^{-1})$	电抗/$(\Omega \cdot \mathrm{km}^{-1})$
16	1.344	0.068	2.298	0.068
25	0.858	0.066	1.444	0.066
35	0.613	0.064	1.032	0.064

表 4-4（续）

芯线截面/ mm²	铜芯		铝芯	
	电阻/(Ω·km⁻¹)	电抗/(Ω·km⁻¹)	电阻/(Ω·km⁻¹)	电抗/(Ω·km⁻¹)
50	0.429	0.063	0.772	0.063
70	0.307	0.061	0.516	0.061
95	0.226	0.060	0.380	0.060
120	0.179	0.060	0.301	0.060
150	0.143	0.060	0.241	0.060
185	0.116	0.060	0.195	0.060

注：1. 表中电阻为芯线温度 65 ℃时的电阻值；
  2. 10 kV 高压电缆的电抗值按 0.08 Ω/km 计算。

4）限流电抗器的电抗

电抗器用于限制短路电流，其电抗值可用下式计算：

$$X_r = \frac{x_r\%}{100} \cdot \frac{U_{N \cdot r}}{\sqrt{3} I_{N \cdot r}} \tag{4-15}$$

式中 X_r——电抗器的电抗，Ω；

   $x_r\%$——电抗器的百分电抗值；

   $U_{N \cdot r}$——电抗器的额定电压，kV；

   $I_{N \cdot r}$——电抗器的额定电流，kA。

2. 短路回路总阻抗的计算

计算短路电流时，应先计算出短路回路的总阻抗。但是短路回路中各元件的连接方式各不相同，所以应将它们化简为简单电路，然后利用串并联的方法，将其等效为一个总的阻抗。

短路回路中各元件所在电网可能不属于同一电压等级，因此，还应把不同电压等级电网中的元件阻抗折算到短路点所在电网的电压等级上，然后才能进行总阻抗的计算。

阻抗的等效折算应根据折算前后元件消耗的功率不变的原则进行。其折算公式为

$$\begin{cases} R' = R \left(\dfrac{U_{av \cdot 2}}{U_{av \cdot 1}} \right)^2 \\ X' = X \left(\dfrac{U_{av \cdot 2}}{U_{av \cdot 1}} \right)^2 \end{cases} \tag{4-16}$$

式中 R'、X'——折算后的等效电阻、电抗，Ω；

   R、X——元件的实际电阻、电抗，Ω；

   $U_{av \cdot 1}$——元件所在电网的平均电压，kV；

   $U_{av \cdot 2}$——短路点所在电网的平均电压，kV。

小贴士：折算在有名值法计算短路电流最容易出错或被忽略，因此在计算时，务必要仔细、严谨、认真，否则将未经折算的阻抗代入进行计算，结果将不准确，也将为系统的

正常运行带来非常大的隐患。

将短路回路简化,并将不同电压等级回路的元件阻抗进行折算后,分别计算出短路回路的总电阻 R_Σ 和总电抗 X_Σ,然后按下式计算短路回路的总阻抗 Z_Σ。

$$Z_\Sigma = \sqrt{R_\Sigma^2 + X_\Sigma^2} \tag{4-17}$$

式中　　R_Σ——短路回路的总电阻,Ω,在计算低压电网的最小短路电流时应计入电弧电阻值 R_{ea},R_{ea} 取 0.01Ω;

　　　　X_Σ——短路回路的总电抗,Ω。

3. 短路电流的计算

1)三相短路电流的计算

无限大容量电源系统发生三相短路时,由于属对称性短路,故三相短路电流可用欧姆定律取一相进行计算。三相短路电流的计算公式为

$$I_s^{(3)} = \frac{U_{av}}{\sqrt{3} Z_\Sigma} = \frac{U_{av}}{\sqrt{3}\sqrt{R_\Sigma^2 + X_\Sigma^2}} \tag{4-18}$$

式中　　U_{av}——短路点所在电网的平均电压,kV;

　　　　$I_s^{(3)}$——三相短路电流,kA。

2)两相短路电流的计算

无限大容量电源系统发生两相短路时,其短路电流可用下式计算:

$$I_s^{(2)} = \frac{U_{av}}{2Z_\Sigma} = \frac{U_{av}}{2\sqrt{R_\Sigma^2 + X_\Sigma^2}} \tag{4-19}$$

式中　　$I_s^{(2)}$——两相短路电流,kA。

由式(4-16)和式(4-17)可以得出同一点短路时两相短路电流与三相短路电流之间的关系为

$$I_s^{(2)} = \frac{\sqrt{3}}{2} I_s^{(3)} = 0.866 I_s^{(3)} \tag{4-20}$$

其他两相短路电流 $I_{ss}^{(2)}$、$i_{im}^{(2)}$、$I_{im}^{(2)}$ 等,都按前述对应的三相短路电流的计算公式计算。

4. 短路电流的计算步骤

1)绘制短路计算电路图

在进行短路计算时,应先绘制短路计算电路图。在短路计算电路图中,只需画出与短路计算有关的部分,在图中标出各元件的编号、与短路计算有关的参数和所需计算的短路计算点等,如图 4-4a 所示。

2)绘制等值电路图

为了避免短路计算出现错误,在短路计算时还应绘制等值电路图。短路计算用的等值电路图,应每种运行方式、每个短路计算点绘制一个。在图中,各元件的阻抗用规定的图形符号表示,如图 4-4b 和图 4-4c 所示。在图形符号旁用一个分数注明元件的编号(分子)及其阻抗(分母)。元件的阻抗用复数表示,实部表示电阻,虚部表示电抗。

3)计算短路回路的阻抗

根据前文所讲述的方法求出各元件折算后的阻抗并填在等值电路图上,然后计算回路的总阻抗。

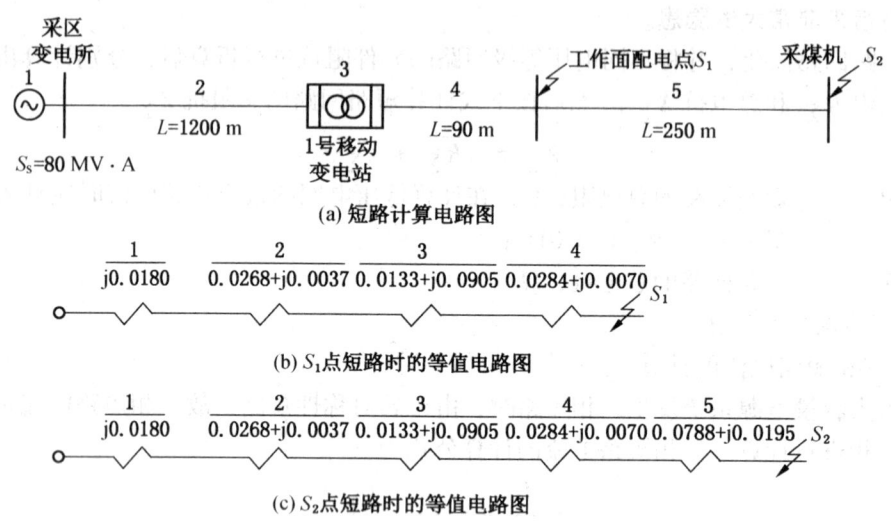

图 4-4 短路计算电路图和等值电路图

4）计算短路电流

按式（4-18）和式（4-19）计算某一短路点的三相、两相短路电流。

5. 查表法计算两相短路电流

煤矿井下低压电网两相短路电流除了可按上述方法计算外，还可采用查表法计算。

短路电流的大小取决于系统电抗、动力变压器和电缆线路的阻抗。当系统短路容量、变压器的型号、电缆主芯线的材料和截面确定后，短路电流就是电缆长度的一元函数。如果知道电缆长度，就可直接求出两相短路电流。由此可见，我们可以根据变压器的型号和容量，列出不同长度的电缆所对应的短路电流表，从而可通过电缆长度查出所对应的短路电流。

在实际电网中，各段电缆芯线的材料和截面通常是不相同的，如果对多种电缆线路列短路电流表，势必使表格庞大而繁杂。因此，为了使表格简化和提高查表速度，应将电缆芯线的材料和截面统一起来，即在阻抗不变的原则下，把不同材料和截面电缆的长度换算成相同材料、统一截面下的等效长度。对于 380~1140 V 系统，取电缆的标准截面为 50 mm²；对于 127 V 系统，取电缆的标准截面为 4 mm²。导线材料统一换算成铜芯导线。为了减小计算误差，系统电抗和高压电缆的阻抗也按阻抗相等的原则换算成低压电缆的等效长度。

将铝芯电缆的实际长度换算成同截面铜芯电缆的长度，其换算公式为

$$L_{Cu} = 1.68 L_{Al} \tag{4-21}$$

式中　L_{Cu}——铝芯电缆换算成同截面铜芯电缆的等效长度，m；

　　　L_{Al}——铝芯电缆的实际长度，m；

　　　1.68——换算系数。

将不同截面的电缆长度换算成标准截面下的等效长度，可用下式计算：

$$L_{ct} = K_{ct} L \tag{4-22}$$

式中　L——电缆的实际长度，m；

L_{ct}——换算成标准截面后的等效长度,m;

K_{ct}——换算系数,可查表求得。

将系统电抗换算成低压橡套电缆标准截面下的等效长度,可用下式计算:

$$L_{ct} = \frac{X'_{sy}}{Z_{50}10^{-3}} = \frac{U_{av}^2}{S_s Z_{50}10^{-3}} = 2195 X'_{sy} = 2195 \frac{U_{av}^2}{S_s} \quad (4-23)$$

式中 X'_{sy}——系统电抗折算至短路点所在电网的电抗值,Ω;

Z_{50}——50 mm² 橡套电缆的每千米阻抗,Ω/km;

S_s——系统的短路容量,MVA;

U_{av}——短路点所在电网的平均电压,kV。

将不同截面的高压橡套电缆长度换算成低压橡套电缆标准截面下的等效长度,可用下式计算:

$$L_{ct} = K_{ct} L \left(\frac{U_{av}}{U_{av\cdot 1}}\right)^2 \quad (4-24)$$

式中 $U_{av\cdot 1}$——高压橡套电缆所在电网的平均电压,kV。

不同截面的高压铠装电缆长度换算成低压电缆标准截面下的等效长度的换算系数,可查相关设计手册。

利用查表法计算低压电网两相短路电流的步骤:

(1) 绘制短路计算图,并选定短路计算点;

(2) 通过查表或计算确定各段电缆的换算长度 L_{ct};

(3) 求出短路点至变压器二次侧全部电缆的总换算长度;

(4) 根据电缆的总换算长度和变压器型号、变比、容量,在相应的变压器栏目下查出对应的两相短路电流值。

该表是设计部门制定的,包括换算系数表,电缆长度换算表和不同型号、变比与容量的变压器在不同电缆换算长度下的两相短路电流表。具体可参考有关技术手册。

三、短路电流的效应

供电系统发生短路故障时,短路电流要比正常电流大得多,短路电流通过电气设备及载流导体时,一方面要产生很大的电动力,即电动力效应;另一方面要产生很大的热量,即热效应。对短路电流的电动力效应和热效应进行分析、计算,以便合理地选择电气设备及载流导体。

(一) 短路电流的电动力效应

1. 三相平行载流导体的电动力

供电系统中的电气设备和载流导体,当电流流过时相互间存在作用力,即一相电流所产生的磁场对其他相电流的作用力,称为电动力。线路系统正常运作时因负载电流不大,所以电动力很小。当系统某处发生短路时,特别是流过冲击电流的瞬间,产生的电动力最大,可能导致导体变形或设备破坏。所以,要求电气设备和载流导线必须具有足够的承受短路电动力的能力,即动稳定性。在同一平面内平行放置的三相导体,发生三相短路时,中间一相所受的电动力最大。此时,电动力的最大瞬时值可用下式计算:

$$F = 0.173 K_s i_{im}^2 \frac{L}{a} \quad (4-25)$$

式中 F ——三相短路时，中间一相导体所受的电动力，N；

i_{im} ——三相短路时，短路冲击电流值，kA；

L ——平行导体的长度，m；

a ——两导体中心线间的距离，m；

K_s ——导体的形状系数。

导体的形状系数 K_s 与导体截面形状、几何尺寸及相互位置有关。对圆形截面和正方形截面的导体可认为其形状系数 $K_s = 1$；对矩形截面的导体，当两导体的间距大于导体截面的周长时也取 $K_s = 1$；当矩形截面导体不符合上述条件时，可查图4-5曲线求取形状系数。由形状系数曲线可知：当矩形导体平放时，$K_s > 1$；竖放时，则 $K_s < 1$。

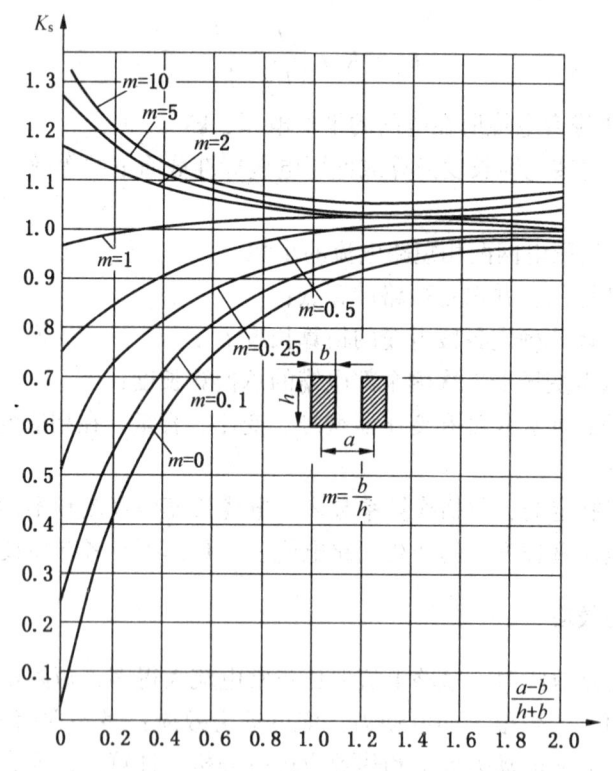

图4-5 矩形截面导体的形状系数

由于三相短路冲击电流比两相短路冲击电流大，所以三相短路比两相短路的电动力大。因此，对电气设备和导体的电动力校验，均用三相短路冲击电流值进行校验。

2. 电气设备的动稳定性校验

对已出厂的电气设备，其载流导体的机械强度、截面形状、布置方式和几何尺寸都是确定的。为了便于用户选择，制造厂家通过计算和试验，从承受电动力的角度出发，在产品技术数据中，直接给出了电气设备允许通过的最大峰值电流，这一电流称为电气设备的动稳定电流，用符号 i_{es} 表示。有的厂家还给出了允许通过的最大电流有效值，用符号 I_{es} 表示。

在选择电气设备时,其动稳定电流 i_{es} 和 I_{es} 应不小于短路冲击电流值和冲击电流有效值,即

$$\begin{cases} i_{es} \geq i_{im} \\ I_{es} \geq I_{im} \end{cases} \tag{4-26}$$

(二) 短路电流的热效应

1. 导体的长时允许温度和短时允许温度

导体通过正常负荷电流时,导体的电阻上要产生一定的电能损耗。这种电能损耗转换为热能,一方面使导体温度升高,另一方面向周围介质散热,当两种作用达到平衡时,导体就维持一定的温度值。此时导体的温度不应超过导体的长时允许温度。

当电路发生短路时,短路电流将使导体温度迅速升高。由于保护装置动作,将短路故障切除,所以短路电流通过导体的时间很短,仅为数秒钟以内,热量来不及向周围介质扩散。因此,可以认为短路电流在导体中产生的热量,全部用来使导体的温度升高。如果导体最高温度不超过规程规定的短时允许温度,则认为该导体满足了热稳定的要求。

2. 短路电流的假想作用时间

在工程上为了简化计算短路电流在导体中产生的热量 Q_{ts},可将短路电流 i_s 在持续时间 t_s 内产生的热量,假设是由短路电流稳态值 I_{ss} 经某一假想时间 t_i 所产生。而短路电流 i_s 在短路过程中的发热量,又看成短路电流的周期分量与非周期分量产生的热量之和,即

$$Q_{ts} = I_{ss}^2 R t_i = I_{ss}^2 R t_{i \cdot pe} + I_{ss}^2 R t_{i \cdot ap} = I_{ss}^2 R(t_{i \cdot pe} + t_{i \cdot ap}) \tag{4-27}$$

在已知导体电阻 R 和短路电流稳态值 I_{ss} 的条件下,只要求出短路电流的假想作用时间 t_i,即可求出短路电流在导体中产生的热量 Q_{ts}。由上式可知短路电流的假想作用时间为

$$t_i = t_{i \cdot pe} + t_{i \cdot ap} \tag{4-28}$$

式中　t_i——短路电流的假想作用时间,s;

$t_{i \cdot pe}$——短路电流周期分量的假想作用时间,s;

$t_{i \cdot ap}$——短路电流非周期分量的假想作用时间,s。

上式说明,短路电流的假想作用时间 t_i,等于短路电流周期分量的假想作用时间 $t_{i \cdot pe}$ 与非周期分量的假想作用时间 $t_{i \cdot ap}$ 之和。

在无限大电源容量系统中,周期分量的幅值恒定不变,则其假想作用时间就等于短路电流的持续时间,即

$$t_{i \cdot pe} = t_s \tag{4-29}$$

短路电流的持续时间等于继电保护的动作时间 t_r 与断路器的断路时间 t_c 之和,即

$$t_s = t_r + t_c \tag{4-30}$$

继电保护的动作时间 t_r,可由保护装置的整定时限确定。断路器的断路时间 t_c,对快速动作的断路器取 0.1 s;对低速动作的断路器取 0.2 s。

在无限大电源容量系统中,短路电流非周期分量的假想作用时间可取 $t_{i \cdot ap}$ = 0.05 s。于是短路电流总的假想作用时间 t_i 为

$$t_i = t_s + 0.05 \tag{4-31}$$

当短路电流持续时间 $t_s \geq 1$ s 时,非周期分量的假想作用时间 $t_{i \cdot ap}$ 可忽略不计,此时认为 $t_i = t_{i \cdot pe} = t_s$。

在有限大电源容量系统中，短路电流周期分量的假想作用时间需查"短路电流周期分量计算曲线数字表"等相关表格求得。非周期分量的假想作用时间可用下式计算：

$$t_{i \cdot ap} = 0.05 \left(\frac{I''}{I_{ss}}\right)^2 \tag{4-32}$$

3. 导体的最小热稳定截面

如果已知导体的材料和通过导体的短路电流 I_{ss} 及短路电流的假想作用时间 t_i，即可求出导体满足短路热稳定的最小截面积为

$$A_{min} = \frac{I_{ss}}{C}\sqrt{t_i} \tag{4-33}$$

式中　A_{min} ——导体的最小热稳定截面积，mm^2；

　　　I_{ss} ——三相短路电流稳态值，A；

　　　t_i ——短路电流的假想作用时间，s；

　　　C ——导体材料的热稳定系数，见表 4-5。

当导体截面积 $A \geqslant A_{min}$ 时，便可满足导体的热稳定条件。

表 4-5　导体的短时允许温度及热稳定系数

导体种类和材料		最高允许温度/℃	热稳定系数 C
母线：铜		300	171
铝		200	87
铝锰合金		200	87
钢（不与电器直接连接时）		400	67
钢（与电器直接连接时）		300	60
油浸纸绝缘电缆	铜芯	250	148
		250	145
		250	148
	铝芯	200	84
		200	90
		200	92
交联聚乙烯绝缘电缆	铜芯	250	141
	铝芯	200	87
聚氯乙烯绝缘电线与电缆	铜芯	130	100
	铝芯	130	65
橡皮绝缘电线与电缆	铜芯	150	112
	铝芯	150	74

4. 成套电气设备的热稳定校验

对成套电气设备，其导体的材料和截面均已确定，其温升只与电流大小和作用时间的长短有关。故厂家在电气设备的技术数据中直接给出了与某一时间（如 1 s、5 s、10 s 等）相对应的热稳定电流，因此，对成套电气设备可直接用下式进行热稳定校验。

$$I_{ts}^2 t \geq I_{ss}^2 t_i \tag{4-34}$$

式中　I_{ts}——设备的热稳定电流，A；

　　　t——与 I_{ts} 相对应的热稳定时间，s。

📖 **任务实施**

任务：有名值法计算短路电流

某工作面供电系统如图 4-4a 所示，已知采区变电所母线上的短路容量为 80 MVA。试求 S_1 点和 S_2 点短路时的三相、两相短路电流和短路容量。设采区变电所至移动变电站的电缆型号为 MYPTJ-3.6/6-3×35+3×16/3+3×2.5 型煤矿用移动金属屏蔽橡套软电缆。

解：（1）绘制短路计算图。

短路计算图如图 4-4a 所示。

（2）求 S_1 点的三相、两相短路电流和短路容量：

①计算短路回路的阻抗。绘制 S_1 点短路时的等值电路如图 4-4b 所示。

电源系统的电抗为

$$X_1 = \frac{U_{av}^2}{S_s} = \frac{6.3^2}{80} \approx 0.496 \ (\Omega)$$

折算到移动变电站二次侧后的电抗为

$$X_1' = \frac{X_1}{K_T^2} = \frac{0.4961}{\left(\frac{6.3}{1.2}\right)^2} \approx 0.0180 \ (\Omega)$$

采区变电所至 1 号移动变电站高压电缆的阻抗，查表得 $r_0 = 0.6160 \ \Omega/\text{km}$，$x_0 = 0.0840 \ \Omega/\text{km}$，则

$$R_2 = r_0 L = 0.6160 \times 1.2 = 0.7392 \ (\Omega)$$

$$X_2 = x_0 L = 0.0840 \times 1.2 = 0.1008 \ (\Omega)$$

同理，折算到移动变电站二次侧后的阻抗为

$$R_2' = 0.0268 \ \Omega$$

$$X_2' = 0.0037 \ \Omega$$

1 号移动变电站的阻抗为

$$R_3 = \frac{u_r\%}{100} \frac{U_{2N \cdot T}^2}{S_{N \cdot T}} = \frac{0.58}{100} \times \frac{1.2^2}{0.63} \approx 0.0133 \ (\Omega)$$

$$X_3 = \frac{u_x\%}{100} \frac{U_{2N \cdot T}^2}{S_{N \cdot T}} = \frac{3.96}{100} \times \frac{1.2^2}{0.63} \approx 0.0905 \ (\Omega)$$

低压干线电缆的阻抗为

$$R_4 = r_0 L = 0.3151 \times 0.09 \approx 0.0284 \ (\Omega)$$

$$X_4 = x_0 L = 0.0780 \times 0.09 \approx 0.0070 \ (\Omega)$$

将各阻抗计算结果填入 S_1 点的等值电路图，并计算其总阻抗：

$$R_{s1\cdot\Sigma} = R'_1 + R'_2 + R_3 + R_4$$
$$= 0 + 0.0268 + 0.0133 + 0.0284 = 0.0685 \text{ （}\Omega\text{）}$$
$$X_{s1\cdot\Sigma} = X'_1 + X'_2 + X_3 + X_4$$
$$= 0.0180 + 0.0037 + 0.0905 + 0.0070 = 0.1192 \text{ （}\Omega\text{）}$$

②计算短路电流。

S_1 点的三相短路电流为

$$I_{s1}^{(3)} = \frac{U_{2N\cdot T}}{\sqrt{3}\sqrt{R_{s1\cdot\Sigma}^2 + X_{s1\cdot\Sigma}^2}} = \frac{1200}{\sqrt{3} \times \sqrt{0.0685^2 + 0.1192^2}} \approx 5039.4 \text{（A）}$$

三相短路容量为

$$S_{s1}^{(3)} = \sqrt{3} U_{av} I_{s1}^{(3)} = \sqrt{3} \times 1.2 \times 5.3094 \approx 11.04 \text{ （MVA）}$$

S_1 点两相短路电流为

两相短路电流是为了校验保护装置的灵敏度，所以应计算其最小短路电流，考虑到该短路回路阻抗较小，因此应考虑电弧电阻 0.01 Ω。则 S_1 点两相短路电流为

$$I_{s1}^{(2)} = \frac{U_{2N\cdot T}}{\sqrt{3}\sqrt{(R_{s1\cdot\Sigma} + 0.01)^2 + X_{s1\cdot\Sigma}^2}}$$
$$= \frac{1200}{\sqrt{3} \times \sqrt{(0.0685 + 0.01)^2 + 0.1192^2}} \approx 4854.2 \text{ （A）}$$

（3）求 S_2 点的两相短路电流：

①计算短路回路的阻抗。绘制 S_2 短路时的等值电路，如图 4-4c 所示。

低压支线电缆的阻抗为

$$R_5 = r_0 L = 0.3151 \times 0.25 = 0.0788 \text{ （}\Omega\text{）}$$
$$X_5 = x_0 L = 0.0780 \times 0.25 = 0.0195 \text{ （}\Omega\text{）}$$

将各阻抗计算结果填入 S_2 点的等值电路图，并计算其总阻抗（考虑电弧电阻 $R_{ea} = 0.01$ Ω）

$$R_{s2\cdot\Sigma} = R'_1 + R'_2 + R_3 + R_4 + R_5 + R_{ea}$$
$$= 0 + 0.0268 + 0.0133 + 0.0284 + 0.0778 + 0.01 = 0.1563 \text{ （}\Omega\text{）}$$
$$X_{s2\cdot\Sigma} = X'_1 + X'_2 + X_3 + X_4 + X_5$$
$$= 0.0180 + 0.0037 + 0.0905 + 0.0070 + 0.0195 = 0.1387 \text{ （}\Omega\text{）}$$

②计算短路电流。

S_2 点的两相短路电流为

$$I_{s2}^{(2)} = \frac{U_{2N\cdot T}}{2\sqrt{R_{s1\cdot\Sigma}^2 + X_{s1\cdot\Sigma}^2}} = \frac{1200}{2 \times \sqrt{0.1563^2 + 0.1387^2}} \approx 2871.3 \text{ （A）}$$

由于 S_2 点在线路的最末端，所以只需计算其两相短路电流。

任务拓展

某采区供电系统如图 4-6a 所示。已知井下中央变电所 6 kV 母线上的短路容量为 50 MVA，由井下中央变电所至采区变电所的高压电缆为 ZLQ-3×35 型铠装电缆，长度为 2 km，其余参数如图 4-6a 所示，试计算 S 点的三相短路电流。

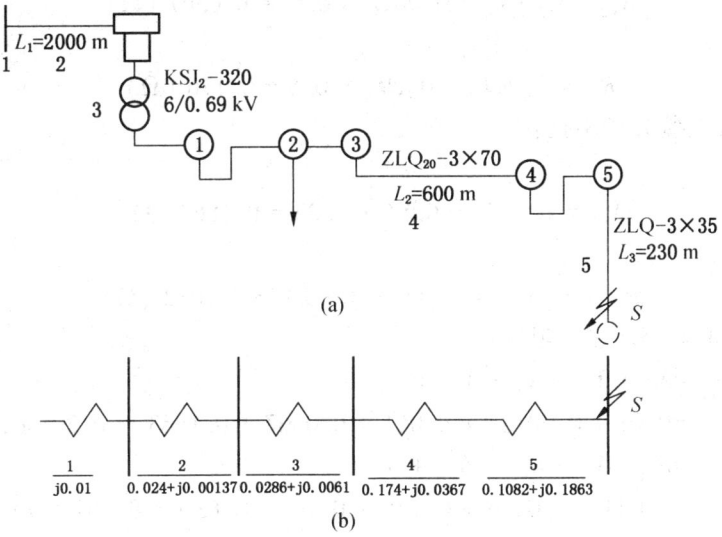

图 4-6 采区供电系统及等值计算电路图

解：（1）计算短路回路阻抗。

①电源系统电抗：

$$X_{sy} = \frac{U_{av}^2}{S_S} = \frac{6.3}{50} = 0.794 \ (\Omega)$$

折算到 660 V 侧：

$$X'_{sy} = X_{sy} \cdot \left(\frac{U_{av2}}{U_{av1}}\right)^2 = 0.794 \times \left(\frac{0.69}{6.3}\right)^2 \approx 0.01 \ (\Omega)$$

②高压电缆的阻抗：

电抗为

$$X_{w1} = x_{01} \cdot L_1 = 0.078 \times 2 = 0.156 \ (\Omega)$$

电阻为

$$R_{w1} = r_{01} \cdot L_1 = 0.992 \times 2 = 1.984 \ (\Omega)$$

折算到 660 V 侧：

$$X'_{w1} = X_{w1} \cdot \left(\frac{U_{av2}}{U_{av1}}\right)^2 = 0.156 \times \left(\frac{0.69}{6.3}\right)^2 \approx 0.00187 \ (\Omega)$$

$$R'_{w1} = R_{w1} \cdot \left(\frac{U_{av2}}{U_{av1}}\right)^2 = 1.984 \times \left(\frac{0.69}{6.3}\right)^2 \approx 0.024 \ (\Omega)$$

③变压器的阻抗：

由变压器的技术参数表查得 KSJ_2-320 型变压器的阻抗分别为

$$X_T = 0.061 \ \Omega$$
$$R_T = 0.0286 \ \Omega$$

④低压干线电缆 L_2 的阻抗：

电抗为

$$X_{w2} = x_{02} \cdot L_2 = 0.0612 \times 0.6 \approx 0.0367 \, (\Omega)$$

电阻为

$$R_{w2} = r_{02} \cdot L_2 = 0.294 \times 0.6 = 0.176 \, (\Omega)$$

⑤低压干线电缆 L_3 的阻抗：

电抗为

$$X_{w3} = x_{03} \cdot L_3 = 0.81 \times 0.23 = 0.1863 \, (\Omega)$$

电阻为

$$R_{w3} = r_{03} \cdot L_3 = 0.4704 \times 0.23 \approx 0.1082 \, (\Omega)$$

⑥S 点短路时短路回路总阻抗：

$$X_{\Sigma} = X'_{sy} + X'_{w1} + X_T + X_{w2} + X_{w3}$$
$$= 0.01 + 0.00187 + 0.061 + 0.0367 + 0.1863 \approx 0.296 \, (\Omega)$$
$$R_{\Sigma} = R'_{sy} + X_T + R_{w2} + R_{w3} + R_{ea}$$
$$= 0.024 + 0.0286 + 0.176 + 0.1082 + 0.01 = 0.367 \, (\Omega)$$
$$Z_{\Sigma} = \sqrt{R_{\Sigma}^2 + X_{\Sigma}^2} = \sqrt{0.367^2 + 0.296^2} \approx 0.471 \, (\Omega)$$

（2）S 点的三相短路电流：

$$I_S^{(3)} = \frac{U_{av}}{\sqrt{3} Z_{\Sigma}} = \frac{690}{\sqrt{3} \times 0.471} \approx 845 \, (A)$$

学习评价

本任务学习效果考核的项目及标准见表4-6。

表4-6 学习效果考核评价表

	考核项目	考核标准	配分	自评分	互评分	教师评分
知识点	1. 短路有关概念	能正确说出短路定义、短路种类、短路危害等有关概念满分；少说一个扣3分，扣完为止	10			
	2. 短路电流的计算方法	完整说出满分；不完整5~19分；不会0分	20			
	3. 短路电流的效应	完整说出满分；不完整5~9分；不会0分	10			
	小计		40			
技能点	1. 会分析短路的种类	会正确分析满分；不熟练5~9分；不会0分	10			
	2. 会用有名值法计算短路电流	会正确计算满分；不熟练5~39分；不会0分	40			
	小计		50			

表 4-6（续）

考核项目		考核标准	配分	自评分	互评分	教师评分
素质点	1. 职业素养	能够正确使用有名值法进行短路电流计算者满分，否则 0~4 分	5			
	2. 学习态度	遵守纪律、学习热情高涨、积极参与者满分，否则 0~4 分	5			
		小计	10			
		合计	100			

注：1. 考评时间为 30 min，每超过 1 min 扣 1 分；
    2. 要安全文明工作，否则教师酌情扣 1~10 分。

教师签字：_____

思考练习

1. 说出短路类型、原因及危害。
2. 说出有名值法计算短路电流的思路及具体步骤。

任务二　相对值法计算短路电流

任务描述

经过任务一的学习，发现阻抗折算是最容易忽略也是最容易出问题的关键点，当电网电压等级较多时，折算需进行多次。本任务主要介绍使用相对值法进行短路电流计算的方法、步骤及优缺点。

其学习目标如下：

☞　知识目标
➢ 掌握基准值、相对基准值的概念；
➢ 掌握相对值法计算短路电流的步骤；
➢ 掌握两种短路电流计算方法的优缺点。

☞　能力目标
➢ 能够确定基准值及相对基准值；
➢ 会使用相对值法计算短路电流。

☞　素质目标
➢ 培养严谨细致、精益求精的职业素养；
➢ 培养学生独立思考、计算分析的能力。

相关知识

由案例可看出，用有名值法计算短路电流时，须进行阻抗折算。当电网的电压等级比较多时，折算工作量很大，计算比较烦琐。用相对值法计算短路电流，不必进行阻抗折算，可使计算简化。

一、相对值

相对值又称标幺值,它是某一物理量的实际值与选定的该量基准值的比值。因实际值的单位与选定的基准值单位相同,所以相对值没有量纲。

相对值法计算
短路电流

用相对值法计算短路电流时,首先要计算各量的相对值,因此要选定各个物理量的基准值,即基准容量、基准电压、基准电流和基准电抗。在四个基准值中,先任意选取两个基准值,另两个则根据欧姆定律和功率方程确定。

通常先选定基准容量 S_{da} 和基准电压 U_{da},基准电流 I_{da} 和基准电抗 X_{da} 可利用下式求出

$$I_{da} = \frac{S_{da}}{\sqrt{3}\, U_{da}} \tag{4-35}$$

$$X_{da} = \frac{U_{da}}{\sqrt{3}\, I_{da}} = \frac{U_{da}^2}{S_{da}} \tag{4-36}$$

为了计算简便,基准容量 S_{da} 一般选取 100 MVA,当已知系统的总额定容量时,基准容量 S_{da} 一般取为系统的总额定容量。基准电压则分别选为各元件及短路点所在线路的平均电压 U_{av}。

基准值确定之后,容量、电压、电流和电抗的相对值便可表示为

$$\begin{cases} S_{*da} = \dfrac{S}{S_{da}} \\[4pt] U_{*da} = \dfrac{U}{U_{da}} \\[4pt] I_{*da} = \dfrac{I}{I_{da}} = \dfrac{\sqrt{3}\, U_{da} I}{S_{da}} \\[4pt] X_{*da} = \dfrac{X}{X_{da}} = X \dfrac{\sqrt{3}\, I_{da}}{U_{da}} = X \dfrac{S_{da}}{U_{da}^2} \end{cases} \tag{4-37}$$

式中　　　　　　S、U、I、X——各物理量的实际值;

S_{*da}、U_{*da}、I_{*da}、X_{*da}——各物理量的相对基准值。

以任意选定的基准值为基准的相对值称为相对基准值。通常,发电机、变压器和电抗器等电气设备,在其产品手册中给出的是以额定值作为基准的相对值,这种相对值称为相对额定值。其电抗的相对额定值为

$$X_{*N} = \frac{X}{X_N} = X \frac{\sqrt{3}\, I_N}{U_N} = X \frac{S_N}{U_N^2} \tag{4-38}$$

在进行短路计算时,短路回路中各元件的阻抗需要换算到同一基准值下才能进行计算。所以,不同基准值下的相对值必须加以换算。发电机、变压器和电抗器等电气设备给出的相对额定电抗值可用下式换算成相对基准值:

$$X_{*da} = X_{*N} \frac{U_N I_{da}}{I_N U_{da}} = X_{*N} \frac{U_N^2 S_{da}}{U_{da}^2 S_N} \tag{4-39}$$

在短路电流的计算中,通常取 $U_{da} = U_N = U_{av}$,所以式(4-39)又可简化为

$$X_{*\mathrm{da}} = X_{*\mathrm{N}} \frac{I_{\mathrm{da}}}{I_{\mathrm{N}}} = X_{*\mathrm{N}} \frac{S_{\mathrm{da}}}{S_{\mathrm{N}}} \tag{4-40}$$

二、系统各元件相对基准电抗值的计算

1. 电源系统的相对基准电抗

如果已知电源系统母线上的短路容量 S_s，则电源系统的相对基准电抗 $X_{\mathrm{sy}*\mathrm{da}}$ 为

$$X_{\mathrm{sy}*\mathrm{da}} = \frac{X_{\mathrm{sy}}}{X_{\mathrm{da}}} = \frac{\dfrac{U_{\mathrm{av}}^2}{S_\mathrm{s}}}{\dfrac{U_{\mathrm{da}}^2}{S_{\mathrm{da}}}} = \frac{S_{\mathrm{da}}}{S_\mathrm{s}} \tag{4-41}$$

2. 变压器的相对基准电抗

变压器的阻抗电压百分数 $u_\mathrm{z}\%$ 就是以百分数表示的变压器的相对额定阻抗，如果忽略变压器的电阻，则变压器的相对基准电抗 $X_{\mathrm{T}*\mathrm{da}}$ 为

$$X_{\mathrm{T}*\mathrm{da}} = \frac{u_\mathrm{z}\%}{100} \frac{S_{\mathrm{da}}}{S_{\mathrm{N}\cdot\mathrm{T}}} \tag{4-42}$$

式中 $S_{\mathrm{N}\cdot\mathrm{T}}$ ——变压器的额定容量，kVA。

3. 电抗器的相对基准电抗

在电抗器的产品样本中通常给出电抗器百分电抗值 $x_\mathrm{r}\%$，它是电抗器通过额定电流时电抗器两端的电压占额定电压的百分值，是电抗器的相对额定电抗值。可求出电抗器的相对基准电抗值 $X_{\mathrm{r}*\mathrm{da}}$ 为

$$X_{\mathrm{r}*\mathrm{da}} = \frac{x_\mathrm{r}\%}{100} \frac{U_{\mathrm{N}\cdot\mathrm{r}} I_{\mathrm{da}}}{I_{\mathrm{N}\cdot\mathrm{r}} U_{\mathrm{da}}} = \frac{x_\mathrm{r}\%}{100} \frac{U_{\mathrm{N}\cdot\mathrm{r}}}{\sqrt{3} I_{\mathrm{N}\cdot\mathrm{r}}} \frac{S_{\mathrm{da}}}{U_{\mathrm{da}}^2} \tag{4-43}$$

式中 $U_{\mathrm{N}\cdot\mathrm{r}}$ ——电抗器的额定电压，kV；

$I_{\mathrm{N}\cdot\mathrm{r}}$ ——电抗器的额定电流，kA。

4. 线路的相对基准电抗

根据式（4-14），线路的相对基准电抗值 $X_{\mathrm{w}*\mathrm{da}}$ 为

$$X_{\mathrm{w}*\mathrm{da}} = X_\mathrm{w} \frac{S_{\mathrm{da}}}{U_{\mathrm{da}}^2} = x_0 L \frac{S_{\mathrm{da}}}{U_{\mathrm{da}}^2} \tag{4-44}$$

如需计算线路的相对基准电阻值 $R_{\mathrm{w}*\mathrm{da}}$，可用下式求得：

$$R_{\mathrm{w}*\mathrm{da}} = R_\mathrm{w} \frac{S_{\mathrm{da}}}{U_{\mathrm{da}}^2} = r_0 L \frac{S_{\mathrm{da}}}{U_{\mathrm{da}}^2} \tag{4-45}$$

式中 R_w、X_w ——线路的电阻、电抗值，Ω；

r_0、x_0 ——线路每千米电阻、电抗值，Ω/km；

L ——线路的长度，km。

三、短路回路总相对基准电抗

图 4-7 所示电网中 S 点短路时，短路回路的总阻抗 X_Σ 为

$$X_{\Sigma} = X_1\left(\frac{U_{av\cdot 3}}{U_{av\cdot 1}}\right)^2 + X_2\left(\frac{U_{av\cdot 3}}{U_{av\cdot 2}}\right)^2 + X_3\left(\frac{U_{av\cdot 3}}{U_{av\cdot 2}}\right)^2 + X_4 \quad (4-46)$$

短路回路的总相对基准电抗 $X_{\Sigma*da}$ 为

$$X_{\Sigma*da} = X_{1*da} + X_{2*da} + X_{3*da} + X_{4*da} \quad (4-47)$$

由式（4-47）可知，用相对值法计算图 4-7 所示电路 S 点的短路电流时，只需将各串联元件的相对基准电抗直接相加，即可求出短路回路的总相对基准电抗，免去阻抗折算的麻烦，使计算简化。

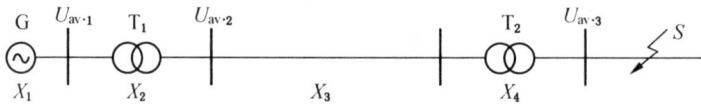

图 4-7 多电压等级电网短路计算电路图

四、短路电流的计算

用相对值法计算短路电流的步骤与前述有名值法相同，也分为绘制计算电路图、绘制等值电路图、计算回路阻抗和计算短路电流四个步骤。短路计算电路图和等值电路图的绘制方法与有名值法相同，回路阻抗的计算也已述及，下面介绍用相对值法计算短路电流的方法。

忽略短路回路中的电阻时，短路电流的相对基准值 $I_{s*da}^{(3)}$ 为

$$I_{s*da}^{(3)} = \frac{I_s^{(3)}}{I_{da}} = \frac{\dfrac{U_{av}}{\sqrt{3}X_{\Sigma}}}{\dfrac{U_{da}}{\sqrt{3}X_{da}}} = \frac{X_{da}}{X_{\Sigma}} = \frac{1}{X_{\Sigma*da}} \quad (4-48)$$

式（4-48）表明，当基准电压等于短路点所在线路的平均电压时，三相短路电流的相对基准值与短路回路总电抗的相对基准值 $X_{\Sigma*da}$ 互为倒数。

则短路点的三相短路电流用下式计算

$$I_s^{(3)} = I_{s*da}^{(3)} I_{da} = \frac{I_{da}}{X_{\Sigma*da}} \quad (4-49)$$

三相短路容量的相对基准值为

$$S_{s*da} = \frac{S_s}{S_{da}} = \frac{\sqrt{3}U_{av}I_s^{(3)}}{\sqrt{3}U_{da}I_{da}} = \frac{I_s^{(3)}}{I_{da}} = I_{s*da} = \frac{1}{X_{\Sigma*da}} \quad (4-50)$$

则三相短路容量按下式计算

$$S_s = S_{s*da}S_{da} = \frac{S_{da}}{X_{\Sigma*da}} = \sqrt{3}U_{av}I_s^{(3)} \quad (4-51)$$

小贴士：有名值法和相对值法计算短路电流，这两种方法各有优缺点，有名值法计算短路回路各元件阻抗较为简单，折算复杂，而相对值法计算短路回路各元件相对基准值复杂，但不需折算，因此不能笼统地说哪种方法简单，也就是说，看问题必须一分为二，全面系统分析问题。

任务实施

图4-8a为某煤矿高压供电系统的计算电路图,两台变压器并列运行,有关参数如图所示。试计算井下中央变电所母线S点的三相短路电流、两相短路电流和三相短路容量。

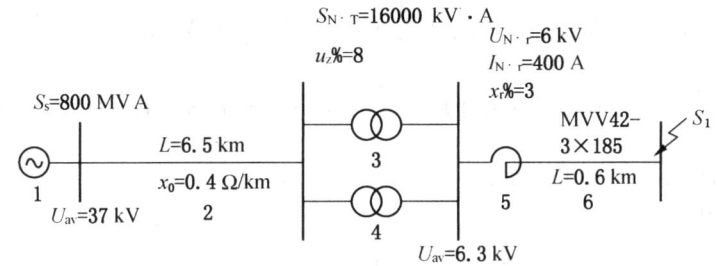

(a) 短路计算电路图

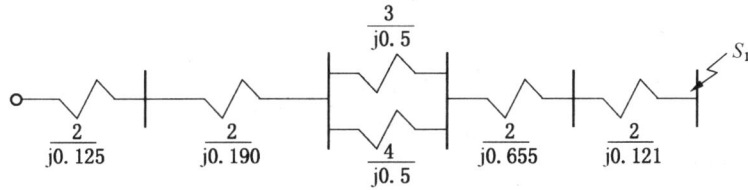

(b) S点短路时的等值电路图

图4-8 某煤矿高压供电系统的短路计算电路图及等值电路图

解:(1) 绘制电路图并计算各元件的相对基准电抗。

绘制短路计算电路图和等值电路图如图4-8所示,取基准容量 $S_{da} = 100$ MVA,则各元件的相对基准电抗如下。

电源系统的相对基准电抗为

$$X_{1*da} = \frac{S_{da}}{S_s} = \frac{100}{800} = 0.125$$

高压架空线路的相对基准电抗为

$$X_{2*da} = x_0 L_2 \frac{S_{da}}{U_{da}^2} = 0.4 \times 6.5 \times \frac{100}{37^2} \approx 0.190$$

变压器的相对基准电抗为

$$X_{3*da} = X_{4*da} = \frac{u_z\%}{100} \frac{S_{da}}{S_{N\cdot T}} = \frac{8}{100} \times \frac{100}{16} = 0.5$$

电抗器的相对基准电抗为

$$X_{5*da} = \frac{x_r\%}{100} \frac{U_{N\cdot r}}{\sqrt{3} I_{N\cdot r}} \frac{S_{da}}{U_{da}^2} = \frac{3}{100} \times \frac{6}{\sqrt{3} \times 0.4} \times \frac{100}{6.3^2} \approx 0.655$$

电缆线路的相对基准电抗为

$$X_{6*da} = x_0 L_6 \frac{S_{da}}{U_{da}^2} = 0.08 \times 0.6 \times \frac{100}{6.3^2} = 0.121$$

将各元件的相对基准电抗值按要求标注在等值电路图中。

（2）计算短路电流和短路容量。

①S_1点短路时短路回路的总相对基准电抗：

$$X_{\Sigma*da} = X_{1*da} + X_{2*da} + \frac{1}{2}X_{3*da} + X_{5*da} + X_{6*da}$$

$$= 0.125 + 0.190 + \frac{1}{2} \times 0.5 + 0.655 + 0.121 = 1.341$$

②S点的短路电流和短路容量：

S_1点的基准电流为

$$I_{da} = \frac{S_{da}}{\sqrt{3}\,U_{da}} = \frac{100}{\sqrt{3} \times 6.3} \approx 9.165 \text{ (kA)}$$

三相短路电流为

$$I_{s1}^{(3)} = \frac{I_{da}}{X_{\Sigma*da}} = \frac{9.165}{1.341} \approx 6.834 \text{ (kA)}$$

两相短路电流为

$$I_{s1}^{(2)} = 0.866 I_{s1}^{(3)} = 0.866 \times 6.834 \approx 5.918 \text{ (kA)}$$

三相短路容量为

$$S_{s1} = \frac{S_{da}}{X_{\Sigma*da}} = \frac{100}{1.341} = 74.571 \text{ (MVA)}$$

任务拓展

可用相对值法完成"任务一 有名值法计算短路电流"中的任务拓展。试比较两种方法计算结果的不同。

学习评价

本任务学习效果考核的项目及标准见表4-7。

表4-7 学习效果考核评价表

	考核项目	考核标准	配分	自评分	互评分	教师评分
知识点	1. 相对值有关概念	能正确说出相对值定义等有关概念满分；少说一个扣2分，扣完为止	10			
	2. 相对值法的计算步骤	完整说出满分；不完整5~19分；不会0分	20			
	3. 两种方法的优缺点对比	完整说出满分；不完整5~9分；不会0分	10			
		小计	40			

表 4-7（续）

考核项目		考核标准	配分	自评分	互评分	教师评分
技能点	会用有相对值计算短路电流	会正确计算满分；不熟练 5~49 分；不会 0 分	50			
	小计		50			
情感点	1. 职业素养	能够正确使用相对值法进行短路电流计算者满分，否则 0~4 分	5			
	2. 学习态度	遵守纪律、学习热情高涨、积极参与者满分，否则 0~4 分	5			
	小计		10			
合计			100			

注：1. 考评时间为 30 min，每超过 1 min 扣 1 分；
  2. 要安全文明工作，否则教师酌情扣 1~10 分。

教师签字：_____

 思考练习

说出相对值法计算短路电流的思路及具体步骤。

项目五　地面高压电气设备运行与操作

【项目描述】
　　煤矿地面高压电气设备是煤矿供电系统的有机组成部分，学习常见高压电气设备的结构、操作、运行及维护，是掌握煤矿供电系统的重要内容。

【项目分析】
　　本项目首先介绍煤矿供电系统常用一次设备的作用及结构，然后介绍地面高压开关柜的结构和运行维护。

【学习目标】
- ☞ 知识目标
- ➢ 了解电弧产生的原因及灭弧方法；
- ➢ 熟悉常用高低压电器技术参数及选择原则，并掌握高低压配电装置的选择方法；
- ➢ 掌握高压电气设备的安装、使用操作、维护和检修方法。
- ☞ 能力目标
- ➢ 会选择和校验常用高低压配电装置；
- ➢ 能够正确安装、使用操作、维护检修高压电气设备；
- ➢ 会分析和处理高压电气设备故障。
- ☞ 素质目标
- ➢ 提高学生规范操作的安全意识；
- ➢ 培养学生严谨细致的工作作风；
- ➢ 培养学生分析和解决问题的能力。

任务一　供电系统一次设备认知

任务描述

　　本任务首先介绍选择电气设备的一般原则，其次介绍电弧产生的过程及常用的灭弧方法，最后介绍常用高低压开关以及互感器等一次设备的结构、操作方法及注意事项。

　　其学习目标如下：
- ☞ 知识目标
- ➢ 了解电弧产生的原因及灭弧方法；
- ➢ 熟悉常用高低压电器技术参数及选择原则，并掌握高低压配电装置的选择方法。
- ☞ 能力目标
- ➢ 会选择常用高低压配电装置；
- ➢ 会校验常用高低压配电装置。

☞ 素质目标
➢ 培养学生分析和解决问题的能力；
➢ 培养学生严谨细致的工作作风。

相关知识

小贴士：细致全面地分析问题是确保电气设备选择正确、合理、适用、经济的基石。

一、选择电气设备的一般原则

正确选择电气设备对供电系统的可靠性、安全性、经济性都有着重要的意义。不同的电气设备在选择时考虑的条件也不尽相同，下面介绍选择电气设备的一般原则。

电气设备选择的一般原则

（一）按使用环境选择电气设备的类型

为了适应不同的装设地点，电气设备分户内式和户外式；按照不同的工作环境，又分为普通型、防污型、湿热型、高原型和矿用型等。矿用型又分为矿用一般型和矿用防爆型。矿用防爆型又分为增安型、隔爆型、本质安全型等。此外，还有其他一些分类方法。选择时应首先根据电气设备工作的环境条件选择出合适的类型。

（二）按正常工作参数选择电气设备

1. 额定电压的选择

电气设备可在高于其额定电压 10%~15% 的情况下长期安全运行，故所选电气设备的额定电压应不低于其所在电网的额定电压。即

$$U_\mathrm{N} \geqslant U_\mathrm{N \cdot w} \tag{5-1}$$

式中　U_N——电气设备的额定电压；

　　　$U_\mathrm{N \cdot w}$——电网的额定电压。

2. 额定电流的选择

电气设备的额定电流应不小于通过它的最大长时工作电流。即

$$I_\mathrm{N} \geqslant I_\mathrm{ca} \tag{5-2}$$

式中　I_N——电气设备的额定电流；

　　　I_ca——电气设备所在线路的最大长时工作电流。

国产普通电气设备的额定电流，是在环境温度为 40 ℃ 的条件下，长时允许通过的最大电流。如果实际环境温度超过 40 ℃，电气设备允许的最大长时工作电流将小于额定值。此时为了保证电气设备正常工作时不致过热，应对电气设备原有的额定值进行修正。在环境温度不超过 60 ℃ 时，电气设备允许的最大长时工作电流应按下式确定。

$$\begin{cases} I_\mathrm{p \cdot r} = K_\mathrm{so} I_\mathrm{N} \\ K_\mathrm{so} = \sqrt{\dfrac{\theta_\mathrm{p} - \theta}{\theta_\mathrm{p} - \theta_0}} \end{cases} \tag{5-3}$$

式中　$I_\mathrm{p \cdot r}$——实际环境温度下电气设备允许的最大长时工作电流；

　　　K_so——温度校正系数；

θ_p ——电气设备长时允许最高温度,℃；

θ_0 ——电气设备规定的标准环境温度,℃；

θ ——实际环境温度,℃。

如果周围环境温度低于 40 ℃，对高压电器，每降低 1 ℃，允许电流比额定值可增加 0.5%，但增加的总数不得超过 20%。

(三) 按短路条件校验电气设备

1. 开关电器断流能力的校验

当开关电器的额定断流容量 S_{br}（或最大分断电流 I_{br}）大于等于其所在电路的最大短路容量（或最大短路电流）时，开关电器才能可靠地切除短路故障。否则，故障不能切除，并有可能使故障扩大，影响到系统的安全运行。开关电器的断流能力应按下式校验。

$$\begin{cases} S_{br} \geq S'' & \text{或} \quad S_{0.2} \\ I_{br} \geq I'' & \text{或} \quad I_{0.2} \end{cases} \tag{5-4}$$

式中 S''、I'' ——最大运行方式下开关电器安装处的次暂态短路容量和短路电流；

$S_{0.2}$、$I_{0.2}$ ——最大运行方式下开关电器安装处短路后 0.2 s 时的短路容量和短路电流。

若开关电器用在低于额定电压的回路中时，其断流容量可按下式换算。

$$S_{br \cdot U} = \frac{U}{U_N} S_{br} \tag{5-5}$$

式中 U ——设备安装处的实际电压；

U_N ——开关电器的额定电压；

$S_{br \cdot U}$ ——电压为 U 时的断流容量。

2. 电气设备的短路稳定性校验

为了保证电气设备不致因短路电流的电动力和热效应而损坏，应校验其在发生短路时的动稳定性和热稳定性。短路时的动稳定性和热稳定性应分别按式（4-26）和式（4-34）校验。

对电气设备进行短路条件校验时，应根据最严重的短路情况计算可能出现的最大短路电流，即最大运行方式下的三相短路电流。但是对于仅在改变系统运行方式的过程中，短时出现的运行情况可不予考虑。

开关与熔断器的选择校验项目见表 5-1。

表 5-1 开关与熔断器的选择校验项目

设备名称	项 目					
	额定电压	额定电流	额定断流容量	极限分断电流	短路稳定性校验	
					动稳定	热稳定
高压隔离开关	√	√			√	√

表 5-1（续）

设备名称	项目					
	额定电压	额定电流	额定断流容量	极限分断电流	短路稳定性校验	
					动稳定	热稳定
高压断路器	√	√	√		√	√
高压负荷开关	√	√			√	√
高压熔断器	√	√	√			
刀开关	√	√			√	√
自动空气开关	√	√		√		
低压熔断器	√	√		√		

二、一次设备

一次设备是指直接参与电能的生产、输送、分配、使用的电气设备，主要由发电机、变压器、输电线路、断路器、电流互感器、电压互感器、隔离开关、接地刀闸、母线等组成。由一次设备相互连接，构成发电、输电、配电或进行其他生产的电气回路称为一次回路或一次接线系统。

高低压配电装置的选择方法

（一）开关中的电弧

当开关分断电路时，如果触头间电压在 10~20 V，电流在 80~100 mA 时，触头间就会产生电弧，故电弧的产生是一种必然现象。电弧燃烧时，其温度可高达 10000 ℃，如不能及时熄灭，会使开关触头烧损，导致触头熔焊，还可能造成弧光短路，形成更严重的事故。所以，研究电弧的产生和熄灭规律，采取有效的灭弧措施，避免电弧的危害，是非常必要的。

1. 电弧的产生与熄灭

不带电的中性质点分离为带电的电子和正离子的现象称为游离。在开关切断电路时，触头间绝缘介质的中性质点被游离，被游离的带电质点即自由电子和正离子，在电场力作用下定向运动，形成一条导电通道，从而产生了电弧。电弧在断开的触头之间燃烧，使电路仍处于接通状态，延迟了电路的开断，只有当电弧熄灭后电路才算被断开。

1）空气中电弧的产生

在开关触头分开的过程中，动静触头间的接触压力与接触面积不断减少，使接触电阻迅速增大，导致接触处温度升高，使一部分自由电子由于热运动而逸出金属表面，形成了热电子发射。

在开关触头分断瞬间，由于触头间距很小，其间电压虽然仅有几百至几千伏，但电场强度却很大，在电场力作用下，自由电子高速奔向阳极，便形成了强电场发射。

高速运动的自由电子与触头间的中性质点发生碰撞，当自由电子的动能足够大时，可使中性质点分离为自由电子和正离子，这种现象称为碰撞游离。新产生的自由电子又会碰撞其他中性质点，产生更多的自由电子和正离子。连续不断的碰撞游离，使触头间带电质点大量增加，结果使绝缘介质变成了导体，形成弧光放电。电场强度越大，气体压力越小，越容易发生碰撞游离。

随着触头开距的加大，失去了强电场发射电子的条件，但由于弧隙温度很高，使中性质点由于热运动而相互碰撞，产生新的带电粒子，发生热游离现象，从而使电弧继续燃烧。

因此，电弧的产生是一个连续的过程。最初由热电子发射和强电场发射提供起始自由电子，然后由碰撞游离导致介质击穿产生电弧，最后靠热游离来维持。可见，强电场是产生电弧的必要条件，碰撞游离是产生电弧的主要原因，热游离是维持电弧的必要因素。

2）空气中电弧的熄灭

在电弧中不但存在着中性质点的游离过程，而且还存在着带电质点不断消失的去游离过程。当游离速度大于去游离速度时，电弧加强；相等时，电弧稳定燃烧；游离速度小于去游离速度时，电弧减弱以至熄灭。因此，要促使电弧熄灭，就必须削弱电弧的游离作用，加强其去游离作用。去游离主要表现在复合与扩散两个方面。

复合是异号带电质点彼此中和为中性质点的现象，复合率与下列因素有关：带电质点浓度越大，复合概率越高；电弧温度越低，弧隙电场强度越小，带电质点运动速度就越慢，复合就越容易。

扩散是指带电质点逸出弧道的现象，扩散速度受下列因素影响：弧区与周围介质的温差越大，扩散越强烈；弧区与周围介质离子的浓度差越大，扩散就越强烈；电弧的表面积越大，扩散就越快。

上述带电质点的复合和扩散，都使电弧中的带电粒子减少，即去游离作用增强，最后导致电弧熄灭。

3）真空管中电弧的产生

真空断路器分断电路时，在阴极形成温度很高的阴极斑，因而产生热电子发射和蒸发有大量带电质点的金属蒸气。电子与附有电子的金属蒸气，在电场作用下加速撞击阳极，使阳极局部发热产生金属蒸气与正离子，正离子再碰撞阴极，产生二次电子发射，如此不断循环，造成真空间隙绝缘的击穿产生电弧。

4）真空管中电弧的熄灭

在真空电弧中，金属蒸气及带电质点不断向弧柱四周扩散，并凝结在屏蔽罩上。随着触头开距的增大和电流的减小，触头间的电场强度和金属蒸气的密度也逐渐减小。当交流电流过零、电弧熄灭时，触头温度下降，蒸发作用急剧减小，而残存质点又继续扩散，故真空断路器在熄弧后，介质的绝缘强度恢复极快，其速度可达 $20\ \text{kV}/\mu\text{s}$，一般只需半个周期即可熄灭电弧。

2. 开关电器常用的灭弧方法

一切灭弧方法，都是人为地创造有助于去游离而不利于游离的条件，使电弧尽快熄灭。开关电器常用的灭弧方法主要有以下几种。

1) 速拉灭弧法

加快触头的分离速度，可迅速拉长电弧，使电弧中的电场强度骤降，从而削弱了碰撞游离、增强了带电质点的复合作用，加速电弧的熄灭。这种灭弧方法是开关电器中普遍采用的最基本的一种灭弧法，通常利用强力储能弹簧迅速释放能量，可使触头的分离速度达 4~5 m/s。

2) 冷却灭弧法

降低电弧的温度，可削弱热游离、并增强带电质点的复合作用，有助于电弧的熄灭。这种灭弧方法在开关电器中的应用比较普遍。

3) 吹弧灭弧法

利用外力（如气流、油流或电磁力）来吹动电弧，使电弧加速冷却，同时拉长电弧，迅速降低电弧中的电场强度，使带电质点的复合和扩散增强，从而加速电弧的熄灭。

按吹弧方式来分，有横吹和纵吹两种，如图 5-1 所示。横吹较纵吹效果好，因为横吹能使电弧长度和表面积增大，更有利于电弧的冷却和带电质点的扩散。

按外力的性质来分，有气吹、油吹、电动力吹和磁吹等吹弧法，如图 5-2 所示。图 5-2a 是利用电弧各部分电流之间相互作用的电动力使电弧移动；图 5-2b 是利用导磁物体影响电弧电流的磁场分布，使电弧在电磁力作用下向磁性材料一边移动；图 5-2c 是利用电弧电流在磁吹线圈中产生的磁场与电弧电流之间产生的电磁力，使电弧沿熄弧角展开方向移动，产生吹弧效果。

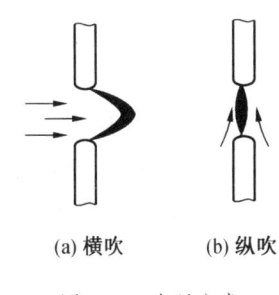

图 5-1 吹弧方式

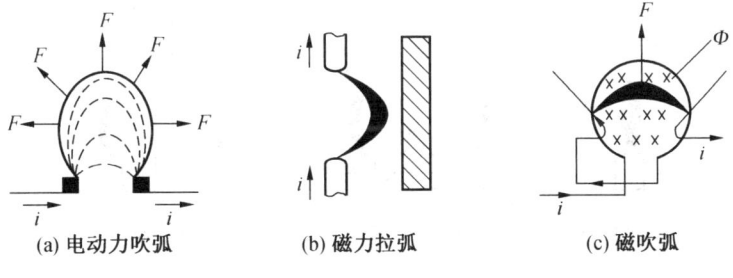

图 5-2 外力吹弧法

4) 狭缝（狭沟）灭弧法

使电弧在固体介质的狭缝中运动，电弧与固体介质紧密接触，一方面加强了冷却与复合作用；另一方面电弧被拉长，弧径被压小，弧电阻增大，促使电弧迅速熄灭。如狭缝灭弧栅和填料式熔断器等，都属于这种灭弧结构。

5) 长弧切短灭弧法

这种方法常用于低压交流开关中。如图 5-3 所示，触头间的电弧在电磁力作用下，进入与电弧垂直放置的、彼此绝缘的金属栅片内（由 A 处移向 B 处），将一个长弧切割成若干个短弧。在交流电路中，利用近阴极效应：当电流过零时，所有短弧同时熄灭，在每一短弧的阴极附近立即出现 150~250 V 的绝缘强度。由于各段短弧是串联的，所以短弧的数目越多,总的绝缘强度就越高,当总绝缘强度大于外加电压时,电弧就不再重燃。此外,金属栅片也有冷却电弧的作用。

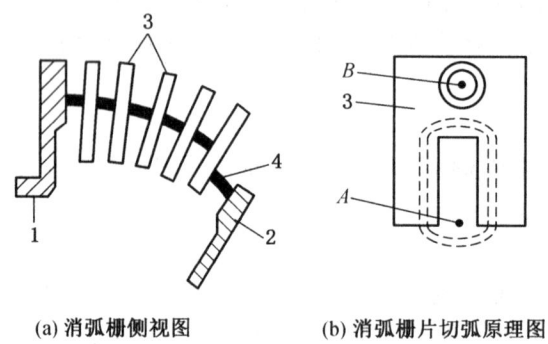

(a) 消弧栅侧视图　　(b) 消弧栅片切弧原理图

1—静触头；2—动触头；3—金属栅片；4—电弧
图5-3　长弧切短灭弧法

6) 多断口灭弧法

在开关的同一相内制成两个或多个断口,如图5-4所示。当断口增加时,相当于电弧长度与触头分离速度成倍提高,因而提高了开关的灭弧能力。这种方法多用在高压开关中。

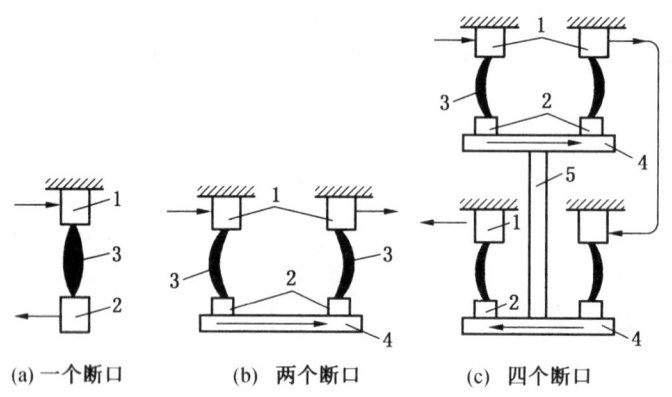

(a) 一个断口　　(b) 两个断口　　(c) 四个断口

1—静触头；2—动触头；3—电弧；4—触头桥；5—绝缘拉杆
图5-4　一相多个断口灭弧示意图

除上述灭弧方法外,开关电器在设计制造时,还采取了限制电弧产生的措施。如:开关触头采用不易发射电子的金属材料制成；触头间采用绝缘油、六氟化硫气体(SF_6)、真空等绝缘和灭弧性能好的绝缘介质等。

(二) 高压断路器

高压断路器是电力系统中最主要的控制设备,它的断流能力很强,不仅可在正常时接通和断开负荷电路,还可在发生短路故障时切断短路电流。因此,要求断路器工作可靠,具有足够的断流能力并具有尽可能短的开断时间。

高压断路器按其灭弧介质不同,可分为油断路器、压缩空气断路器、六氟化硫断路器、真空断路器等。高压真空断路器已广泛用于 35 kV、6（10）kV 高压系统中，六氟化硫断路器已广泛用于超高压大容量电力系统中。下面主要介绍真空断路器和六氟化硫断路器。

1. 真空断路器

真空断路器是用高真空作绝缘介质的断路器。真空具有很高的绝缘强度。由于真空中弧柱带电质点的密度和温度比周围介质高得多，形成了强烈的扩散，故能使电弧迅速可靠地熄灭。

真空断路器具有以下优点：触头开距小、体积小、质量轻、寿命长（比油断路器寿命长 50~100 倍）、操作噪声小、所需操作功率小；真空断路器动作速度快，燃弧时间短，一般只需半个周期即可熄灭电弧，熄弧后触头间隙介质恢复迅速；真空断路器运行维护简单、特别适于频繁操作。

1）结构

真空断路器真空灭弧室的原理结构如图 5-5 所示。断路器的动、静触头及屏蔽罩都密封在抽成真空的绝缘外壳中，外壳用玻璃或陶瓷制作。动触头与真空管之间的密封问题用波纹管来解决，当动触头运动时，波纹管在其弹性变形范围内伸缩。为了保证外壳的绝缘性能，在动、静触头外面装有金属屏蔽罩，用来冷凝吸收弧隙的金属蒸气。

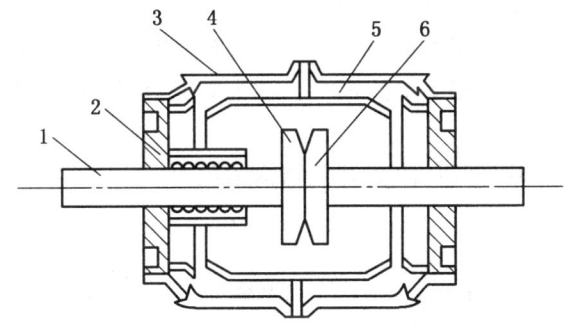

1—动触杆；2—不锈钢波纹管；3—绝缘外壳；4—动触头；5—金属屏蔽罩；6—静触头

图 5-5 真空灭弧室原理结构图

操动机构是真空断路器的重要组成部分，其主要有三种形式：弹簧操动机构、电磁操动机构、永磁操动机构。三种操动机构互有优劣，永磁操动机构集中了前两种机构的优点，操作电源容量小，结构简单，易维护，现在被广泛应用。

永磁操动机构的真空断路器，其触头受力主要由驱动触头合闸的电磁力、真空管内腔产生的负压力和触头弹簧反力三个力组成。当真空断路器合闸时，电磁力与真空管内腔负压力的合力大于触头弹簧反力，真空管触头闭合；当真空断路器分闸时，触头弹簧反力大于真空管内腔负压力与电磁力的合力，真空管触头打开。

2）操作过电压的产生及保护

当真空断路器分断小电流时，由于弧柱扩散速度过快，阴极斑附近的蒸气压力和温度骤降，电弧难以维持，而突然熄灭，这种情况称为截流现象。截流现象易产生较高的过电压，所以在真空断路器的电路中必须采取预防过电压的措施。一般可在电路中加装金属氧化物避雷器或阻容吸收装置，实现对操作过电压的防护。

2. 六氟化硫断路器

六氟化硫断路器是采用具有优良灭弧性能和绝缘性能的六氟化硫气体作为灭弧介质的断路器。六氟化硫气体能大量地吸收电弧能量，使电弧迅速冷却乃至熄灭，它的灭弧能力约为空气的 100 倍。六氟化硫断路器的缺点是：它的电气性能受电场均匀程度及水分等杂质的影响特别大，在开断大电流时，可能产生微量有毒的低氟化硫，故对该断路器的密封结构、工艺与材料及六氟化硫气体本身质量的要求相当严格。

(三) 高压隔离开关

1. 用途与分类

高压隔离开关又称刀闸，由于它的触头敞露在空气中，其通断状态明显可见，所以其主要用途是将需要检修的部分与其他带电部分可靠隔离，从而保证检修人员的安全，防止意外事故的发生。此外，高压隔离开关可增加检修人员的安全感。

高压隔离开关种类很多，按极数可分为单极式和三极式；按使用环境可分为户内式和户外式；按触头的动作方式可分为闸刀式、旋转式和插入式；按有无接地刀闸可分为带接地刀闸式和不带接地刀闸式；按操作机构可分为手动式、电动式和气动式。

2. 操作注意事项

隔离开关没有专门的灭弧装置，不能用来通断负荷电路和短路电流，在高压电路中需要与断路器配合使用，利用断路器通断电路。只有断路器处于断开状态时，才能对隔离开关进行分、合闸操作；只有电路中电流很小，触头上不会产生强烈电弧时，才允许用隔离开关通断电路。

图 5-6 为 GN8-10/600 型高压隔离开关结构示意图。

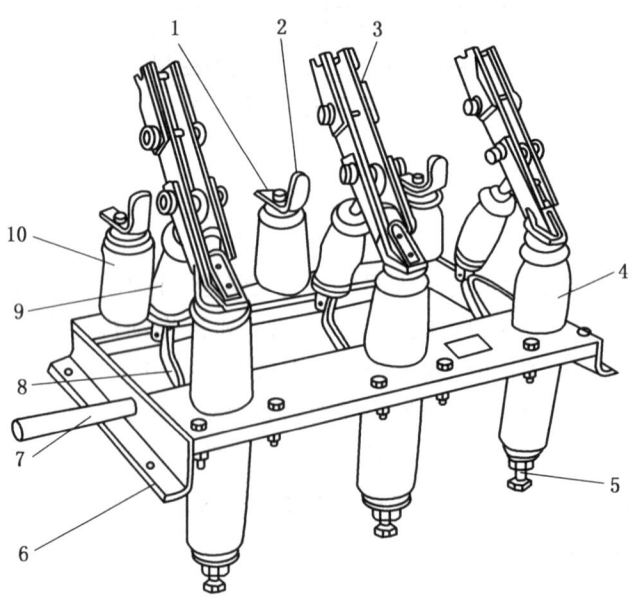

1—上接线端子；2—静触头；3—闸刀；4—套管绝缘子；5—下接线端子；6—框架；
7—转轴；8—拐臂；9—升降绝缘子；10—支柱绝缘子

图 5-6　GN8-10/600 型高压隔离开关结构示意图

(四) 高压负荷开关

高压负荷开关是一种具有简单灭弧装置的开关，它只能用来通断负荷电路，不能用来切断短路电流。因此它必须与高压熔断器串联使用，切断短路电流的任务由熔断器来承担。高压负荷开关开断时也有明显的断口，所以也可起隔离开关的作用。

高压负荷开关结构简单、体积小、质量轻、价格低；其缺点是需与熔断器配合使用，才能完成电路的控制功能，且熔断器断流能力低，熔断时间不易控制。

图5-7为FN3-10RT型高压负荷开关结构示意图。

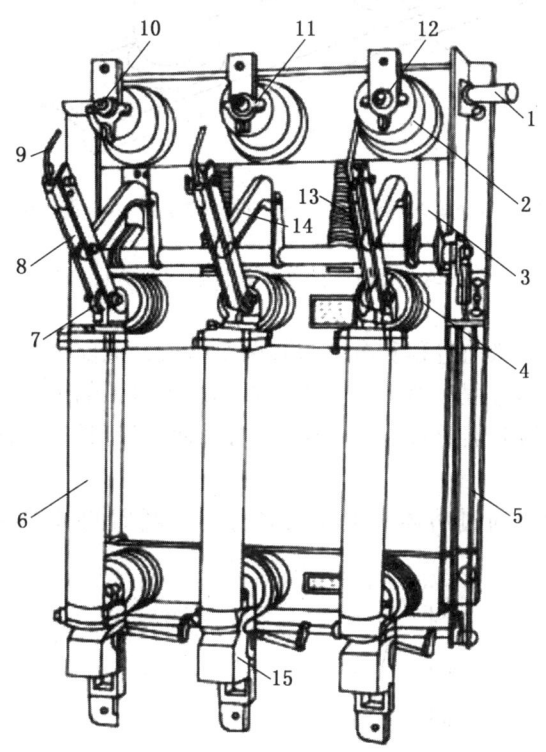

1—主轴；2—上绝缘子兼气缸；3—连杆；4—下绝缘子；5—框架；6—RN1型高压熔断管；
7—下触座；8—闸刀；9—弧动触头；10—绝缘喷嘴（内有弧静触头）；11—主静触头；
12—上触座；13—断路弹簧；14—绝缘拉杆；15—热脱扣器

图5-7 FN3-10RT型高压负荷开关结构示意图

(五) 熔断器

熔断器是一种最简单的过电流保护装置。由于其结构简单、体积小、质量轻、价格便宜、使用维护方便，所以被广泛用来保护小容量的电气设备和对继电保护要求不高的电路。它的主要缺点是：熔体熔断后必须更换，保护特性和可靠性差。

图5-8为RN1、RN2型高压熔断器的结构图。

1. 熔断器的保护特性

熔断器串联在被保护电路中，当电路发生严重过载或短路故障时，通过熔体的电流超过其额定电流，当熔体温度达到其熔点温度后，熔体迅速熔化，切断故障电路，起到保护作用。

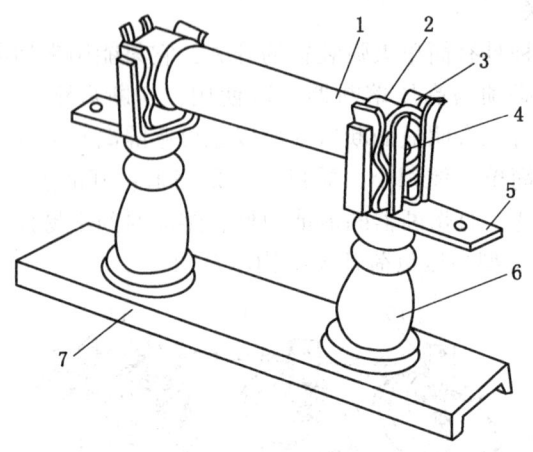

1—瓷熔管；2—金属管帽；3—弹性触座；4—熔断指示器；
5—接线端子；6—支柱瓷绝缘子；7—底座

图 5-8　RN1、RN2 型高压熔断器结构图

熔断器的熔断过程分弧前过程和电弧过程两个阶段，弧前过程是熔体被电流加热后熔化，即熔断器反应故障的过程；然后是发生电弧和熄灭电弧的电弧过程。通过熔体的电流越大，弧前过程越短；熔断器灭弧能力越强，电弧持续时间越短。熔断器的熔断时间就是这两个过程的时间之和。

熔断器的熔断时间与通过熔体电流的关系称为熔断器的保护特性，其曲线如图 5-9 所示。

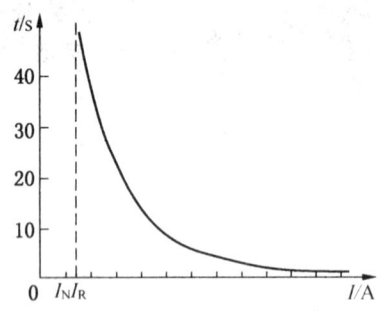

图 5-9　熔断器的保护特性曲线

图中 I_R 为最小熔化电流，熔体的额定电流 I_N 应小于 I_R。最小熔化电流与熔体的额定电流之比称为熔化系数，它是表征熔断器保护小倍数过载时灵敏度的指标。熔化系数取决于熔体的材料和工作温度以及它的结构。

2. 熔断器的结构特点

熔断器结构简单，安装方便，在功率较小且保护要求不高的配电装置中得到了广泛的应用。按装设的地点不同，熔断器可分为户内式和户外式两种。

1）户内式高压熔断器

常用的户内式高压熔断器有 XRNM、XRNT、XRNP 等多种类型。XRNM 系列主要用

来保护高压电动机，XRNT 系列用来保护电力变压器及其他高压电力设备，XRNP 系列用来保护电压互感器。

XRN 系列的熔断器，其结构是在熔管内填充石英砂，工作熔体为多根细铜丝并联，在熔体上焊有小锡球。小锡球的作用是降低熔体的熔点；多根细熔丝并联，可在熔体熔断时产生多根并联电弧，多根变细了的电弧在石英砂中燃烧，对灭弧有利。这种熔断器的灭弧能力很强，在短路电流未达冲击值之前就能完全熄灭电弧。由于这种熔断器限制了短路电流的发展，所以称为限流熔断器。用限流熔断器保护的设备，可以不校验短路时的动、热稳定性。

2）户外 RW10-35 型高压熔断器

RW10-35 型高压熔断器，其额定电流为 0.5 A 的，断流容量为 2000 MVA，用来保护户外 35 kV 电压互感器；额定电流为 2~10 A 的，断流容量为 600 MVA，用来保护其他设备。RW10-35 型高压熔断器，其熔体也放在填充了石英砂的熔管中，这种熔断器也属限流型熔断器。

3）户外跌落式熔断器

户外跌落式熔断器常用来保护配电变压器。利用高压绝缘钩棒的操作，可使熔断器的熔管与固定触头分断和闭合，其分、合状态明显可见，所以可起隔离开关的作用。在一定条件下，户外跌落式熔断器可用来通断空载变压器和空载线路。

图 5-10 为 RW4-6 型跌落式熔断器与熔体的结构图。当电路严重过载或短路时，熔体熔断，动触头失去拉力从鸭嘴中滑脱，熔管靠自身重力作用，迅速跌落断开电路。熔管内衬的钢纸管在电弧作用下产生大量气体，使管内压力增加，高压气体从熔管上部喷出，对电弧产生纵吹作用。与此同时，随着熔管下落，电弧被拉长冷却，促使电弧熄灭。正常分闸时，只要用绝缘棒向上捅一下鸭嘴，熔管就会自行跌落，绝对不能硬拉操作环。

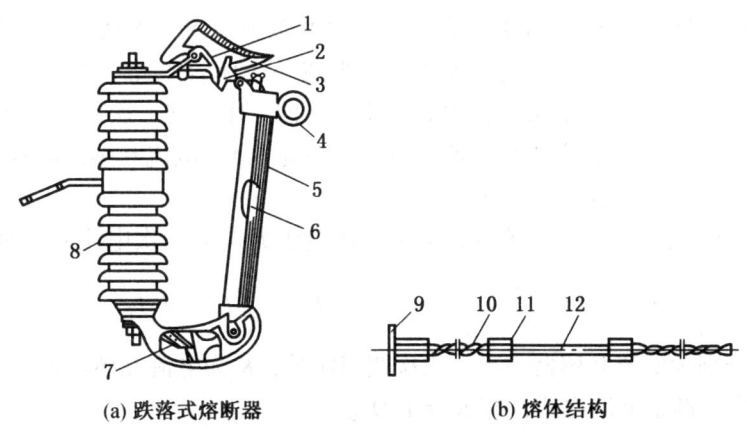

(a) 跌落式熔断器　　(b) 熔体结构

1—静触头；2—动触头；3—钢片；4—操作环；5—熔管；6—熔体；7—静触头；
8—瓷绝缘体；9—钮扣；10—铜绞线；11—套管；12—熔体

图 5-10 跌落式熔断器与熔体结构

（六）互感器

互感器是一次电路与二次电路的联络元件，用于测量仪表、继电保护装置的信号电源。

互感器有电流互感器和电压互感器两大类，电流互感器也称为仪用变流器，它将大电流变成标准的小电流（5 A 或 1 A）；电压互感器也称为仪用变压器，它将高电压变成标准的低电压（100 V）。互感器的主要作用有：

（1）隔离高低压电路。互感器原、副边之间没有电的联系，因而使二次电路与高压电路可靠隔离，保证了二次设备与工作人员的安全。

（2）扩大二次设备的使用范围。如一只 5 A 的电流表，通过不同变比的电流互感器可测量任意大的电流。

（3）有利于二次设备的小型化、标准化，有利于大规模生产。

1. 电流互感器

电流互感器是依据电磁感应原理将一次侧大电流转换成二次侧小电流来测量的仪器。电流互感器由闭合的铁芯和绕组组成，它的一次侧绕组匝数很少，串在需要测量的电流的线路中，因此它经常有线路的全部电流流过；其二次侧绕组匝数比较多，串接在测量仪表和保护回路中。电流互感器在工作时，它的二次侧回路始终是闭合的，因此测量仪表和保护回路串联线圈的阻抗很小，电流互感器的工作状态接近短路。电流互感器的一次额定电流有 5、10、15、…、1500、2000 A 等多个等级，二次额定电流一般为 5 A 或 1 A 两种。工矿企业电流互感器的二次电流一般选用 5 A，其一次额定电流应大于等于 1.2~1.5 倍最大长时工作电流。

1）电流互感器的基本结构原理

电流互感器的结构特点是：其一次绕组匝数很少，导体相当粗，有的电流互感器（如母线式）没有一次绕组，而是利用穿过其铁芯的一次电路（如母线）作为一次绕组（相当于匝数为1）；其二次绕组匝数很多，导线较细。其接线特点是：一次绕组串联在被测的一次电路中，而二次绕组则与仪表、继电器等的电流线圈串联，形成一个闭合电路。由于这些电流线圈的阻抗很小，因此电流互感器工作时其二次回路接近于短路状态。二次绕组的额定电流一般为 5 A。电流互感器的基本结构原理如图 5-11 所示。

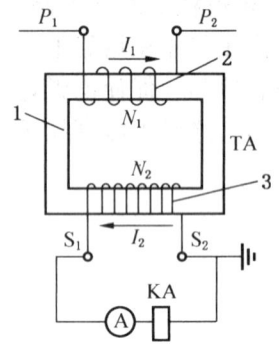

1—铁芯；2——次绕组；3—二次绕组

图 5-11 电流互感器的基本结构原理

电流互感器的一次电流 I_1 与其二次电流 I_2 之间有下列关系：

$$I_1 \approx \frac{N_2}{N_1} I_2 \approx K_i I_2 \qquad (5-6)$$

式中，N_1、N_2 分别为电流互感器一次、二次绕组匝数；K_i 为电流互感器的电流比，一般表示为其一、二次的额定电流之比，即 $K_i = I_1/I_2$。

2）电流互感器的类型

电流互感器按一次匝数不同可分为单匝式（包括母线式、心柱式、套管式）和多匝式（包括线圈式、线环式、串级式）；按使用环境可分为户内式和户外式；按安装方式可分为穿墙式、母线式、套管式和支持式；按绝缘方式可分为干式、浇注式、油浸式和电容式等几种；按用途分，有测量用和保护用两大类；按准确度等级分，测量用电流互感器有 0.1

级、0.2级、0.5级、1级、3级、5级等，保护用电流互感器有5P、10P两级。作为测量用的电流互感器，其一次绕组流过短路电流时，铁芯应迅速饱和，以免二次电流过大损坏测量仪表。

高压电流互感器多制成不同准确度等级的两个铁芯和两个二次绕组，分别接测量仪表和继电器，以满足测量和保护的不同要求。电气测量对电流互感器的准确度要求较高，且要求在一次电路短路时仪表受的冲击小，因此测量用电流互感器的铁芯在一次电路短路时应易于饱和，以限制二次电流的增长倍数。而继电保护用电流互感器的铁芯在一次电路短路时不应饱和，使二次电路能与一次电路成比例增长，以适应保护灵敏度的要求。

图5-12为户内高压LQJ-10型电流互感器的外形图。它有两个铁芯和两个二次绕组，分别为0.5级和3级，0.5级用于测量，3级用于继电保护。

图5-13为户内低压LMZJ1-0.5型（500-800 A/5 A）电流互感器的外形图。它不含一次绕组，穿过其铁芯的母线就是其一次绕组（相当于1匝），适用于500 V及以下配电装置中。

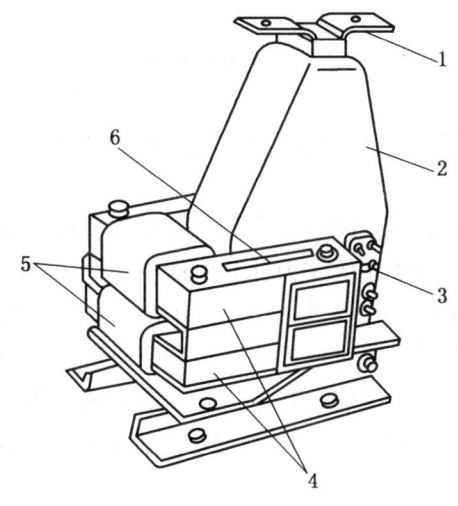

1——一次接线端子；2——一次绕组（树脂浇注）；
3——二次接线端子；4——铁芯；5——二次绕组；
6——警示牌（上写"二次侧不得开路"等字样）

图5-12 LQJ-10型电流互感器外形图

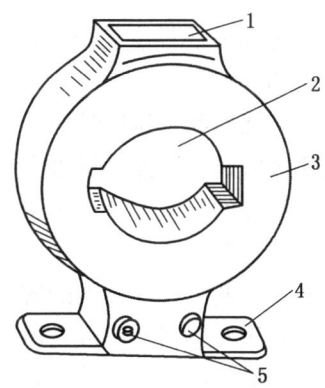

1——铭牌；2——一次母线穿孔；
3——铁芯（外绕二次绕组，树脂浇注）；
4——安装板；5——二次接线端子

图5-13 LMZJ1-0.5型电流互感器外形图

3) 电流互感器的接线方式

在三相电路的电流测量中，电流互感器接线方式如图5-14所示。对于三相对称电路的电流测量，为了经济，一般采用图5-14a所示单相式（一相式）接线方式；对于三相三线制电路和三相四线制电路的电流测量，采用图5-14b所示的三相完全星形接线方式；对于三相三线制电路的电流测量，为了经济，一般采用图5-14c所示的两相不完全星形接线方式。

4) 电流互感器的使用注意事项

(1) 电流互感器二次侧不得开路，否则铁芯将会过热，且二次绕组也将感应出危险的

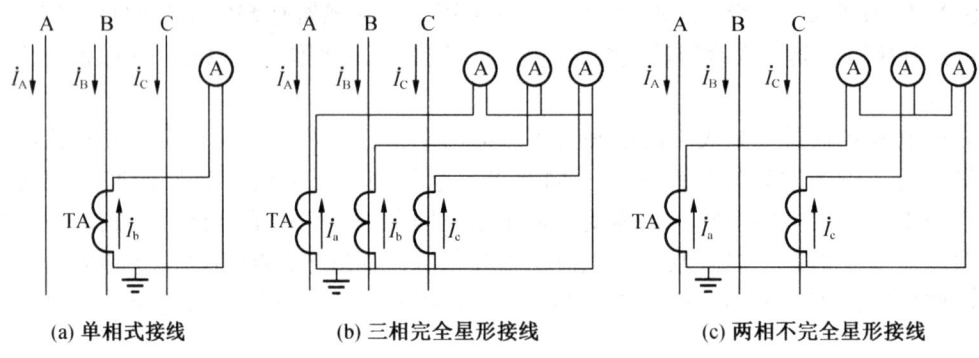

(a) 单相式接线　　　　　(b) 三相完全星形接线　　　　(c) 两相不完全星形接线

图 5-14　电流互感器的接线方式

过电压，危及人身和设备安全。在安装时，二次接线要求连接牢靠，且二次侧不允许接入熔断器和开关。

（2）电流互感器二次绕组及外壳均应接地，以防止其一、二次绕组击穿时，高压窜入二次侧，危及设备和人身安全。

（3）接线时，电流互感器的极性一定要连接正确，否则将影响正确测量，甚至引起事故。

（4）电流互感器套管应清洁，没有碎裂、闪络痕迹，其内部没有放电和其他噪声。

2. 电压互感器

电压互感器和变压器类似，是用来变换线路上的电压的仪器。但是变压器变换电压的目的是输送电能，因此容量很大，一般都是以千伏安或兆伏安为计算单位；而电压互感器变换电压的目的，主要是用来给测量仪表和继电保护装置提供一次回路中的高电压，用来测量线路的电压、功率和电能，或者用来在线路发生故障时保护线路中的贵重设备、电机和变压器，因此电压互感器的容量很小，一般都只有几伏安、几十伏安，最大也不超过一千伏安。电压互感器一次额定电压为允许接入电网的电压，二次额定电压为 100 V。电压互感器一次额定电压应与其所在电网的电压相适应。

电压互感器的基本结构原理如图 5-15 所示。其结构特点是：一次绕组匝数很多，二次绕组匝数较少，相当于降压变压器。其接线特点是：一次绕组并联在一次电路中，而二次绕组并联仪表、继电器的电压线圈。由于电压线圈的阻抗一般都很大，所以电压互感器工作时，其二次侧接近空载状态。

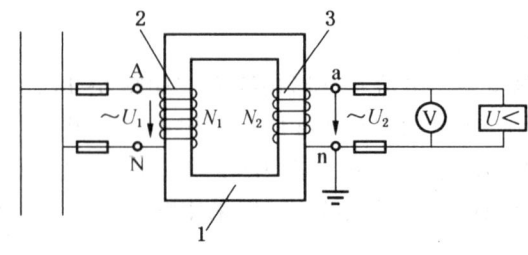

1—铁芯；2——次绕组；3—二次绕组

图 5-15　电压互感器的基本结构原理

电压互感器的一次电压 U_1 与其二次电压 U_2 之间有如下关系：

$$U_1 \approx \frac{N_1}{N_2} U_2 \approx K_u U_2 \tag{5-7}$$

式中，N_1、N_2 分别为电压互感器一、二次绕组的匝数；K_u 为电压互感器的电压比，一般表示为其额定一、二次电压比，即 $K_u = U_1/U_2$。

1）电压互感器的类型

电压互感器按相数可分为单相和三相；按线圈数可分为双线圈和三线圈；按使用环境可分为户内式和户外式；按绝缘方式可分为干式、浇注式、油浸式和充气式。

图 5-16 为 JDZJ-10 型电压互感器的外形图。

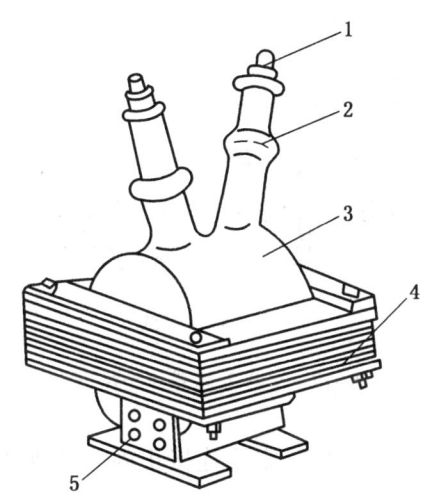

1——次接线端子；2—高压绝缘套管；3——、二次绕组，树脂浇注绝缘；
4—铁芯；5—二次接线端子

图 5-16 JDZJ-10 型电压互感器外形图

2）电压互感器的接线方式

在三相电路的电压测量中，电压互感器的接线方式如图 5-17 所示。对于三相对称电路的线电压测量，为了经济，一般采用图 5-17a 所示的由一个单相电压互感器组成的单相式接线；对于只需线电压测量的三相电路，为了经济，采用图 5-17b 所示的由两个单相电压互感器组成的 V/V 形接线，也称不完全三角形接线；需要测量三相电路的相电压时，应采用图 5-17c 所示的由三个单相电压互感器组成的 Y_0/Y_0 形接线。

3）电压互感器的使用注意事项

（1）电压互感器二次侧不能短路。由于电压互感器一、二次绕组都是在并联状态下工作的，如果二次侧短路，将产生很大的短路电流，有可能烧毁互感器，甚至影响一次电路的安全运行。因此电压互感器的一、二次侧都必须装设熔断器进行短路保护。

（2）电压互感器二次绕组及外壳均应接地，以防止其一、二次绕组击穿时，高压窜入二次侧，危及设备和人身安全。

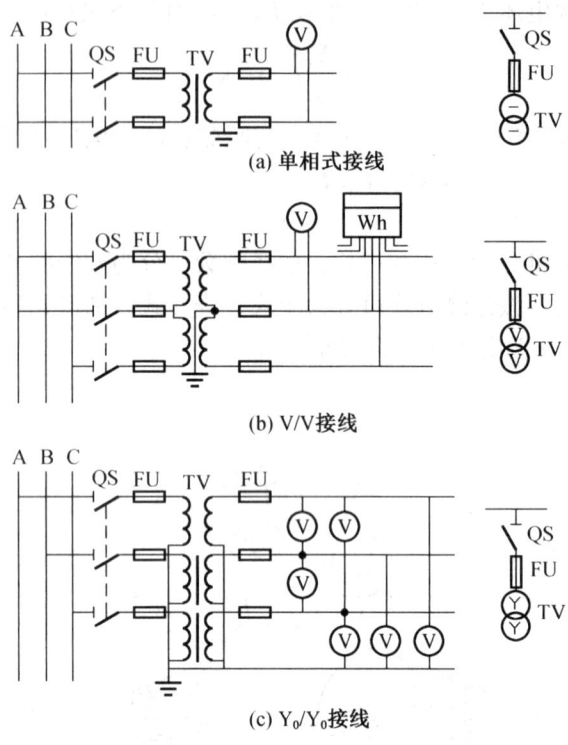

图 5-17 电压互感器的接线方式

(3) 接线时,电压互感器的极性一定要连接正确,否则将影响正确测量,甚至引起事故。

(4) 电压互感器套管应清洁,没有碎裂、闪络痕迹。油位正常,没有渗、漏油现象;其内部没有异常声响。

(七) 母线及绝缘子

1. 母线

1) 母线材料及截面形状

母线的材料有铜、铝、钢三种。铜电导率高,性能稳定,多用于大电流装置中或有化学腐蚀的场所。铝电导率不及铜,机械强度也较小,但较铜价廉,所以我国户内、户外一般都采用铝母线。钢母线的机械强度虽大,但电导率小,电能损耗大,一般只用于工作电流不大于 200 A 及不重要的配电装置中或用作接地母线。

硬母线的截面形状有矩形、圆形和环形等几种,软母线一般为多股绞线。电压为 35 kV 及以下的户内配电装置多采用矩形截面的母线,这种母线散热好,受交流集肤效应影响小,因此在截面积相同时,矩形截面母线比圆形截面母线的允许工作电流大。硬母线须用绝缘子支撑和固定在开关柜顶部或墙壁和支架上。矩形母线的放置方式为可平放也可竖放。

电压高于 35 kV 的配电装置的母线截面形状多为圆形或环形,主要为了防止发生电晕。电压在 35 kV 及以下的屋外母线一般用多股绞线,通常用耐张绝缘子悬挂在钢铁或混凝土支架上。

硬母线一般涂以不同的颜色，以便区别相序，并可提高母线的热辐射能力。三相交流母线 U 相涂以黄色，V 相涂以绿色，W 相涂以红色。不接地的中线涂以紫色，接地的中线（零线）涂以紫色并带黑色条纹。保护接地母线涂以黑色，直流母线的正极涂以褐色，负极涂以蓝色。

2）母线截面的选择

母线截面一般按最大长时工作电流选择，按短路条件校验其动、热稳定性。但对年平均负荷较大，线路较长的主母线，还应按经济电流密度选择其截面。

（1）按最大长时工作电流选择。

根据发热条件规定，流过母线的最大长时工作电流 I_{ca}，应不大于母线的最大允许持续电流 I_p，即

$$I_p \geq I_{ca} \tag{5-8}$$

母线的允许截流量可查有关手册。手册中母线的允许截流量是环境温度为 25 ℃，导体长时允许温度为 70 ℃ 时的最大允许持续电流。当母线的实际环境温度不等于标准环境温度时，长期允许电流应按式（4-3）进行修正。当母线的实际工作电流超过其最大截面的长时允许电流时，每相可用几条截面积相同的母线并联使用，相并联的母线固定在同一个支柱绝缘子上。当每相母线在三条以上时，由于交流集肤效应和邻近效应的影响及散热条件的变差，有色金属的利用情况变差，这时可采用槽形截面的母线。

（2）按短路动稳定条件校验。

放置在支柱绝缘子上的硬母线，在短路冲击电流通过时，将承受强大的电动力，如果母线机械强度不够，将产生变形或断裂。母线动稳定校验就是计算短路冲击电流产生的电动力是否超过母线材料允许的电动力。

母线是非硬性固定在绝缘子上的，所以可把它看作一端固定均匀载荷的多跨梁，当母线跨距数小于或等于 2 时，它所承受的弯矩为

$$M = \frac{FL}{8} \tag{5-9}$$

当母线跨距数大于 2 时，它所承受弯矩为

$$M = \frac{FL}{10} \tag{5-10}$$

式中 M——母线承受的最大弯矩，N·m；

F——短路冲击电流在母线的一个跨距上产生的电动力，N；

L——母线跨距，m。

母线所受的弯曲应力为

$$\sigma_{ca} = \frac{M}{W} \tag{5-11}$$

式中 σ_{ca}——母线所承受的弯曲应力，Pa(N/m^2)；

W——母线的抗弯矩，m^3，其计算公式可由表 5-2 查得。

表5-2 母线的抗弯矩

布置方式及截面形状	抗弯矩	布置方式及截面形状	抗弯矩
(三条矩形平放)	$\dfrac{b^2 h}{6}$	(三条圆形)	$\dfrac{\pi d^2}{32}$
(三条矩形竖放)	$\dfrac{b^2 h}{6}$	(三条圆管)	$\dfrac{\pi}{32}\left(\dfrac{D^4 - d^4}{D}\right)$

母线满足动稳定的条件为

$$\sigma_{ca} \leqslant \sigma_p \tag{5-12}$$

式中 σ_p——母线材料的允许弯曲应力,铜母线为 140 MPa,铝母线为 70 MPa,钢母线为 160 MPa,LF_{21} 型铝锰合金管为 90 MPa。

如果母线的动稳定性不符合要求时,可采取增大母线截面积、缩短跨距、增加母线相间距、将竖放的母线平放或更换允许弯曲应力大的母线材料等措施。

(3) 按短路热稳定条件校验。

为了保证在短路时母线不致过热,所选母线的截面积应不小于最小短路热稳定截面,母线的最小热稳定截面按式(4-33)确定。

2. 绝缘子

绝缘子俗称绝缘瓷瓶,它广泛地应用于发电厂和变电所的配电装置、变压器、各种电器及输电线路中。绝缘子用来支撑和固定载流导体,并保证导体对地的绝缘,或者不同电位载流导体之间的相互绝缘。

绝缘子可分为电站用、电器用和线路用三种基本类型。电站用绝缘子又分为支柱绝缘子和套管绝缘子,前者用于支撑和固定室内、室外硬母线,后者用于母线穿过墙壁或天花板。电器用绝缘子用在变压器、开关柜等设备上,它也分支柱式和套管式。线路用绝缘子分为针式、蝶式和悬式等。同一电压等级的绝缘子,根据其抗弯曲强度不同,又分为 A、B、C、D 等多个等级。

1) 支柱绝缘子

支柱绝缘子只承受导体的电压、电动力和正常机械荷载,不载流,没有发热问题。支柱绝缘子按使用地点分户内式、户外式;根据额定电压选择支柱绝缘子的型号,其额定电压应不小于线路的额定电压;此外,绝缘子还应满足动稳定要求。即

$$0.6 F_d \geqslant F \dfrac{H'}{H} \tag{5-13}$$

式中 F_d——支柱绝缘子的破坏力,A 级绝缘子为 3675 N,B 级为 7350 N,C 级为 12250 N,D 级为 19600 N;

0.6——安全系数;

H——绝缘子抗弯力的力臂,为绝缘子顶部至瓷体底部的距离;

H'——短路电流作用力的力臂,母线平放 $H' \approx H$,母线竖放 $H' = H + \dfrac{h}{2}$,如图 5-18 所示;

h——矩形母线在绝缘子上的放置高度,可取母线宽度。

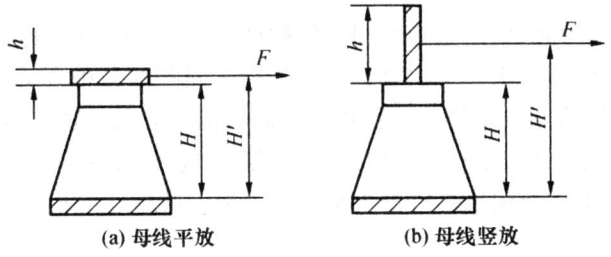

图 5-18 短路电流作用力臂说明图

2) 套管绝缘子

套管绝缘子按使用地点分户内式、户外式;按安装情况分水平安装、垂直安装;按导体种类分铜导体、铝导体。铝芯套管适宜与铝绞线或铝母线相连接。套管绝缘子的电气参数应按以下条件确定。

(1) 按额定电压和额定电流选择。

额定电压应不小于电网的额定电压,额定电流应不小于通过的最大长时工作电流。套管的额定电流是以环境温度为 40℃、导体的最高工作温度为 80℃ 时给出的。如果环境温度高于 40℃ 时,允许电流应按式(4-3)修正。

母线式穿墙套管因本身不带导体,所以不按额定电流选择,但应保证套管与母线尺寸相配合。

(2) 按动稳定性和热稳定性校验。

套管绝缘子的动稳定性可用下式校验,即

$$0.6 F_d \geqslant F \tag{5-14}$$

式中 F_d——套管绝缘子的破坏力,其抗弯强度分为 6 个等级:A 级为 3675 N,B 级为 7350 N,C 级为 12250 N,D 级为 19600 N,E 级为 29400 N,F 级为 39200 N。

F——同式(5-10)。

在计算短路电流的作用力 F 时,支撑距离应根据套管的支撑情况按下式计算:

$$L = \dfrac{L_1 + L_2}{2} \tag{5-15}$$

式中 L_1——套管绝缘子端部与支柱绝缘子之间的距离,m;

L_2——套管绝缘子的长度,m。

套管绝缘子的热稳定校验应按式(4-34)校验。

（八）成套配电装置

1. 成套配电装置的性能与用途

成套配电装置是将各种有关的开关电器、测量仪表、保护装置和其他辅助设备，按照一定的方式组装在统一规格的箱体中，组成一套完整的配电设备。使用成套配电装置，可使变电所布置紧凑、整齐美观、操作和维护安全方便，并可加快变电所的安装速度、保证安装质量，但耗用钢材较多，造价较高。

成套配电装置的选择

为了便于统一生产和供用户选择使用，各种型号的成套配电装置都编制了多种不同的一次电路方案和二次电路方案。一次电路方案是指主回路的各种开关、互感器、避雷器等元件的接线方式。二次方案是指测量、保护、控制和信号装置的接线方式。电路方案不同，配电装置的功能和安装方式也不相同。用户可根据需要选择不同的一、二次电路方案。

成套配电装置按电压及用途，可分为高压开关柜、低压开关柜、低压配电屏，以及动力、照明配电箱等。

1）高压成套配电装置

高压成套配电装置又称高压开关柜，用来接受和分配高压电能，对电路进行控制、保护及监测。高压开关柜按电气元件在开关柜内的安装方式可分为固定式和移开式两种，固定式是指其电气元件固定安装在开关柜的箱体中；移开式是指将需要经常检修的电气元件都安装在一个有滚轮的小车上，小车可以从箱体中拉出柜外进行检修或将小车整体更换，如图5-19所示。

(a)固定式　　　　　　　　(b)移开式

图5-19　高压成套配电装置外形图

目前生产的开关柜必须具有"五防闭锁"功能，五防闭锁是指开关柜有五个方面的安全防护功能，即：防止误合、误分断路器；防止带负荷分、合隔离开关；防止带电挂接地线；防止带地线合闸；防止误入带电间隔。

KYN-10型户内金属铠装封闭移开式高压开关柜如图5-20所示，其"五防闭锁"装置如下。

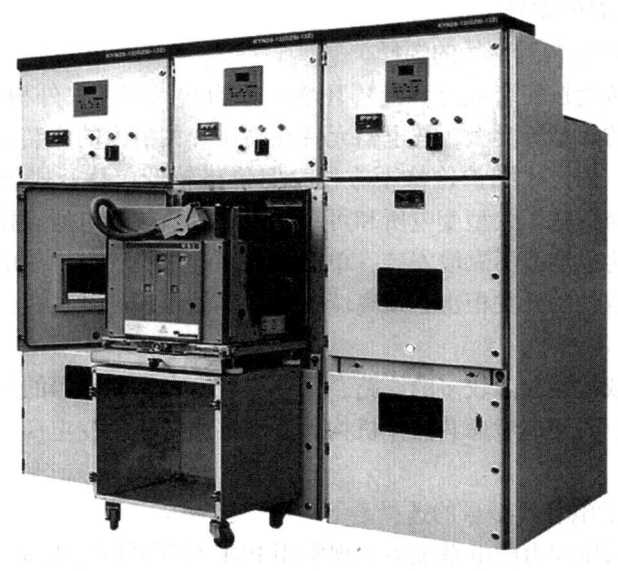

图5-20　KYN-10型户内金属铠装封闭移开式高压开关柜外形图

（1）手车面板上装有位置指示旋钮的机械闭锁，只有断路器处于分闸位置时，手车才能抽出或推入，防止带负荷接通和断开隔离触头。

（2）断路器与接地开关装有机械联锁，只有断路器分闸，手车抽出后，接地开关才能合闸；手车在工作位置时，接地开关不能合闸，防止带电挂接地线。接地开关接地后，手车只能推进到试验位置，防止带地线合闸。

（3）柜后上、下门装有联锁，只有在停电后手车抽出、接地开关接地后，才能打开后下门，再打开后上门。通电前，只有先关上后上门，再关后下门，接地开关才能分闸，使手车推入工作位置，防止误入带电间隔。

（4）仪表板上装有带钥匙的断路器控制开关（防误型插座），防止误分、误合断路器。

具有"五防闭锁"功能的开关柜，从电气和机械上采取了具体措施，实现了高压安全操作程序化，提高了开关柜的可靠、安全性能。

手车在开关柜内一般有三个位置，即工作位置、试验位置和断开位置。手车在工作位置时，一次、二次回路接通，开关柜正常运行；手车在试验位置时，一次回路断开，二次回路仍然接通，断路器可做分、合闸试验；手车在断开位置时，一次、二次回路全部断开，手车与柜体保持机械联系。

2）低压成套配电装置

低压成套配电装置用来接受和分配低压电能，对电路进行控制、保护及监测。低压成套配电装置有开启式低压配电屏和封闭式低压开关柜两种。开启式配电屏的电气元件采用固定安装、固定接线；封闭式开关柜的元件有固定安装式、抽出式（抽屉式和手车式）与固定插入混合安装式等。

2. 成套配电装置的选择

成套配电装置的选择主要是确定其型号和一、二次电路方案，选择校验其电气参数。

1) 确定配电装置的型号

(1) 高压成套配电装置型号的选择。

高压成套配电装置按安装地点和使用环境可分为户内型、户外型、普通型、封闭型、矿用一般型和矿用防爆型等类型。按电器元件在高压开关柜内的安装方式不同，可分为固定式和移开式两种。固定式维护检修不方便，但价格较低；移开式价格虽高，但灵活性好，又便于维护检修，适于大型变电所和可靠性要求较高的变电所。按开关柜的安装方式和维护要求，又分为靠墙或不靠墙安装，单面或双面维护。双面维护的开关柜只能离墙安装，由柜后引出架空线的开关柜也必须离墙安装。单面维护的开关柜，在电缆出线时可靠墙安装。

对于频繁通断或短路故障较多的线路，要选用装有真空断路器的开关柜。

选择高压开关柜时还应考虑其操作机构，手动式用于小型变电所，电磁式用于大、中型变电所。

(2) 低压成套配电装置型号的选择。

在 500 V 以下低压动力配电系统中，现常用 PGL 系列低压配电屏。其为户内安装、开启式、双面维护，防护性能好，运行安全。此外，还有 BFC 等系列抽屉式开关柜，主要设备都装在抽屉或手车上，当单元回路故障时可立即换上备用件，迅速恢复供电，但其结构复杂，消耗钢材较多，价格较高。

按使用环境选择矿用电气设备的类型时，应符合《煤矿安全规程》的有关规定。

此外，还应根据工作机械对控制的要求选择电气设备的类型，例如，对有爆炸危险的矿井井下供电线路用的低压总开关、分路开关和配电点总开关应选择隔爆型自动馈电开关。直接控制生产机械的应选用隔爆电磁启动器；需频繁进行正反转控制的应选择可逆隔爆电磁启动器。

2) 成套配电装置一次电路方案的选择

(1) 高压开关柜一次电路方案的确定。

选择高压开关柜的一次电路方案时，应考虑以下几个因素。

①考虑开关柜的用途。高压开关柜按用途可分为进线柜、配出线柜、电压互感器柜、避雷器柜、联络柜和所用变压器柜等多种。开关柜的用途不同，柜内的电气元件和接线方式也不同。确定开关柜的一次电路方案时，应首先考虑其用途。

②考虑负荷情况。对于负荷容量大，对继电保护要求较高的用户，必须使用断路器进行控制和保护。对于负荷容量较小、对继电保护的动作时限要求不太严格且灵敏度有较大潜力的不太重要的用户，可采用装有负荷开关与熔断器的高压开关柜。对于单回路供电的用户，开关柜中只要求在断路器靠近母线一侧装设隔离开关；对于双回路供电用户，断路器的两侧均应装设隔离开关。

③考虑开关柜之间的组合情况。变电所的进线柜和联络柜，由于安装需要，往往选用两种不同方案的开关柜组合使用。对组合使用的开关柜，应注意其左、右联络方向，不可选错，否则将给安装带来困难。

④考虑进出线及安装布置情况。对于进线开关柜，有的电缆进线，有的架空进线，架

空进线的又分为柜顶进线和柜后进线两种；对于出线开关柜，也分电缆出线和架空出线两种，为了保证足够的安全距离，两个架空出线柜不得相邻布置，中间至少应隔一个其他方案的开关柜。

此外，在选择一次电路方案时，还应考虑开关柜中电流互感器的个数，以满足保护和测量的需要。

图 5-21 和图 5-22 分别为 JYN1-35 型与 KGN-10 型一次电路方案的组合使用情况，以供参考。

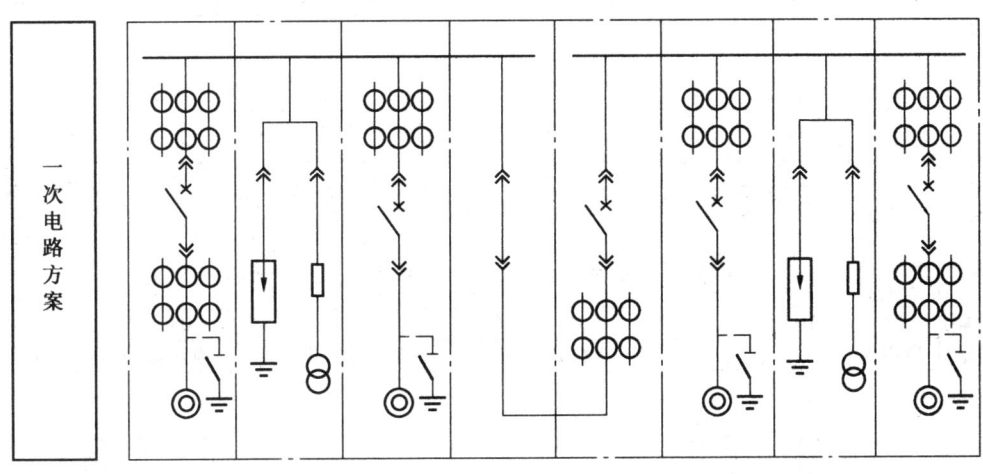

方案编号	11	111	07	52	26	07	111	11
用途	1号主变压器	电压互感器及避雷器	WL$_1$线路	母线联络	WL$_2$线路	电压互感器及避雷器	2号主变压器

图 5-21 JYN1-35 型高压开关柜组成全桥接线

（2）低压配电屏一次电路方案的选择。

低压配电屏一次电路方案的选择，应考虑以下几点。

①保证对重要用户供电的可靠性。对重要负荷采用双回路供电，例如向高压主、副井提升机的控制系统和低压主、副提升机等设备供电应采用双回路供电。

②恰当地确定配电屏出线的控制保护方案。对负荷较大的分路，一般应装设刀开关和自动开关；对负荷较小的分路，可用负荷开关（或刀熔开关或带灭弧罩的刀开关）和熔断器作分路的控制和保护；对负荷不大、操作频繁、需远距离操作的线路，采用接触器。

③确定配电屏进线的控制保护方案。根据出线数的多少，各出线的控制、保护方式和配电变压器容量的大小，确定配电屏的进线及其控制、保护方案。

分路较多，变压器容量较大时，应装设总刀开关和总自动开关；分路较少，变压器容量较小时，可用刀开关和熔断器做总开关和总保护。

配电变压器容量较小、低压线路较短、分路较少且未装设漏电保护开关时，应装设带

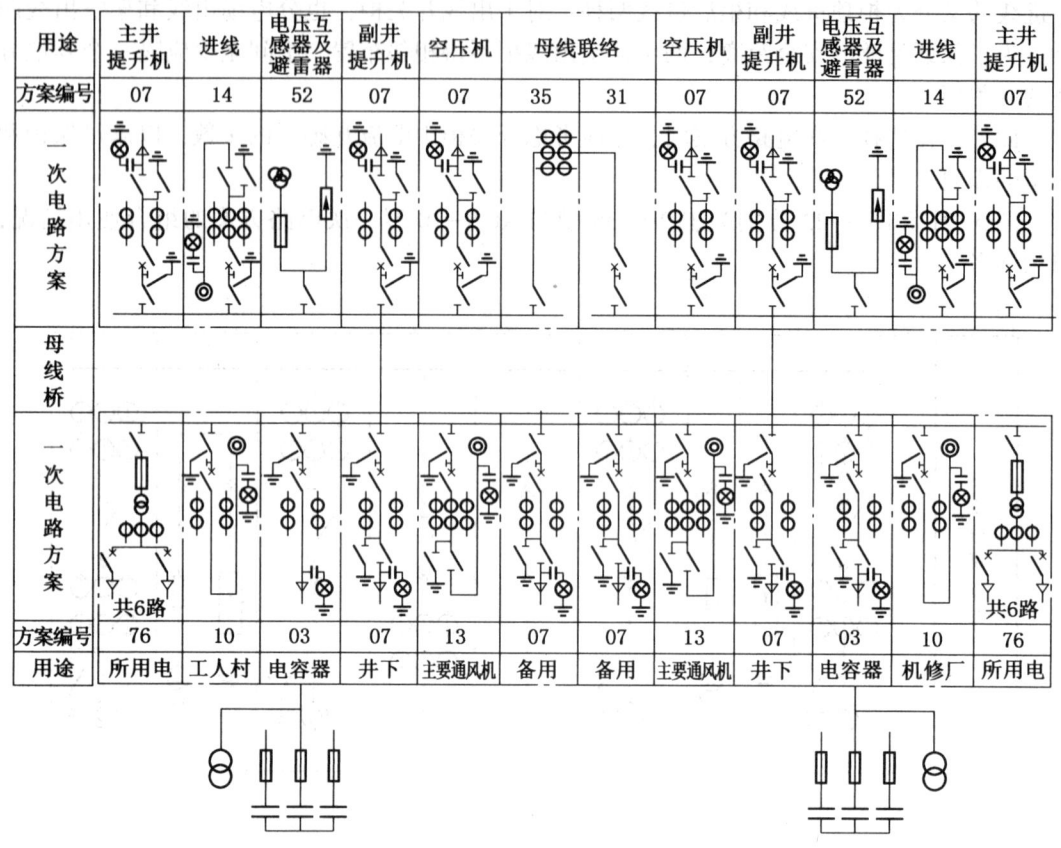

图 5-22 KGN-10 型高压开关柜组成分段单母线接线

有或配有漏电保护的总自动开关。若分路都装有漏电保护开关，总自动开关可不设漏电保护装置。

此外，系统接线应有一定的灵活性，以便于检修和保障生产的正常进行，还应力求接线简单，操作方便、安全。当变电所采用两台 6 (10)/0.4 kV 变压器时，一般采用分段单母线接线，采用一台变压器时，则采用单母线接线。

3) 成套配电装置电气参数的选择校验

当高压开关柜的型号和一次电路方案确定以后，开关柜中所装电气元件的型号也就基本确定。下一步应对柜内电气元件的技术参数进行选择和校验。主要开关电器的选择和校验方法如前所述。有些高压配电装置如矿用隔爆高压配电箱，厂家已进行配套生产，选择时，只需按配电箱所给技术数据选择和校验即可。

低压配电屏的型号和一次电路方案确定后，屏内主要电器就基本确定，电气参数的选择主要根据额定电流和分断能力。

📖 **任务实施**

案例：某煤矿高压开关柜的选择。

1. 某煤矿高压开关柜工作计划书见表 5-3。

表5-3 某煤矿高压开关柜工作计划书

制定人： 制定时间：

工作任务	选择某矿高压开关柜		
任务要求	1. 准备工作，做好记录； 2. 根据某煤矿的某一电路负荷统计分析结果和电压等级选择高压开关柜； 3. 注意线路及设备的结构、各组成元件的作用		
责任分工	1人负责分工，1~2人进行负荷统计计算和短路电流计算等，记录结果；1~2人根据有关参数选择高压开关柜，并记录		
阶段	实施步骤	防范措施	应急预案
准备	1. 做好组织工作，按照现场实际由组长分工	课前预习，携带收集整理的有关资料	分工要注意学生的学习情况、个人特点，并做好学情分析
	2. 携带记录用品、供电系统图以及有关设备说明书等	确保图纸齐全	
参数计算分析	3. 认真研究供电系统图		
	4. 分析电压等级	准备供电设计说明书	做好记录
	5. 负荷统计计算分析	准备供电设计说明书	做好记录
	6. 短路电流计算结果分析	准备供电设计说明书	做好记录
高压开关柜的选择	7. 确定高压开关柜	准备有关设备目录等资料，确保安全、可靠、适用、经济	

2. 某煤矿高压开关柜工作记录见表5-4。

表5-4 某煤矿高压开关柜工作记录表

工作时间		指挥者		记录员	
工作地点		监督者		分析人	
记录内容	1. 负荷类型				
	2. 负荷电压等级				
	3. 负荷统计及计算结果分析				
	4. 短路电流计算分析				
	5. 设备结构、组成及元件作用				
	6. 选择高压开关柜				
	7. 现场处理情况				
说明					

任务拓展

根据下列资料选择高压开关柜。

资料：某煤矿东主井绞车负荷为 320 kW，电压为 6 kV，试按照电流选择高压开关柜。

学习评价

本任务学习效果考核的项目及标准见表 5-5。

表 5-5　学习效果考核评价表

考核项目		考核标准	配分	自评分	互评分	教师评分
知识点	1. 电弧产生的原因及灭弧方法	能完整说出满分；不完整 2~7 分；不会 0 分	8			
	2. 常用高低压电器技术参数及选择原则	老师提问，完整说出满分；不完整 1~15 分；不会 0 分	16			
	3. 高低压配电装置的选择方法	完整说出满分；不完整 1~15 分；不会 0 分	16			
		小计	40			
技能点	1. 会选择常用高低压配电装置	会正确选择常用高低压配电装置满分；不熟练 1~19 分；不会 0 分	20			
	2. 会校验常用高低压配电装置	会正确校验常用高低压配电装置满分；不熟练 1~19 分；不会 0 分	20			
		小计	40			
素质点	1. 职业素养	能够正确选择并校验各种高低压开关者满分，否则 0~9 分	10			
	2. 学习态度	遵守纪律、学习热情高涨、积极参与者满分，否则 0~9 分	10			
		小计	20			
		合计	100			

注：1. 考评时间为 30 min，每超过 1 min 扣 1 分；
　　2. 要安全文明工作，否则教师酌情扣 1~10 分。

教师签字：_____

思考练习

1. 电弧产生的原因及灭弧方法有哪些？
2. 成套配电装置如何校验？
3. 简述高压开关柜的"五防闭锁"功能。

任务二　高压开关柜的安装及运行

任务描述

高压开关柜是地面变电所中的重要电气设备，本任务首先介绍 KYN28A-12 型高压开关柜的安装与调试，其次介绍高压开关柜的停送电管理，重点是工作票和操作票的填写，最后介绍高压开关柜的操作。

其学习目标如下：

☞ 知识目标
➢ 掌握高压电气设备安装、使用及操作方法；
➢ 掌握高压电气设备维护和检修方法；
➢ 掌握高压电气设备故障分析和处理方法。

☞ 能力目标
➢ 会安装、使用及操作高压电气设备；
➢ 会维护和检修高压电气设备；
➢ 会分析和处理高压电气设备故障。

☞ 素质目标
➢ 提高学生规范操作的安全意识；
➢ 培养学生严谨细致的工作作风。

相关知识

小贴士：掌握高压电气设备的安装、操作、维护和检修方法、步骤是供电技术工人和技术人员的基本技能。

一、KYN28A-12 型高压开关柜的安装与调试

1. 安装要求

开关柜基础的施工应符合电气装置安装工程、电气设备交接试验标准中有关条款的规定。

开关柜的基础框架埋设，一般要求采用二次浇灌的方法，待土建施工完成之后，由电气安装单位进行埋设。基础框架的制作应根据设计部门按制造厂家绘制的图纸进行。基础框架是由槽钢及角钢焊接组成的，框架的基本尺寸要求及电缆沟道布置按图纸进行，对槽钢的高度无严格要求，一般推荐选用 10 号槽钢。基础框架槽钢的外延距离应与开关柜本体框架的尺寸一致，根据开关柜的平面布置情况及每排开关柜的台数决定框架的总长度。基础框架预埋时应进行水平校准，要求水平误差及平直度不超过 1 mm/m，总误差不超过 2 mm，并要求基础框架的顶面比配电室最终地坪高出 3~5 mm。

2. 安装基础形式

（1）开关柜安装基础的施工应符合《电力建设施工及验收技术规范》中的相关规定。

（2）开关柜的安装基础一般要分两次浇灌混凝土。第一次为开关柜基础框架，即角钢或槽钢构件安装基础。第二次浇灌混凝土面的补充层，一般厚度为 60 mm，在浇灌混凝土

补充层时，混凝土高度应低于框架平面 1~3 mm。

(3) 认真阅读基础框架结构图。

(4) 基础框架安装时应保证安装质量，框架安装的基础标准为每 1 m 的公差为 1 mm。

3. 开关柜的安装

(1) 认真阅读开关柜安装图。

(2) 柜体单列时，柜前走廊以大于 2 m 为宜；双列布置时，柜间操作走廊以大于 2.5 m 为宜。

(3) 按工程需要与图纸标明，将开关柜运到确定位置，如果一排较长的开关柜排列（10 台以上），拼柜工作应从中间部位开始。

(4) 需用特定的运输工具如叉车或吊车，严禁用滚筒撬棒移动开关柜。

(5) 从开关柜内抽出断路器手车，另放别处妥善保管。

(6) 在母线室前面松开固定螺栓，卸下垂直隔板。

(7) 松开断路器室下面水平隔板的固定螺栓，并将水平隔板卸下。

(8) 卸下电缆盖板。

(9) 移去开关柜左侧控制线槽盖板，同时卸下右前方控制线槽盖板。

(10) 卸下吊装板及紧固件。

(11) 在此基础上依次安装开关柜，在水平和垂直方向，开关柜安装不平度不得超过 2 mm。

(12) 当开关柜已完全结合（拼接）好时，可用地脚螺钉将其与基础框架相连，或用电焊与基础框架焊牢。

4. 母线的安装

开关设备中的母线均采用矩形母线，且为分段式，当选用不同电流时所选用的母线只是数量规格不一，因而在安装时必须遵循下列步骤：

首先用清洁的软布擦拭母线，其次检查绝缘套管是否有损伤，然后在连接部位上涂上导电膏或者中性凡士林。依次安装各柜母线，最后将母线段与对应的分支母线接在一起，用螺栓拧紧。

特别需要说明的是，当断路器用于控制 3.6~12 kV 电动机时，若起动电流小于 600 A，必须加金属氧化锌避雷器；当断路器用于断开电容器组时，电容器的额定电流应大于断路器额定电流的 80%。

5. 试运行

(1) 准备好有关试运行的技术资料。

(2) 试运行中检测所有数据。

(3) 运行和检测安全保护装置（包括手动操作和自动操作）。

(4) 按要求对开关柜的电控程序及接地进行测试、调整。

(5) 试运行前提供所有试运行程序、记录表格及要求，并参加试运行工作。

二、高压设备操作安全规定

小贴士：请严格按照操作步骤和规范进行高压电气设备的操作，若有一个环节不慎重，就有可能造成重大人身伤亡、设备损坏事故。

1. 停送电管理制度

（1）井上、井下低压电气设备安装和检修必须停电时，由施工单位写出停电申请报告，制订出专项安全措施并严格执行。当不影响安全生产时，由机电科审批。当影响安全生产时，由主管电气的技术员报安全、生产部门审批，矿领导批准。调度室、施工单位各持一份，停送电报告必须提前一天交调度室；35 kV 停电报告提前两天报供电局审批；无停电报告时严禁停电。

（2）对需要停高压电的停电报告，必须填写"操作命令票"。

（3）高压停送电操作，由专职电工负责，一人操作一人监护，操作者要站在绝缘垫上，戴上绝缘手套，穿绝缘胶靴。停电后，要将停电开关的把手闭锁，锁上专锁或由专人看管，并悬挂"有人工作，不准送电"的停电警示牌。送电时，由申请单位施工负责人通知送电。

（4）停电工作人员到现场后，要检查设备和线路，停电后要执行验电、放电、三相短路接地等安全措施，并检查有无反向送电的可能，联系停送电要有专人联系。

（5）停电工作完毕后，要检查施工现场，当同一线路有几处工作时，每处都要检查，然后方可联系送电。检修后，送电操作要先试验一次，无误后再正式送电，一切正常后方可离开现场。

（6）高低压停电时和恢复正常送电后，均必须汇报调度室，特别是影响通风机供风的区域。必须由调度室采取相应措施后，方可停送电。

2. 工作票

工作票是准许在电气设备上（或附近）工作的书面命令，也是执行保证安全技术措施的书面依据。工作票由发布工作命令的人员填写，一式二份。一般在开工前一天交到运行值班处，并通知施工负责人。

工作票分为第一种工作票和第二种工作票。第一种工作票是指在高压设备上或需要高压设备停电、装设遮栏的工作。第二种工作票是指进行带电作业和在带电设备外壳上的工作，主要有控制盘、低压配电盘、配电箱、电源干线上的工作，以及无须将高压设备停电的二次回路工作等。停送电检修作业工作票参见表5-6。

表5-6 停送电检修作业工作票

申请单位： 编号：

停电地点		停电线路及电气设备	
工作内容			
计划停送电时间	年　月　日　时　分至　年　月　日　时　分		
停电涉及区域范围			

表5-6(续)

安全措施	1. 非专职或值班电气人员,严禁擅自操作电气设备。 2. 不得带电检修、搬迁电气设备。 3. 严禁用跳闸或其他单位停电之机偷空作业。 4. 停送电联络必须是同一个人,停送电时必须到变电所与变电工联络,禁止电话预约等方式停送电。 5. 搬迁前或检修必须切断电源,检查瓦斯,在其巷道风流中瓦斯浓度低于0.8%时,再用与电源电压相适应的验电笔检验,检验无电后方可进行导体对地放电,再验电确认无电后方可作业。
申请单位负责人:	编制人:
施工负责人:	停送电联络人:
被影响单位负责人签字:	
安监部门签字:	
审核意见: 审核人签字: 　　　　　年　月　日	签发意见: 签发人签字: 　　　　　年　月　日

3. 操作票

操作票是指在电力系统中进行电气操作的书面依据,包括调度指令票和变电操作票。操作票是防止误操作(误拉、误合、带负荷拉、合隔离开关、带地线合闸等)的主要措施。操作票的样表见表5-7、表5-8。

表5-7　10 kV高压开关柜停电操作票

姓名:　　　　　　　　　　　　　　　　　　　　工号:

发令人		受令人		发令时间	
操作开始时间	年　月　日　时　分	操作结束时间		年　月　日　时　分	

操作任务:10 kV断路器由运行转检修(停电)

顺序	操作项目
1	核对设备的名称,断路器编号无误
2	拉开QF1断路器
3	检查QF1断路器确在断开位置
4	检查QF1断路器红灯灭、绿灯亮
5	检查带电显示装置灯灭(A、B、C三相)

表 5-7（续）

顺序	操作项目
6	检查机械位置（分）
7	将操作连锁机构指示手柄扳至操作位
8	检查指示手柄确在操作位
9	拉开负荷侧隔离开关 QS12（线侧）
10	检查负荷侧隔离开关 QS12 确已拉开
11	拉开电源侧隔离开关 QS11（母线侧）
12	检查电源侧隔离开关 QS11 确已拉开
13	在电源侧隔离开关 QS11 与 QF1 断路器之间验明三相确无电压
14	合上 1#接地刀
15	检查 1#接地刀确已合好
16	将操作连锁机构指示手柄由操作位扳至检修位打开后门盖
17	验明负荷侧隔离开关 QS12 与 QF1 断路器三相之间确无电压
18	合上 2#接地刀
19	检查 2#接地刀确已合好
20	断开所有操作电源，并检查所有操作电源确在断开位置
21	按要求悬挂标志牌
22	按要求装设护栏

10 kV 断路器由运行转检修倒闸操作操作完毕

备注：已执行

操作人：	监护人：	值班负责人：

表 5-8　10 kV 高压开关柜送电操作票

姓名：　　　　　　　　　　　　　　　　　　　　工号：

发令人		受令人		发令时间	
操作开始时间		年　月　日　时　分	操作结束时间		年　月　日　时　分

操作任务：10 kV 断路器由检修转运行（送电）

顺序	操作项目
1	拆除标志牌及护栏，合上所有操作电源，并检查所有操作电源确在合闸位置
2	断开 2#接地刀闸

表 5-8（续）

顺序	操作项目
3	检查 2#接地刀确已在断开位置
4	将操作连锁机构指示手柄由检修位扳至操作位
5	检查操作连锁机构指示手柄由检修位确已扳在操作位
6	断开 1#接地刀闸
7	检查 1#接地刀确在断开位置
8	合上电源侧隔离开关 QS11（母线侧）
9	检查电源侧隔离开关 QS11 确已合上
10	合上负荷侧隔离开关 QS12（线侧）
11	检查负荷侧隔离开关 QS12 确已合上
12	合上断路器 QF1
13	检查断路器 QF1 确已合上
14	检查红灯亮、绿灯灭
15	检查机械位置（合位）
16	检查带电显示灯亮（A、B、C 三相）
17	将操作连锁机构指示手柄由操作位扳至工作位
18	全面检查上述操作

10 kV 断路器由检修转运行倒闸操作操作完毕

备注：已执行

操作人：　　　　　　监护人：　　　　　　值班负责人：

三、KYN28A-12 型金属铠装中置式开关柜的操作

1. 操作顺序

虽然开关设计已保证开关设备各部分操作顺序正确连锁，但是操作人员对开关设备各部分的投入和退出，仍应严格按照操作规程和有关技术文件的要求进行，不应随意操作，更不应在操作受阻时不加分析强行操作，否则容易造成设备损坏，甚至引起事故。

2. 无接地开关的断路器的操作

（1）将断路器可移开部件装入柜体。在将断路器小车推入柜内前，应认真检查断路器是否完好，有无漏装部件，有无工具等杂物放在机构箱或开关内，确认无问题后，将小车装在转运车上并锁定好。将转运车推到柜前，把小车升到合适位置，将转运车前部定位锁板插入柜体中隔板插口，将转运车与柜体锁定之后，打开断路器小车的锁定钩，将小车平

稳推入柜体同时锁定。当确认已将小车与柜体锁定之后，解除转运车与柜体的锁定，将转运车拉出。

（2）小车在柜内操作。小车在从转运车装入柜体后，即处于柜内断开位置。若想将小车投入运行，应先使小车处于试验位置，将辅助回路插头插好，若通电则仪表室面板上试验位置指示灯亮，此时可在主回路未接通的情况下对小车进行电气操作试验；若想继续进行操作，应先将所有柜门关好，用钥匙插入门锁孔，把门锁好，并确认断路器处于分闸状态。此时可将手车操作摇把插入中面板上操作孔内，顺时针转动摇把，直到摇把明显受阻并听到清脆的辅助开关切换声，同时仪表室面板上工作位置指示灯亮，然后取下摇把。此时，主回路接通，断路器处于工作位置，可通过控制回路对其进行分合操作。

若准备将小车从工作位置退出，首先，应确认断路器已处于分闸状态，插入手车操作摇把，逆时针转动直到摇把受阻并听到清脆的辅助开关切换声，小车便回到试验位置，此时，主回路已经完全断开，金属活门关闭。

（3）从柜中取出小车。若准备从柜中取出小车，首先应确定小车已处于试验位置，用钥匙插入门锁孔，把门打开，其次解除辅助回路锁头，并将动插头扣锁在手车架上，此时将转运车推至柜前（与把小车装入柜内相同）并与柜体锁定，最后将手车解锁并向外拉出。当手车完全进入转运车并与转运车锁定时，解除转运车与柜体的锁定，把转运车向后拉出到适当距离后，轻轻放下停稳。如手车要用转运车运输较长距离时，在推动转运车过程中要格外小心，以避免运输过程中发生意外事故。

（4）断路器在柜内的分合闸确认。断路器的分合闸状态可由断路器手车面板上的分合闸指示牌及仪表室面板上分合闸指示灯进行双重判定。

若透过柜体中面板观察玻璃窗，看到手车面板上绿色的分闸指示牌，则判定断路器处于分闸状态，此时如果辅助回路插头通电，则仪表室面板上分闸指示灯亮。

3. 有接地开关的断路器的操作

将断路器手车推入柜内和从柜内取出手车的顺序，与无接地开关的断路器的操作顺序完全相同，现仅对手车在柜内操作过程中和操作接地开关过程中的注意事项进行介绍。

（1）手车在柜内操作。当准备将手车推入工作位置时，除要断路器的分合状态满足要求外，还应确认接地开关处于分闸状态，否则下一步操作无法完成。

（2）分合接地开关操作。若要闭合接地开关，首先应确定手车已推到试验/断开位置，并取下推进摇把，然后按下接地开关操作孔处联锁弯板，插入接地开关操作手柄，顺时针转动 90°，接地开关处于合闸状态。若再逆时针转动 90°，则将接地开关分闸。

4. 一般隔离手车的操作

隔离手车不具备接通和断开负荷电流的能力，因此在带负荷的情况下不允许推拉手车。在进行隔离手车柜内操作时，必须保证先将与之相配合的断路器分闸，同时断路器分闸后，其辅助触点已解除与之配合的隔离手车上的电气联锁，这时才能操作隔离手车。具体操作顺序与操作断路器手车相同。

5. 使用连锁的注意事项

（1）连锁功能是以机械连锁为主，电气连锁为辅，能实现开关柜的"五防闭锁"要求。但操作人员不能因此而忽视操作规程的要求，只有规程制度与技术手段相结合，才能有效发挥连锁装置的保障作用，防止误操作事故的发生。

（2）连锁功能的投入与解除，大部分是在正常操作过程中同时实现的，不需要增加额外的操作步骤。如发现操作受阻（如操作阻力增大），应首先检查是否有误操作的可能，而不应强行操作以致损坏设备，甚至导致事故的发生。

（3）有些连锁因特殊要求允许紧急解锁（如柜体下面板和接地开关的连锁）。紧急解锁的使用必须慎重，不宜经常使用，使用时也要采取必要的防护措施，一经处理完毕，应立即恢复连锁原状。

四、KYN28A-12型中置柜配VS1手车式真空断路器故障分析与处理

KYN28A-12型中置柜配VS1手车式真空断路器故障处理见表5-9。

表5-9 KYN28A-12型中置柜配VS1手车式真空断路器故障处理

序号	故障部位	故障现象	原因及处理要求	表现现象
1	辅助开关	模拟指示与开关实际位置相反，开关状态的指示灯指示相反，闭锁不吸合，分合闸操作无法进行	辅助开关QF与正常位置相反，常闭触点全变为常开触点，正确找出故障并调整QF的位置	通电后闭锁不动作，合闸无法操作，手动合闸后闭锁动作，但分闸无法操作
2	闭锁回路	电动合闸拒合，手动合闸拒合	闭锁线圈短路，正确找出故障并能够更换线圈	控制电源开关无法合上
			闭锁线圈断路，正确找出故障并能够更换线圈	闭锁线圈不吸合
			辅助开关接点烧坏，正确找出故障并更换辅助开关	闭锁线圈不吸合
3	合闸回路	电动合闸拒合，手动合闸成功	辅助开关QF烧毁，正确找出故障并更换辅助开关	断路器具备合闸条件（已储能，闭锁完好），闭合转换开关时断路器无反应
			合闸线圈短路，正确找出故障并更换合闸线圈	断路器具备合闸条件（已储能，闭锁完好），闭合转换开关时断路器无反应
			合闸线圈短路，正确找出故障并更换线圈	转换开关合闸时控制电源开关跳闸
		电动合闸拒合，手动合闸成功	储能回路辅助开关S1损坏，正确找出故障并更换辅助开关	断路器具备合闸条件（已储能，闭锁完好），转换开关合闸时断路器无反应
			S2辅助开关损坏，正确找出故障并更换S2辅助开关	断路器具备合闸条件（已储能，闭锁完好），转换开关合闸时断路器无反应

表 5-9（续）

序号	故障部位	故障现象	原因及处理要求	表现现象
3	合闸回路	电动分闸拒分，手动分闸成功	分闸线圈断路，正确找出故障并更换线圈	断路器在合位，转换开关分闸时断路器无反应
			分闸线圈短路，正确找出故障并更换线圈	转换开关分闸时，控制电源开关跳闸
		电动不能分闸，手动能分闸	脱扣弯板与分闸电磁铁铁芯间距离太大，更换脱扣弯板	分闸电磁铁铁芯不能接触脱扣弯板
4	断路器储能故障	电动不能储能，手动可以储能	储能电机断路，正确找出故障并更换储能电机	储能电源开关合上后，储能电机不动作
			储能回路辅助开关 S1 烧毁，正确找出故障并更换储能开关	储能电源开关合上后，储能电机不动作
			小链轮内单向轴承坏，正确找出故障并更换小链轮（含单向轴承）	储能电机空转，手动储能空转
5	断路器储能故障	电动可以储能，手动不能储能	涡轮内单向轴承失败，正确找出故障并更换涡轮	电动储能正常，手动储能失败
		电动不能储能，手动不能储能	小链轮内单向轴承坏，涡轮内单向轴承坏，正确找出故障并更换小链轮（含单向轴承）	储能失败
		储能完成后，电机不停转	辅助开关 S1 切换不到位，正确找出故障并更换	电动储能完成后，电机不停电

任务实施

案例：KYN28A-12 型高压开关柜的安装、操作和维护。

（1）KYN28A-12 型高压开关柜的安装、操作和维护工作计划书见表 5-10。

表 5-10　KYN28A-12 型高压开关柜的安装、操作和维护工作计划书

制订人：_____　制订时间：_____

工作任务	KYN28A-12 型高压开关柜的安装、操作和维护
任务要求	1. 按照操作规程要求停电，做好准备工作； 2. 按照《维修电工操作规程》要求检测、排除故障，检修质量满足《电气设备检查标准》； 3. 按照所接电源和负荷调节 KYN28A-12 型高压开关柜； 4. 按照《机电设备检修技术规范》要求试验和试运行； 5. 按照《电气安装工操作规程》安装，安装质量满足《机电设备安装工程质量检验评定标准》要求； 6. 按照《机电设备完好标准》进行日常维护

表5-10(续)

工作任务	KYN28A-12型高压开关柜的安装、操作和维护		
责任分工	1. 1人负责按照计划步骤指挥操作，1人操作，1人监护；1~2人负责设备故障的排除； 2. 进行轮换岗位		
阶段	实施步骤	防范措施	应急预案
1. 准备	1. 填写工作票	做好计划，进行审批	
	2. 填写操作票	做好计划，进行审批	制定应急预案
	3. 携带验电器、接地棒、钥匙及电工仪表、工具、说明书、供电系统图等		备有防火设施、砂箱、灭火器材等
	4. 检查、穿戴绝缘用具		
	5. 图板演示	做好记录	
2. 安装	6. 认真阅读研究安装图纸	携带安装图纸	
	7. 按安装要求做好基础工作	材料、工具到位	
	8. 按安装要求、规定进行安装		
3. 操作	9. 确认操作开关		无误
	10. 按照工作票进行操作		不同工作任务操作票不同
4. 维护	11. 人为设置故障		
	12. 分析故障		
	13. 进行维修		
5. 收尾	14. 整理工具，填写工作记录单	检查工具或异物未落在设备内	

(2) 工作记录表见表5-11。

表5-11 工作记录表

工作时间		工作地点			
工作内容					
工作人员					
检测记录					
检测漏电故障	相间电阻			对地电阻		
	U-V	V-W	W-U	U-E	V-E	W-E
绝缘电阻/MΩ						
安装后检测						

表 5-11（续）

主触头检测	超行程			三相接触同期度		
	U	V	W	U	V	W
出现的问题						
处理的措施						
处理的结果						

填表人：＿＿＿＿＿

任务拓展

谈一谈你对高压开关柜"五防闭锁"功能的理解。

学习评价

本任务学习效果考核的项目及相关标准见表 5-12。

表 5-12 学习效果考核评价表

考核项目		考核标准	配分	自评分	互评分	教师评分
知识点	1. 安装、使用、操作高压电气设备的方法	能完整说出满分；不完整 1~14 分；不会 0 分	15			
	2. 维护和检修高压电气设备的方法	老师提问，能完整说出满分；不完整 1~14 分；不会 0 分	15			
	3. 高压电气设备故障分析和处理方法	老师提问，能完整说出满分；不完整 1~14 分；不会 0 分	15			
	小计		45			
技能点	1. 会安装、使用、操作高压电气设备	会正确安装、使用、操作高压电气设备满分；不熟练 1~14 分；不会 0 分	15			
	2. 会维护和检修高压电气设备	会正确正确维护和检修高压电器设备满分；不熟练 1~14 分；不会 0 分	15			
	3. 会分析和处理高压电气设备故障	会正确分析和处理高压电气设备故障满分；不熟练 1~14 分；不会 0 分	15			
	小计		45			

表 5-12（续）

考核项目		考核标准	配分	自评分	互评分	教师评分
素质点	1. 职业素养	能够遵照高压设备停送电管理制度进行停送电操作相关事宜，流程正确且操作规范者满分，否则 0~4 分	5			
	2. 学习态度	遵守纪律、学习热情高涨、积极参与者满分，否则 0~4 分	5			
		小计	10			
合计			100			

注：1. 考评时间为 30 min，每超过 1 min 扣 1 分；
  2. 要安全文明工作，否则教师酌情扣 1~10 分。

教师签字：_____

思考练习

1. 简述安装和操作高压开关柜的方法和步骤。
2. 工作票和操作票主要有哪些内容？
3. 高压开关柜常见故障分析和处理方法有哪些？

项目六　电力变压器保护及井下保护装置整定

【项目描述】

　　大型电力变压器是电网传输电能的枢纽，是电网运行的主设备，其安全可靠性是保障电力系统可靠运行的必备条件，随着电力系统规模和变压器单机容量的不断增加，其故障将会对国民经济造成巨大的损失。因此，本项目将重点分析电力变压器的保护和井下保护装置的整定。

【项目分析】

　　本项目以认识电力变压器常用的五种保护和井下保护装置的整定为目的，介绍继电保护的基础知识、电力变压器的故障种类及保护方式、井下低压开关支线、干线整定等问题。通过引入具体案例，使学生能够掌握电力变压器常用的五种保护方式以及井下保护装置的整定。

【学习目标】

☞　知识目标
- 掌握继电保护的有关概念；
- 掌握电力变压器的故障种类及保护；
- 掌握各种井下保护装置的整定计算。

☞　能力目标
- 能够分析电力变压器的故障种类及对应的保护；
- 能够进行各种井下保护装置的整定计算。

☞　素质目标
- 培养严谨细致、精益求精的职业素养；
- 培养学生的系统观、总体论；
- 培养学生独立思考，分析计算的能力。

任务一　电力变压器的故障种类及保护

任务描述

　　电力变压器在供电系统中具有举足轻重的地位，是电力系统的关键节点，起到交换和传递能量的作用。当电力变压器发生故障时，不仅会造成巨大的经济损失，还会对供电的可靠性和系统的安全运行产生严重的影响。本任务通过介绍继电保护的相关知识和电力变压器常用的五种保护，使学生熟悉继电保护装置的作用、要求和基本构成原理，掌握电力变压器的瓦斯保护、速断保护、纵联差动保护、过电流保护以及过负荷保护的工作原理、整定计算和适用范围。

其学习目标如下：
☞ 知识目标
➢ 掌握继电保护的有关概念；
➢ 掌握电力变压器的故障种类及保护。
☞ 能力目标
➢ 会分析继电保护装置的类型及特点；
➢ 会分析电力变压器的故障及对应的保护种类。
☞ 素质目标
➢ 培养学生分析和解决问题的能力；
➢ 培养学生严谨细致的工作作风。

相关知识

一、继电保护的基础知识

继电保护是随着电力系统的发展而逐步发展起来的，19世纪后期，熔断器作为最早、最简单的保护装置已经开始使用。但随着电力系统的发展，电网结构日趋复杂，熔断器早已不能满足选择性和快速性的要求。20世纪初，出现了作用于断路器的电磁型继电保护装置。

1. 继电保护装置的作用

继电保护装置是指能反映电力系统中电气设备或线路发生的故障或不正常运行状态，并能作用于断路器跳闸和发出信号的一种自动装置。最常见的故障就是各种形式的短路，不正常运行状态有过负荷、一相断线、一相接地等。

继电保护装置的任务

继电保护装置的作用是：当被保护线路或设备发生故障时，继电保护装置能借助断路器，自动地、迅速地、有选择地将故障部分断开，保证非故障部分继续运行；当被保护设备或线路出现不正常运行状态时，继电保护装置能够发出信号，提醒工作人员及时采取措施。

2. 继电保护装置的要求

为了使继电保护装置能发挥其应有的作用，在选择和设计继电保护装置时，应满足以下几点要求。

继电保护装置的要求

1）选择性

供电系统发生故障时，要求保护装置只将故障部分切除，保证无故障部分继续运行。保护装置的这种性能称为选择性。

如图 6-1 所示，当 S 点短路时，短路电流流经断路器 1QF、3QF、5QF。按选择性要求，保护装置 5 应动作，使断路器 5QF 断开，如果保护装置 3 或 1 动作，则扩大了停电范围。但是当由于某种原因，保护装置 5 拒绝动作，而由上一级线路的保护装置 3 动作，使断路器 3QF 跳闸切除故障，这种动作虽然停电范围有所扩大，但仍认为是有选择性的动作。保护装置 3 除了保护本线路外，还作为相邻元件的后备保护。若不装设后备保护，当保护装置拒动时，故障将无法切除，后果极其严重。

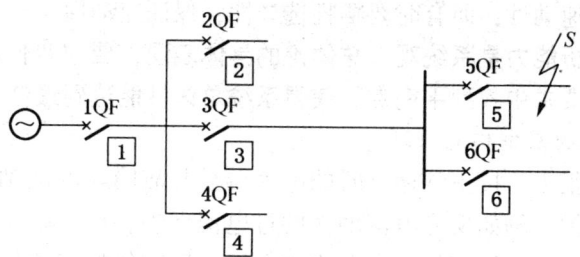

图 6-1 继电保护动作选择性示意图

2)速动性

系统发生短路故障时,必须快速切除故障,以减轻故障的危害程度,加速系统电压的恢复,为电动机自启动创造条件。

切除故障的时间是指从发生短路起,至断路器跳闸、电弧熄灭为止所需要的时间,它等于保护装置的动作时间与断路器的断路时间(包括灭弧时间)之和。因此,为了保证速动性,应采用快速动作的继电保护装置和快速动作的断路器。

3)灵敏性

继电保护的灵敏性,是指对其保护范围内发生故障或不正常运行状态的反应能力。在继电保护装置的保护范围内,不论发生故障的性质和位置如何,保护装置均应反应敏锐并保证可靠动作。保护装置反应的灵敏性可用灵敏系数 K_r 来衡量。灵敏系数的计算分两种情况:

对反应故障时参数量增加的保护装置,灵敏系数为

$$K_r = \frac{保护区内故障参数的最小值}{保护装置的动作整定值}$$

对反应故障时参数量降低的保护装置,灵敏系数为

$$K_r = \frac{保护装置的动作整定值}{保护区内故障参数的最大值}$$

在《电力装置的继电保护和自动装置设计规范》(GB/T 50062—2008)中,对各种保护装置的最小灵敏系数都有具体的规定。通常主要保护的灵敏系数要求不小于 1.5~2,后备保护的灵敏系数要求不小于 1.2。在设计和选择继电保护装置时,必须严格遵守此规定。

4)可靠性

可靠性是指当保护范围内发生故障和不正常运行状态时,保护装置能可靠动作,不应拒动或误动。继电保护装置的拒动和误动,都会造成很大损害。为保证保护装置动作的可靠性应注意以下几点:

(1)选用质量好、结构简单、工作可靠的继电器组成保护装置;

(2)保护装置的接线应力求简单,使用最少的继电器和触点;

(3)正确调整保护装置的整定值;

(4)注意安装工作的质量,加强对继电保护装置的维护工作。

以上对保护装置的四项要求,在一个具体的保护装置中,不一定都是同等重要的。在各要求发生矛盾时,应进行综合分析,选取最佳方案。例如,为了满足保护装置的选择

性，往往要牺牲一些速动性；而有时要牺牲选择性，保证速动性。

小贴士：综合分析能力是系统观、总体论的具体表现，要求我们在工作中，要具体问题具体分析，在各个要求中找到平衡点，使得系统总体性能达到最佳。

3. 继电保护装置的基本构成原理

继电保护的种类很多，按正常运行时的电气参数与故障时的区别，可构成不同原理的继电保护，例如反应电流增大的过电流保护，反应电压降低的低电压保护，反应电压、电流相位的功率方向保护，反应保护安装处到故障点距离（或阻抗）的距离保护，反应不同部分电流之差的差动保护等。按组成保护装置的电气元件不同，有电磁式、感应式、晶体管式、集成电路式、微型计算机式等。继电保护的种类虽多，组成保护装置的电气元件也各不相同，但从基本构成原理来看，主要由信号输入回路、测量回路、逻辑回路、输出执行回路组成，其基本构成原理框图如图 6-2 所示。

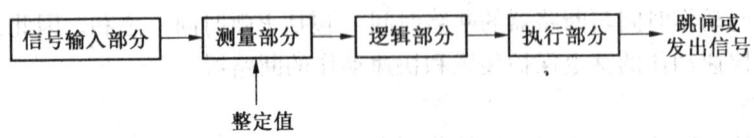
继电保护装置的构成与工作回路

图 6-2 继电保护装置的基本构成原理框图

下面以微机保护装置为例，叙述各部分的组成及作用：

（1）信号输入部分。现场采集的信号送入保护装置要进行必要的前置处理，如微机保护装置中的光电隔离、电平转换、低通滤波等，使继电保护装置能有效地检测现场的物理量。

（2）测量部分。测量部分是将检测到的物理量与给定的整定值进行比较，根据比较结果给出"是""非"，即"0""1"性质的一组逻辑信号，从而判断保护是否应该启动。

（3）逻辑部分。逻辑部分是根据测量部分各输出量的大小、性质、逻辑状态、输出的顺序等信息，按一定的逻辑关系进行组合、运算，最后确定是否应该使断路器跳闸或发出信号。常用的逻辑关系一般有"与""或""非""延时""记忆"等。

（4）执行部分。执行部分是根据逻辑部分的输出信号，完成保护装置的任务。其功能主要为隔离、电平转换、出口跳闸的功率驱动、现场设备状态信息的返回等，使保护装置在系统故障时动作于跳闸，在不正常运行状态时动作于信号。

4. 保护装置的动作与返回

以电流保护装置为例，能使保护装置动作的最小电流，称为保护装置的动作电流，用 I_{op} 表示。当保护装置启动后，断路器跳闸前，如果故障消失，电流又恢复到正常工作状态时，保护装置不应继续动作使断路器跳闸，而应返回其动作前的状态，此时称保护装置返回。能使保护装置返回的最大电流，称为保护装置的返回电流，用 I_{re} 表示。保护装置返回电流与其动作电流的比值称为返回系数，用 K_{re} 表示。即

$$K_{re} = \frac{I_{re}}{I_{op}} \tag{6-1}$$

由于保护装置的返回电流比其动作电流小，所以其返回系数恒小于1。返回系数越大越好，电磁继电器构成的保护装置，其返回系数一般在0.85以上，而微机保护装置返回系数接近1。

二、电力变压器的故障种类

变压器油箱外部的故障有引出线和绝缘套管的相间短路和接地短路等。

变压器油箱内部的故障有绕组的相间短路、匝间短路和单相接地短路等。内部故障是很危险的，因为短路电流产生的电弧不仅会破坏绝缘，烧坏铁芯，还可能使绝缘材料和变压器油受热而产生大量气体，引起变压器油箱爆炸。

变压器的不正常运行状态主要有过负荷、油面过低、温度升高和由外部短路引起的过电流等。

三、电力变压器的保护

变压器的故障对供电的可靠性和系统的安全运行将带来严重影响，同时会造成很大的经济损失。因此，必须根据变压器的容量大小及重要程度装设专用的保护装置。

（一）变压器的瓦斯保护

当变压器油箱内故障时，短路电流所产生的电弧或内部某些部件发热，将使变压器油和其他绝缘物分解而产生大量气体，利用这种气体作为信号实现保护的装置称为瓦斯保护装置。瓦斯保护可反映变压器油箱内部的各种故障和油面降低等不正常状态。

室外容量在800 kVA及以上和室内容量在400 kVA及以上的油浸式变压器装设瓦斯保护装置，作为变压器油箱内各种故障和油面降低的主保护。

瓦斯保护的主要元件是瓦斯继电器，它安装在变压器油箱和油枕的连接管处，如图6-3所示。内部故障时，油箱内气体流向油枕并驱动瓦斯继电器动作。为了使气体易于流进油枕及防止气泡聚集在变压器的油箱顶盖下，在安装具有瓦斯继电器的变压器时，要求变压器的油箱顶盖与水平面具有1%~1.5%的坡度；通往油枕的连接管与水平面间有2%~4%的坡度。为了使瓦斯继电器可靠动作，在安装瓦斯继电器时，一定要使瓦斯继电器的箭头标志指向油枕方向。

图6-4为QJ1-80型复合式瓦斯继电器的结构图。变压器正常工作时，轻瓦斯部分的开口杯

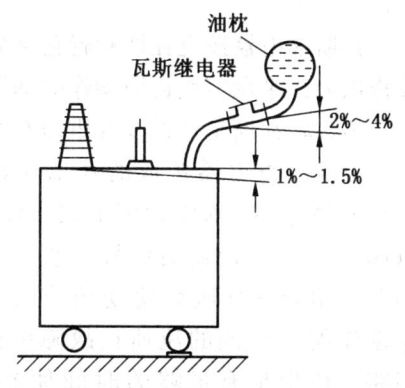

图6-3 瓦斯继电器安装示意图

5处于上浮位置，干簧触点15断开；重瓦斯部分的挡板10，在弹簧9的保持下，处于正常位置，双干簧触点13断开。

当变压器油箱内发生轻微故障时，产生气体量较少，它聚集在瓦斯继电器上部，迫使

油面下降，开口杯 5 随油面降低而下沉，使磁铁 4 靠近触点 15，其干簧触点闭合，发出轻瓦斯信号。

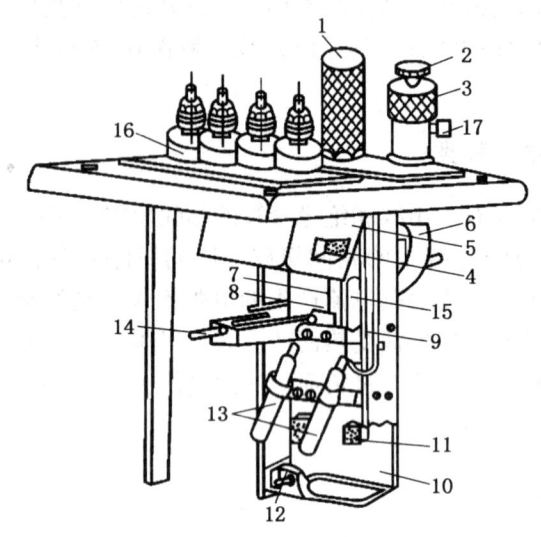

1—罩；2—顶针；3—气塞；4—磁铁；5—开口杯；6—重锤；7—探针；8—开口销；
9—弹簧；10—挡板；11—磁铁；12—螺杆；13—干簧触点（重瓦斯用）；
14—调节杆；15—干簧触点（轻瓦斯用）；16—套管；17—排气口

图 6-4　QJ1-80 型复合式瓦斯继电器结构图

当变压器油箱内发生严重故障时，产生大量的气体，强烈的油气流冲击挡板 10，挡板克服弹簧的反作用力而斜倒，使固定在挡板上的磁铁 11 靠近干簧触点 13，触点闭合，重瓦斯动作使断路器跳闸，切断变压器电源。

变压器严重漏油时，油面降低，达到一定程度时，干簧触点 15 闭合，同样发出轻瓦斯信号。

瓦斯继电器按重瓦斯和轻瓦斯分别进行调整。重瓦斯是通过调节杆 14，改变弹簧 9 的反作用力，来调整重瓦斯动作的油流速度；螺杆 12 用来调节磁铁 11 与干簧触点 13 之间的距离。轻瓦斯是通过改变重锤 6 的位置，来调节轻瓦斯触点动作的气体容积。

由电磁继电器构成的瓦斯保护接线如图 6-5 所示。图中 KG 为瓦斯继电器，KS 为信号继电器，KM 为带串联自保持电流线圈的中间继电器。轻瓦斯动作时，其上触点闭合，发出轻瓦斯信号。重瓦斯动作时，其下触点闭合，由 KS 发出重瓦斯信号，同时继电器 KM 吸合使变压器两侧的断路器跳闸。由于重瓦斯保护是按油的流速大小动作的，而油的流速在故障中往往是不稳定的。所以重瓦斯动作后必须有自保持回路，以保证有足够的时间使断路器可靠跳闸。因此，KM 具有串联自保持电流线圈。

瓦斯保护的主要优点是动作迅速，灵敏度高，接线和安装简单，能反映变压器油箱内部各种类型的故障。特别是当变压器绕组匝间短路的匝数很少时，虽然故障回路电流很大，可能造成严重过热，而反映到外部的电流变化却很小，其他保护装置都不能动作。因此，瓦斯保护对于切除这类故障具有特别重要的意义。

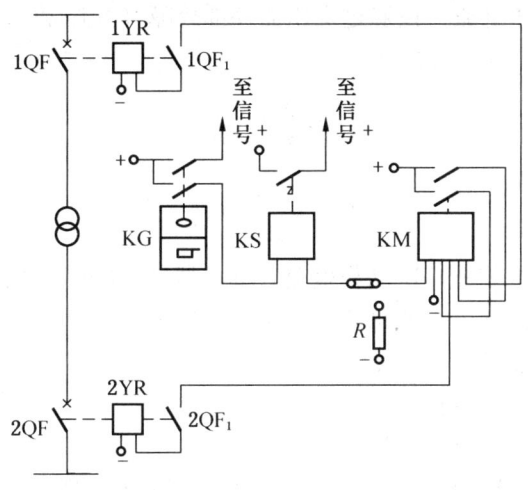

图 6-5 电磁继电器构成的瓦斯保护原理接线图

瓦斯保护的缺点是不能反映外部套管和引出线的短路故障，因而还必须与其他保护装置配合使用。

（二）变压器的速断保护

对容量较小的变压器，在电源侧一般装设电流速断保护，它与瓦斯保护互相配合，可以实现保护变压器内部和电源侧套管并引出线上的全部故障。

单独运行的容量在 10000 kVA 以下或两台并列运行的容量在 6300 kVA 以下的变压器需装设电流速断保护，作为变压器一次侧绝缘套管、引出线及部分绕组相间短路的主保护。

变压器电流速断保护的逻辑框图与微机三段式电流保护中第 n 段电流保护的原理类似。图 6-6 为微机三段式电流保护中第 n 段电流保护的原理框图，其他两段电流保护与此相同。当 U、V、W 三相中任何一相电流大于相应段的动作电流整定值时，若该段保护已处于投入状态，则该段保护经延时后动作。保护动作后使断路器跳闸，同时发出信号。对有远方测控功能的，可同时将保护的动作信号传向远方调度中心。某段保护的投入和退出，可通过菜单将其投退字设置为"1"即为投入，设置为"0"即为退出。

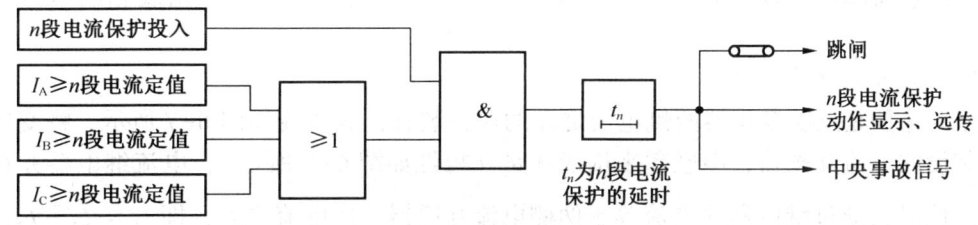

图 6-6 三段式电流保护第 n 段的原理框图

电源侧为大接地电流系统时，保护采用三相星形接线；电源侧为小接地电流系统时则可采用两相星形接线。

电流速断保护的动作电流,按躲过变压器外部故障(变压器二次侧母线短路)的最大短路电流来整定,即

$$\begin{cases} I_{op} = \dfrac{K_k}{K_T} I_{s2 \cdot max}^{(3)} \\ I_{op \cdot k} = \dfrac{K_k}{K_T K_i} I_{s2 \cdot max}^{(3)} \end{cases} \quad (6-2)$$

式中　I_{op}、$I_{op \cdot k}$——保护装置一次动作电流、继电器动作电流,A;

　　　$I_{s2 \cdot max}^{(3)}$——变压器二次侧母线最大三相短路电流,A;

　　　K_k——可靠系数,取 1.2~1.3;

　　　K_T——变压器变比;

　　　K_i——电流互感器变比。

另外,变压器速断保护的动作电流还应躲过变压器空载投入时的励磁涌流。运行经验证明,一般动作电流应大于变压器额定电流的 3~5 倍。

电流速断保护的灵敏系数为

$$K_r = \dfrac{I_{s1 \cdot min}^{(2)}}{K_i I_{op \cdot k}} \geq 2 \quad (6-3)$$

式中　$I_{s1 \cdot min}^{(2)}$——保护装置安装处的最小两相短路电流,A。

变压器电流速断保护具有接线简单、动作迅速等优点,但还存在一些缺点,如由于保护的动作电流是按躲开变压器二次侧的最大短路电流整定的,所以它仅能保护变压器电源侧套管、引出线及部分一次侧绕组的相间短路,其他部分的保护必须由过电流保护完成,由于过电流保护切除故障较慢,所以对系统的安全运行影响较大;对于并列运行的变压器,在非电源侧发生故障时,由于速断保护不能反映该处的故障,因此,过电流保护可能无选择地将所有并列运行的变压器切除;当变压器容量较大时,变压器一次侧与二次侧的短路电流相差不大,保护的灵敏度达不到要求。

(三) 变压器的纵联差动保护

为了克服电流速断保护的上述缺点,对较大容量的变压器应装设纵联差动保护,用它来保护变压器内部及套管和引出线上的短路故障。

单独运行的容量在 10000 kVA 及以上或两台并列运行的容量在 6300 kVA 及以上的变压器,需装设纵联差动保护,作为变压器内部绕组、绝缘套管及引出线相间短路的主保护。

1. 纵联差动保护的原理

差动保护是反映变压器两侧电流之差的保护装置,其接线如图 6-7 所示。将变压器两侧装设的电流互感器,串联起来构成环路(极性如图 6-7 所示),电流继电器并在环路上。此时,通过继电器的电流等于两侧电流互感器二次电流之差,即 $\dot{I}_k = \dot{I}_1 - \dot{I}_2$。如果适当选择电流互感器的变比和接线方式,可使在正常运行和外部短路时(S_2 点),电流互感器二次电流大小相等,相位相同,流入继电器的电流 $\dot{I}_k$ 等于零,保护装置不动作。

当保护范围内部发生短路时(S_1 点),对于单侧电源供电的变压器,则仅变压器一次

侧电流互感器有电流,此时 $\dot{I}_2=0$, $\dot{I}_k=\dot{I}_1$,只要 I_k 大于继电器整定电流 $\dot{I}_{op\cdot k}$,继电器就能够动作,使变压器两侧断路器跳闸,瞬时切除故障。

如果两台变压器并列运行,当保护范围外部发生故障时(如 S_2 短路),差动保护不动作。当其中一台变压器发生故障时(如 S_1 点短路),流过继电器的电流 $\dot{I}_k=\dot{I}_1+\dot{I}_2$,故障变压器的差动保护动作,有选择地将故障变压器切除,保证非故障变压器正常运行,其保护原理如图 6-8 所示。

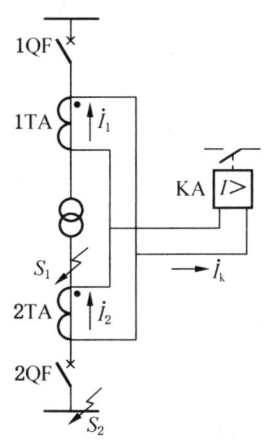 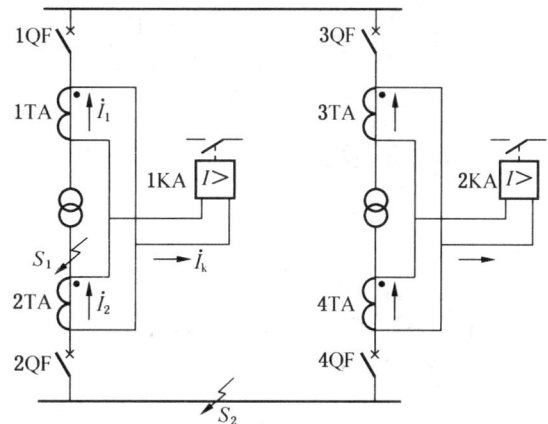

图 6-7 变压器差动保护单相原理接线图　　　图 6-8 两台变压器并联运行时差动保护动作原理图

2. 差动保护不平衡电流的产生及克服方法

前文提及,用适当选择变压器两侧电流互感器变比和接线方式的方法,使正常运行及外部短路时,流过保护装置的电流为零,保护装置不动作。这是一种理想状态,实际运行中是不可能的。即使在正常运行时,也会有电流流入保护装置;当外部短路时,此电流会更大,该电流称为不平衡电流。如果此电流过大,很可能造成差动保护误动作。因此必须分析产生不平衡电流的原因及其克服的方法。

1) 变压器接线方式的影响

工矿企业总降压变电所的变压器通常都是 Y,d11 接线,变压器两侧线电流之间有 30°的相位差。此时,即使两侧电流互感器的变比选得合适,二次电流相等,在继电器中也将出现不平衡电流。为消除因变压器两侧绕组接线方式不同而产生的不平衡电流,通常采用相位补偿的方法,即将变压器星形接线侧的电流互感器二次侧接成三角形;变压器三角形接线侧的电流互感器二次侧接成星形,来消除两侧电流互感器二次电流的相位差。如图 6-9 所示。由于电流互感器采用了三角形接线,其差动回路中的电流增大了 $\sqrt{3}$ 倍,为此须将该电流互感器的变比相应减小为原来的 $1/\sqrt{3}$。在微机保护中可通过软件程序消除变压器两侧绕组接线方式不同而产生的不平衡电流。所以,采用微机保护的变压器,如通过软件程序消除了该项不平衡电流,则变压器两侧的电流互感器仍采用星形接线方式。

2) 电流互感器类型的影响

当变压器两侧电流互感器类型不同时,其饱和特性也不相同(即使类型相同,其特性

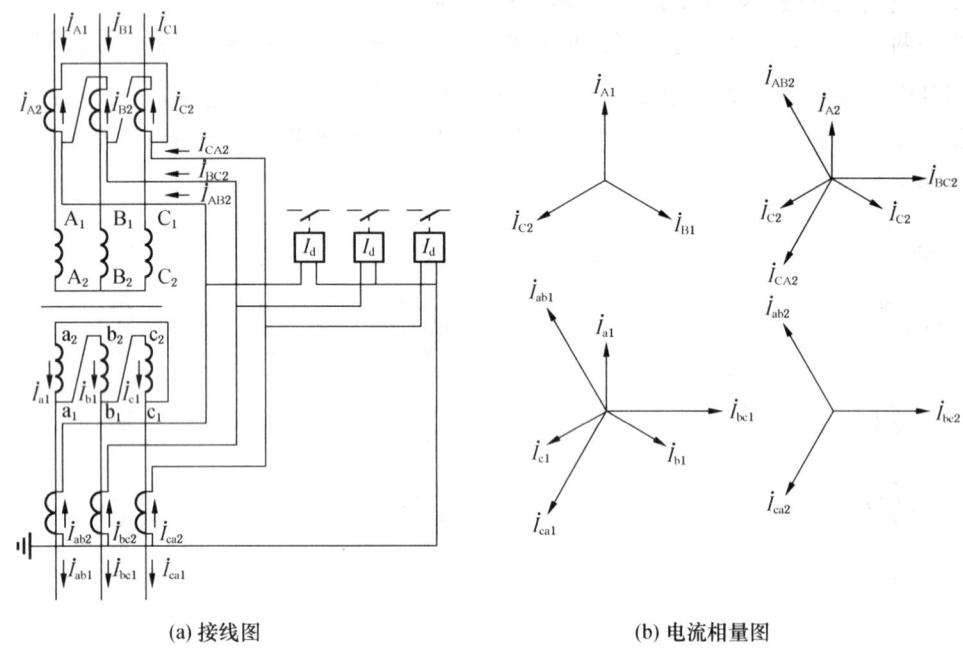

(a) 接线图　　　　　　　　　　　　(b) 电流相量图

图 6-9　Y，d11 接线变压器差动保护的接线方式及电流相量图

也不完全相同），也会产生不平衡电流。克服的方法是提高保护装置的动作电流，即在整定保护装置的动作电流时，引入同型系数。

3) 电流互感器变比的影响

由于选用电流互感器时，采用的都是定型产品，所以，电流互感器的计算变比与产品目录的标准变比往往不完全符合，也将产生不平衡电流，传统保护装置克服的方法是采用 BCH 型差动继电器，通过调整差动继电器平衡线圈的匝数来补偿。微机保护装置可用软件程序通过数字计算进行补偿，从而进一步减小不平衡电流。

4) 变压器励磁涌流的影响

当变压器空载投入或外部故障切除后电压恢复时，由于变压器铁芯的磁通不能突变，在磁路中引起过渡过程，产生周期分量和非周期分量两个磁通，由于非周期分量的影响，合成磁通在最不利的情况下，幅值将是正常磁通的 2 倍。此时变压器的铁芯严重饱和，励磁电流剧增，此电流称为励磁涌流，其值可达变压器额定电流的 6~10 倍。

励磁涌流中含有很大的非周期分量，波形偏于时间轴的一侧，且衰减很快，对中、小变压器，经 0.5~1 s 后，其值不超过 0.25~0.5 倍额定电流。由于铁芯高度饱和，因而励磁涌流只通过变压器的原绕组，不能反映到副绕组，对差动保护来讲相当于变压器内部故障，因而会在差动保护回路中产生很大的不平衡电流。

当采用速饱和铁芯的差动继电器时，虽然可利用非周期分量使铁芯饱和避开励磁涌流的影响，但差动继电器的动作电流应不小于 1.3 倍的变压器额定电流。当采用波形鉴别或二次谐波制动原理避开励磁涌流的微机保护时，在整定动作电流时可不考虑励磁涌流的影响。

5) 改变调压分接头的影响

有时为了保证用电设备的供电质量,需要调整变压器的调压分接头,因而改变了变压器的变比,致使变压器两侧电流互感器的二次电流也随之改变,产生了新的不平衡电流。其克服方法只能靠提高保护装置的动作电流值以躲过该不平衡电流的影响。

(四) 变压器的过电流保护

变压器的过电流保护装置安装在变压器的电源侧。它既反映变压器的外部故障,又能作为变压器内部故障的后备保护,同时也可作为下一级线路的后备保护。变压器过电流保护的逻辑框图亦可参考图 6-6。

过电流保护及过负荷保护

过电流保护的动作电流,应按躲过变压器的最大工作电流来整定,即

$$\begin{cases} I_{op} = \dfrac{K_k}{K_{re}} I_{w \cdot max} \\ I_{op \cdot k} = \dfrac{K_k}{K_{re} K_i} I_{w \cdot max} \end{cases} \tag{6-4}$$

式中　I_{op}——变压器过电流保护一次侧的动作电流,A;

　　　$I_{op \cdot k}$——变压器过电流保护的动作电流,A;

　　　$I_{w \cdot max}$——变压器的最大工作电流,A;

　　　K_k——可靠系数,取 1.2~1.3;

　　　K_{re}——返回系数;

　　　K_i——电流互感器变比。

保护装置的灵敏度应按下式校验:

$$K_r = \dfrac{I_{s \cdot min}^{(2)}}{K_i I_{op \cdot k}} \geq 1.5 \tag{6-5}$$

式中　$I_{s \cdot min}^{(2)}$——最小运行方式下,保护范围末端最小两相短路电流,A。

保护装置的动作时限仍按阶梯原则确定,比下一级保护装置大一个时限阶段 Δt。

(五) 变压器的过负荷保护

变压器的过负荷保护反映了变压器不正常运行状态的情况,一般经延时后动作于信号。对无人值班的变电所,可作用于跳闸或自动切除一部分负荷。变压器的过负荷保护的逻辑框图仍可参考图 6-6,只动作于信号时,没有跳闸出口。

过负荷保护的动作电流应按躲过变压器的额定电流整定,即

$$\begin{cases} I_{op \cdot o} = \dfrac{K_k}{K_{re}} I_{N \cdot T} \\ I_{op \cdot o \cdot k} = \dfrac{K_k}{K_{re} K_i} I_{N \cdot T} \end{cases} \tag{6-6}$$

式中　$I_{op \cdot o}$——变压器过负荷保护一次侧的动作电流,A;

　　　$I_{op \cdot o \cdot k}$——变压器过负荷保护的动作电流,A;

　　　$I_{N \cdot T}$——变压器的额定电流,A;

　　　K_k——可靠系数,取 1.05;

K_{re} ——返回系数；

K_i ——电流互感器变比。

为防止短路时和电动机启动时误发信号，过负荷保护的动作延时，要大于变压器的过电流保护的动作时间和电动机的起动时间，一般取 10 s。

任务实施

1. 任务内容

继电保护装置的安装、操作和维修。

2. 工具器材

三段式电流保护原理框图、继电保护装置相关资料，如使用说明书、继电保护装置等。

3. 实施过程

见表 6-1。

表6-1 继电保护装置的安装、操作和维修计划书

制订人：_____ 制订时间：_____

工作任务	继电保护装置的安装、操作和维修	
任务要求	1. 掌握继电保护装置的作用与要求； 2. 能够按照电源和负荷要求选择继电保护装置； 3. 能够安装继电保护装置、并能进行日常维修	
阶段	实施步骤	注意事项
准备阶段	1. 做好组织工作，并分组； 2. 携带电工仪表、工具、说明书、供电图纸	做好计划
安装阶段	1. 认真阅读安装图纸； 2. 按照要求，进行安装	携带图纸、并仔细分析
维护阶段	1. 教师设置故障； 2. 学生分析故障； 3. 进行维修	注意用电安全
总结阶段	整理工具、填写工作记录单	现场干净、整洁

任务拓展

了解电力变压器在实际使用中常用的故障分析方法，并简述自己的心得体会。

1. 根据铁芯声音的异常来判断故障

变压器输入额定电压后会产生均匀的"嗡嗡"声，当出现其他的杂音时应立即查找原因，排除故障。

(1) 过电压引起或过电流引起。出现这两种故障时,变压器的"嗡嗡"声较正常时大,但无杂音,负荷有较大的变化时,发出"咯咯"的声音,同时电压表、电流表指针摆动异常,很容易判断出。

(2) 固定铁芯的螺栓松动引起。这时出现"叮叮当当"的声音,但仪表指示正常。

(3) 变压器与其他物体撞击引起。这时出现"沙沙"的声音,但变压器各部分运行正常,找到声音最响的地方,用手按住再听,如有声音的变化,则判断出故障位置。

(4) 外界天气造成放电引起。在雨、雾、雪等湿度较大的天气中,套管处对地放电,出现"嘶嘶"声,夜晚产生蓝色的火花。

(5) 铁芯故障引起。铁芯的硅钢片绝缘受损,涡流增大,出现局部过热烧坏铁芯的状况。

(6) 匝间短路引起。如未完全短路,负荷增大后出现开关动作,仪表指示出现异常。

(7) 分接开关引起。分接开关接触不良,局部发热,出现和匝间短路同样的现象。

2. 根据变压器温升的异常判断故障

对变压器造成温度变化威胁的是几个主要部件中可能发生的局部过热。

(1) 线圈匝间短路。因线圈匝间短路引起的局部过热而损坏变压器的概率达70%~80%。

(2) 铁芯硅钢片间存在短路。硅钢片绝缘损坏引起铁芯着火和穿芯螺栓破损都是造成环流的原因。

(3) 分接开关接触不良。分接开关的接触不良是造成局部过热比较常见的故障。

学习评价

本任务学习效果考核的项目及标准见表6-2。

表6-2 学习效果考核评价表

考核项目		考核标准	配分	自评分	互评分	教师评分
知识点	1. 继电保护的基本概念,继电保护装置的作用与要求	完整说出满分;不完整7~14分;不会0分	15			
	2. 电力变压器的故障种类和保护装置	完整说出满分;不完整7~14分;不会0分	15			
	小计		30			
技能点	1. 能够安装继电保护装置	熟练安装满分;不熟练15~29分;不会0分	30			
	2. 会分析瓦斯保护工作过程	详细分析满分;不完整15~29分;不会0分	30			
	小计		60			

表6-2（续）

考核项目		考核标准	配分	自评分	互评分	教师评分
素质点	1. 职业素养	认真细致地填写继电保护装置工作记录表者满分，否则0~4分	5			
	2. 学习态度	遵守纪律、学习热情高涨、积极参与者满分，否则0~4分	5			
		小计	10			
		合计	100			

注：1. 考评时间为80 min，每超过1 min扣1分；
　　2. 要安全文明工作，否则教师酌情扣1~10分。

教师签字：＿＿＿＿＿

思考练习

1. 继电保护装置的结构有何特点？
2. 简述电力变压器的五种保护和工作原理。

任务二　井下保护装置的整定

任务描述

由于煤矿井下环境的特殊性，发生过负荷或短路故障的危害性远大于地面作业。因此，必须采取有效措施预防此类电气事故的发生。本任务通过介绍井下保护装置的基本要求以及对支线、干线保护的整定计算，使学生能够根据整定结果，整定各类继电器的动作值，以达到安全、可靠、经济生产的目的。

其学习目标如下：

☞　知识目标
➢　各种井下保护装置的整定计算。
☞　能力目标
➢　会进行各种井下保护装置的整定计算。
☞　素质目标
➢　培养学生分析和解决问题的能力；
➢　培养学生严谨细致的工作作风。

相关知识

一、井下对保护装置的要求

为了可靠地切除短路故障，应设有后备保护。在井下供电系统中，一般都以前一级线路始端的短路保护作为后备保护。在煤矿井下按防火防爆的要求，保护装置采取延迟动作时间来实现选择性是不合适的。为此要牺牲保护

井下保护装置的整定

动作的选择性，而采用瞬时动作的短路保护装置，短路保护装置还应有足够的灵敏度，以便将短路故障迅速可靠地切除。所以井下对短路保护装置的要求主要是可靠性、速动性和灵敏性，在保证这些要求的基础上尽量实现有选择性的动作。

过负荷保护装置应能正确反映负荷电流的大小，并按被保护设备允许的过负荷时间延时动作。当负荷电流大于被保护设备的额定电流且时间达到允许过负荷时间的整定值时，开关跳闸切断电源；当在允许过负荷整定时间内，负荷电流又下降到被保护设备的额定电流以内时，过负荷保护装置应能可靠地返回。

电动机的断相保护应能区别过负荷和断相两种不同的运行状态，当判断为断相故障时，应加快动作时间，使断相保护装置迅速动作。

由于井下采用瞬动的过电流保护，可以快速切除故障，所以井下保护装置不设电流速断保护和限时电流速断保护；变压器也不设瓦斯保护、电流速断保护和差动保护。

二、井下保护装置的整定计算特点

(一) 低压熔断器的选择

目前井下低压开关均采用智能型电子保护装置，但为了安全，一些低压开关中也配有熔断器作为后备保护，智能型电子保护装置作为主保护。因此，需要对低压开关中的熔断器进行选择整定。当低压开关选定以后，开关中熔断器熔管的型号、额定电压和额定电流均已确定，在此只需选择熔体的额定电流，校验熔断器熔管与熔体额定电流的配合关系，并校验熔断器的分断能力。

1. 熔体额定电流的选择

1) 保护支线

熔体的额定电流应保证电动机启动时熔体不熔断，因此熔体的额定电流应按以下方法确定：

$$I_{N \cdot f} \approx \frac{I_{N \cdot st}}{K_f} \qquad (6-7)$$

式中　$I_{N \cdot f}$——熔体的额定电流，A；

　　　K_f——电动机启动时熔体的不熔化系数，取决于启动状况和熔断器特性，见表6-3；

　　　$I_{N \cdot st}$——单台或同时启动的多台电动机的额定启动电流，A。

2) 保护干线

$$I_{N \cdot f} \approx \frac{I_{N \cdot st \cdot m}}{K_f} + \sum I_{N \cdot re} \qquad (6-8)$$

式中　$I_{N \cdot st \cdot m}$——线路中启动电流最大的一台或同时启动的多台电动机的额定启动电流，A；

　　　$\sum I_{N \cdot re}$——除启动电流最大的一台或同时启动的多台电动机外，线路中其余用电设备的额定电流之和，A。

3) 保护井下照明线路

$$I_{N \cdot f} \approx \sum I_N \qquad (6-9)$$

式中 $\sum I_N$——照明负荷额定电流之和，A。

4) 保护照明变压器

$$I_{N\cdot f} \approx \frac{1.2 \sim 1.4}{K_T} \sum I_N \qquad (6\text{-}10)$$

式中 $\sum I_N$——照明负荷额定电流之和，A（无确切数据时可用变压器的一次额定电流 $I_{1N\cdot T}$）；

K_T——变压器的变比；

1.2~1.4——可靠系数。

5) 保护电钻变压器

$$I_{N\cdot f} \approx \frac{1.2 \sim 1.4}{K_T} \left(\frac{I_{N\cdot st\cdot m}}{K_f} + \sum I_{N\cdot re} \right) \qquad (6\text{-}11)$$

式中 $I_{N\cdot st\cdot m}$——变压器负荷中启动电流最大的一台电钻的额定启动电流，A；

$\sum I_{N\cdot re}$——变压器负荷中除启动电流最大一台电钻外，其余用电设备的额定电流之和，A。

表6-3 电动机启动时熔体不熔化系数

熔断器型号	熔体材料	熔体的额定电流/A	不熔化系数 K_f	
			轻载启动	重载启动
RT0	铜	≤50	2.5	2
		60~200	3.5	3
		>200	4	3
RM10	锌	≤60	2.5	2
		80~200	3	2.5
		>200	3.5	3
RM1	锌	10~350	2.5	2
RL1	铜、银	≤60	2.5	2
		80~100	3	2.5

注：轻载启动时间按6~10s考虑；重载启动时间按15~20s考虑。

2. 校验灵敏度

保护线路时，熔体的灵敏度按下式校验。

$$\frac{I_{s\cdot min}^{(2)}}{I_{N\cdot f}} \geq 4 \sim 7 \qquad (6\text{-}12)$$

式中 $I_{s\cdot min}^{(2)}$——保护范围内最小两相短路电流，A；

$I_{N\cdot f}$——所选熔体的额定电流，A；

4~7——保证短路时熔体能及时熔断的系数，可参见表6-4选取。

表6-4 熔断灵敏度系数

电压/V	熔体的额定电流/A	灵敏度系数
380、660	20、25、35、45、60、80、100	≥7
	125	≥6.4
	160	≥5
	200	≥4
127	6~60	≥4
36	6~60	≥5

保护变压器时,熔体的灵敏度按下式校验。

$$\frac{I_{s\cdot min}^{(2)}}{K_c K_T I_{N\cdot f}} \geq 4 \qquad (6-13)$$

式中 $I_{s\cdot min}^{(2)}$——保护范围内最小两相短路电流,A;

K_T——变压器变比;

K_c——变压器二次侧两相短路电流折算到一次侧时的系数,变压器Y,d或D,y接线时取$\sqrt{3}$,其他接线时取1。

装于电钻、照明变压器一次侧的熔体,其额定电流最大不得超过表6-5的规定,否则不能保护变压器二次端子发生的两相短路故障。

表6-5 干式电钻、照明变压器一次侧允许的熔体最大额定电流　　　　　A

额定电压/V	380/133		660/133		1140/133	
额定容量/kVA	接线方式					
	Y,d或D,y	Y,y或D,d	Y,d或D,y	Y,y或D,d	Y,d或D,y	Y,y或D,d
2.5	10	15	6	10	3	6
4	15	25	10	15	6	10

3. 熔体额定电流与电缆截面的配合

为了保证短路时,电缆不会被短路电流产生的热作用而损坏,所以熔体的额定电流应与其所保护的电缆截面相配合。不同额定电流的熔体所允许的电缆最小截面见表6-6。

表6-6 熔体的额定电流与电缆截面的配合

熔体的额定电流/A	电缆允许的最小截面/mm²	
	橡胶电缆	铠装电缆
20	2.5	—
35	4	2.5

表6-6（续）

熔体的额定电流/A	电缆允许的最小截面/mm²	
	橡胶电缆	铠装电缆
60	6	4
80	10	6
100	16	10
125	25	16
160	35	25
200	50	35
225	—	50

4. 熔断器熔体的动作选择性配合

当上、下级线路都采用熔断器作为短路保护时，在满足灵敏度的前提下，应考虑选择性的要求，其时限配合可分别按式（6-14）和式（6-15）计算。

（1）熔体的熔断时间误差值按50%考虑时的时限配合为

$$t_{f1} \geqslant 3.44 t_{f2} \tag{6-14}$$

（2）对于处于系统末级的线路，如配合有困难，允许按熔体的熔断时间误差值30%来考虑，其时限配合为

$$t_{f1} \geqslant 2.08 t_{f2} \tag{6-15}$$

式中　t_{f1}——上一级熔断器熔体的熔断时间，s（查保护特性曲线）；

t_{f2}——下一级熔断器熔体的熔断时间，s（查保护特性曲线）。

各种熔断器的保护特性曲线可参考《工厂配电设计手册》《煤矿电工手册》或产品样本等资料。

根据运行经验，对于同型号同熔体材料的熔断器，当上、下级间熔体的额定电流相差1~2级时，一般可以保证选择性要求。

5. 熔断器熔管的选择

（1）根据熔体的额定电流和所选熔断器的型号，即可确定熔断器熔管的额定电流。

几种常用熔断器熔管的额定电流与熔体额定电流的配合关系见表6-7。

表6-7　熔断器额定电流与熔体额定电流的关系

熔断器熔管额定电流/A	熔体额定电流/A			
	RM1	RM10	RT0	RL1
15	6、10、15	6、10、15	—	2、4、5、6、10、15
30	—			
50	—	—	5、10、15、30、40、50	—

表 6-7(续)

熔断器熔管 额定电流/A	熔体额定电流/A			
	RM1	RM10	RT0	RL1
60	15、20、25、45、60	15、20、35、45、60	—	20、25、30、35、40、50、60
100	60、80、100	60、80、100	30、40、50、60、80、100	60、80、100
200	100、125、160、200	100、125、160、200	80*、100*、120、150、200	100、125、150、200
350	200、225、260、300、350	200、225、260、300、350	—	—
400	—	—	150*、200*、250、300、350、400	—
600	350、430、500、600	350、430、500、600	350*、400*、450、500、550、600	—

注：表中有 * 者,尽可能不采用。

(2) 熔断器分断能力的校验：

$$t_{\text{fl·br}} \geq I_{\text{s·max}}^{(3)} \tag{6-16}$$

式中　$t_{\text{fl·br}}$——熔断器的极限分断电流,A；

$I_{\text{s·max}}^{(3)}$——通过熔断器的最大三相短路电流,A。

(二) 低压开关保护装置的整定计算

热继电器和电磁式过流继电器在井下已淘汰不用,下面介绍电子保护装置的整定计算。

长延时反时限电子保护装置可作为过负荷保护。过负荷保护的整定值应保证：当被保护设备的实际工作电流大于其额定电流时,按保护的动作特性延时动作,保护的动作特性应略低于设备的允许过载特性；在 6 倍于电流整定值的情况下,过负荷保护装置的可返回时间应大于电动机的实际启动时间。

瞬时动作的电子式保护装置可作为短路保护。短路保护的整定值应保证：被保护线路正常工作时不动作,保护范围内发生短路时迅速动作。

部分保护装置短路保护的整定值与过负荷保护的整定值有关。因此,应先整定过负荷保护再整定短路保护。

1. 保护支线

(1) 过负荷保护：

$$I_{\text{op·o}} \geq I_{\text{N}} \tag{6-17}$$

式中 $I_{op·o}$——过负荷保护的动作电流，A；
I_N——一台或同时启动的多台电动机的额定电流，A。
过负荷保护实际整定电流取电动机额定电流的近似值。

（2）短路保护：

$$I_{op·s} \geq I_{N·st} \qquad (6-18)$$

式中 $I_{op·s}$——短路保护的动作电流，A；
$I_{N·st}$——一台或同时启动的多台电动机的额定（或实际）启动电流，A。

（3）校验灵敏度：

$$K_r = \frac{I_{s·min}^{(2)}}{I_{op·s}} \geq 1.5 \qquad (6-19)$$

式中 K_r——保护装置的灵敏度系数；
$I_{s·min}^{(2)}$——被保护线路末端最小两相短路电流，A；
$I_{op·s}$——短路保护装置的实际整定电流，A；
1.5——最小灵敏度系数。

2. 保护干线

（1）过负荷保护：

$$I_{op·o} \approx 1.1 I_{ca} \qquad (6-20)$$

式中 $I_{op·o}$——过负荷保护的动作电流，A；
I_{ca}——线路的最大长时工作电流，A；
1.1——考虑负荷计算误差的可靠系数。

实际整定电流取其近似值。

（2）短路保护：

$$I_{op·s} \geq I_{N·st·m} + K_{de} \sum I_{N·re} \qquad (6-21)$$

式中 $I_{N·st·m}$——启动电流最大的一台（或同时启动的多台）电动机的额定（或实际）启动电流，A；
$\sum I_{N·re}$——除启动电流最大的一台（或同时启动的多台）电动机外，其余用电设备的额定电流之和，A；
K_{de}——除启动电流最大的一台（或同时启动的多台）电动机外，其余用电设备的需用系数。

（3）校验灵敏度：

$$K_r = \frac{I_{s·min}^{(2)}}{I_{op·s}} \geq 1.5 \quad 或 \quad 1.2 \qquad (6-22)$$

最小灵敏度系数在主保护区取1.5，在后备保护区取1.2。

3. 变压器二次侧总馈电开关的整定

（1）过负荷保护：

$$I_{op·o} \leq I_{2N·T} \qquad (6-23)$$

式中 $I_{2N·T}$——变压器二次侧的额定电流，A。

(2) 短路保护：

短路保护的动作电流按式（6-21）计算，保护装置的灵敏度按式（6-22）校验。如无确切负荷资料，变压器短路保护的动作电流也可按下式估算：

$$I_{op \cdot s} = (4 \sim 5) I_{2N \cdot T} \tag{6-24}$$

式中　4~5——考虑电动机启动的可靠系数。

（三）高压配电箱保护装置的整定计算

1. 变压器保护

(1) 过负荷保护：

$$I_{op \cdot o} \leqslant I_{1N \cdot T} \tag{6-25}$$

式中　$I_{1N \cdot T}$——变压器一次侧额定电流，A。

(2) 短路保护：

$$I_{op \cdot s} \geqslant \frac{1.2 \sim 1.4}{K_T} (I_{N \cdot st \cdot m} + K_{de} \sum I_{N \cdot re}) \tag{6-26}$$

也可按下式简化计算。

$$I_{op \cdot s} \geqslant 1.2 \left(\frac{I_{N \cdot st \cdot m}}{K_T} + I_{1N \cdot T} \right) \tag{6-27}$$

式中　K_T——变压器的变比；

$\sum I_{N \cdot re}$——变压器负荷中，除启动电流最大的一台（或同时启动的多台）电动机外，其余用电设备的额定电流之和，A。

如配电箱给出的是保护装置二次整定电流时，则应计算出保护装置二次动作电流，即

$$I_{op \cdot o \cdot k} \geqslant \frac{K_w}{K_i} I_{op \cdot o} \tag{6-28}$$

$$I_{op \cdot s \cdot k} \geqslant \frac{K_w}{K_i} I_{op \cdot s} \tag{6-29}$$

式中　$I_{op \cdot o \cdot k}$、$I_{op \cdot s \cdot k}$——过负荷、短路保护装置二次动作电流，A；

K_w——保护装置的接线系数，当保护接于相电流时为1，接于相电流差时为$\sqrt{3}$；

K_i——电流互感器的变比。

(3) 校验灵敏度：

$$\begin{cases} K_r = \dfrac{I_{s \cdot min}^{(2)}}{K_c K_T I_{op \cdot s}} \geqslant 1.5 \quad 或 \quad 1.2 \\ K_r = \dfrac{I_{s \cdot min}^{(2)}}{K_c K_T K_i I_{op \cdot s \cdot k}} \geqslant 1.5 \quad 或 \quad 1.2 \end{cases} \tag{6-30}$$

式中　K_r——保护装置的灵敏度系数，对主保护区取1.5，对后备保护区取1.2；

$I_{s \cdot min}^{(2)}$——保护范围末端（主保护区为变压器二次侧母线，后备保护区为下一级线路）的最小两相短路电流，A；

K_c——同式（6-13）。

2. 高压线路的保护

(1) 过负荷保护：

高压配电箱中长延时反时限过载保护装置的动作电流计算与式（6-20）相同。

(2) 短路保护：

$$I_{op \cdot s} \geqslant 1.2 I_{w \cdot max} \tag{6-31}$$

式中　1.2——可靠系数；

　　　$I_{w \cdot max}$——高压电缆线路的最大工作电流（考虑线路短时出现的尖峰负荷电流，如电动机启动等），A。

$I_{w \cdot max}$ 可用下式计算：

$$I_{w \cdot max} = I_{ca} + \frac{I_{N \cdot st \cdot m} - I_{ca \cdot m}}{K_T} \tag{6-32}$$

式中　I_{ca}——线路的最大长时工作电流，A；

　　　$I_{N \cdot st \cdot m}$——高压线路负荷中，启动电流最大的电动机的额定（或实际）启动电流，A；

　　　$I_{ca \cdot m}$——高压线路负荷中，启动电流最大的电动机的最大长时工作电流，A；

　　　K_T——高压线路负荷中，启动电流最大的电动机的所接变压器的变比，当启动电流最大的电动机为高压电动机时，K_T 取 1。

需计算保护装置二次动作电流时，按式（6-28）和式（6-29）计算。

(3) 校验灵敏度：

$$\begin{cases} K_r = \dfrac{I_{s \cdot min}^{(2)}}{I_{op \cdot s}} \geqslant 1.5 \quad 或 \quad 1.2 \\ K_r = \dfrac{I_{s \cdot min}^{(2)}}{K_i I_{op \cdot s \cdot k}} \geqslant 1.5 \quad 或 \quad 1.2 \end{cases} \tag{6-33}$$

式中符号含义同式（6-19）和式（6-29）。最小灵敏度系数在主保护区取 1.5，在后备保护区取 1.2。

当该保护装置欲保护到变压器的二次侧时，则灵敏度应按式（6-30）校验。

3. 高压电动机保护

(1) 过负荷保护：

动作电流计算与式（6-17）相同。

(2) 短路保护：

$$I_{op \cdot s} \geqslant (1.2 \sim 1.4) I_{N \cdot st} \tag{6-34}$$

式中　$I_{N \cdot st}$——高压电动机的额定启动电流，A；可按下式计算：

对笼型电动机：$I_{N \cdot st} = (5 \sim 6) I_N$；

对绕线型电动机：$I_{N \cdot st} = (1.5 \sim 2) I_N$。

需计算保护装置二次动作电流时，按式（6-28）和式（6-29）计算。

各种保护装置的技术数据见有关设计手册。

小贴士：井下保护装置的整定计算是其能否在遇到各种故障或不正常运行状态执行相

应操作的关键，整定计算结果不准确，将直接影响井下供电系统的安全运行，因此计算过程务必严谨、细致。

任务实施

1. 任务内容

认识和理解井下对保护装置的要求，重点掌握低压开关保护装置的整定计算。

2. 工具器材

专业资料、笔记本、签字笔。

3. 实施过程

整定计算任务见表6-8。

表6-8 整定计算任务表

工作任务	低压开关保护装置的整定计算	
任务要求	正确计算各保护的整定值	
阶段	实施步骤	注意事项
准备阶段	1. 做好组织工作，并分组； 2. 携带笔记本、笔	做好计划
测试阶段	1. 认真阅读题目； 2. 按照要求，计算干线、支线的整定值	细心
总结阶段	分析不足之处	现场干净、整洁

任务拓展

谈一谈高压配电箱保护装置保护高压线路是如何整定计算的。

学习评价

本任务学习效果考核的项目及标准见表6-9。

表6-9 学习效果考核评价表

	考核项目	考核标准	配分	自评分	互评分	教师评分
知识点	低压开关保护装置保护干线时如何整定计算	完整说出满分；不完整18~35分；不会0分	40			
	小计		40			
技能点	能够应用所给条件计算出过负荷保护、短路保护的整定值，并进行灵敏度校验	能够正确计算满分；不熟练15~40分；不会0分	50			
	小计		50			

表 6-9（续）

考核项目		考核标准	配分	自评分	互评分	教师评分
素质点	1. 职业素养	认真细致地完成相关整定计算者满分，否则 0~4 分	5			
	2. 学习态度	遵守纪律、学习热情高涨、积极参与者满分，否则 0~4 分	5			
		小计	10			
		合计	100			

注：1. 考评时间为 60 min，每超过 1 min 扣 1 分；
  2. 要安全文明工作，否则教师酌情扣 1~10 分。

教师签字：＿＿＿＿＿＿

思考练习

1. 为什么要先整定过负荷保护，再整定短路保护？
2. 熔体额定电流的选择方法是什么？

项目七　井下供电安全技术措施

【项目描述】

井下供电系统中，为了保护人员安全及设备安全，需要采取很多措施进行安全防护，因此了解供电安全技术措施，对井下电气作业人员安全操作具有非常重要的意义。

【项目分析】

本项目由两个任务组成，分别是触电及其预防和井下电网三大保护。

在实际工作中，由于电气设备安装或维护不当以及工作人员疏忽大意或违反操作规程，很容易造成人身触电事故，为了有效地防止触电事故的发生，必须采取触电预防和急救操作。因此，任务一主要介绍触电的危险性及其预防与急救的措施。

任务二主要介绍井下电网三大保护（接地保护、漏电保护、过电流保护）。电力设备的金属外壳通常是不带电的，但如果电气设备的绝缘损坏，其金属外壳就会带电，为了预防这一事故，通常对设备要进行接地保护。当电网绝缘小于一定数值时，人触电后可能会产生生命危险。因此，在井下供电系统中需要装设漏电保护装置。凡是电气设备的实际电流超过额定电流值均称为过电流，过电流会对设备和人员造成危害，因此，井下供电系统需要装设过电流保护装置。

【学习目标】

☞　知识目标
➢　了解触电的原因、危害性及预防方法；
➢　熟悉触电事故的处理方法；
➢　掌握保护接地的工作原理及漏电保护的原因。

☞　能力目标
➢　会使用人工呼吸法、胸外心脏按压法进行触电急救；
➢　能够按照要求安装保护接地装置；
➢　能够分析并解决常见的各种电气故障。

☞　素质目标
➢　提高学生规范操作的安全意识；
➢　培养学生严谨细致的工作作风；
➢　培养学生分析和解决问题的能力。

任务一　触电及其预防

任务描述

电气设备的使用、维护不当，极易产生各类触电事故，将会给个人和企业带来巨大的生命财产损失。因此，进入生产作业岗位的各级员工，必须了解和掌握生产作业过程中的安全用电知识和触电急救知识，进而有效地应对在工作过程中所遇到的触电事故。

其学习目标如下：

☞ 知识目标

➢ 了解触电的原因、危害性及预防方法；

➢ 熟悉触电事故的处理方法。

☞ 能力目标

➢ 能够正确使用人工呼吸法进行触电急救；

➢ 能够正确使用胸外心脏按压法进行触电急救。

☞ 素质目标

➢ 提高学生规范操作的安全意识；

➢ 培养学生严谨细致的工作作风。

相关知识

一、触电的危险性

触电对于人体的破坏程度很复杂。一般意义上，电流对人体的伤害，大致分为两大类，即电击和电伤。电击是指电流通过人体内部，造成人体内部器官的损伤和破坏。电伤是指强电流瞬间通过人体的某一局部或电弧对人体表面造成的伤害。在触电死亡事故统计中，多数事故是由电击造成的，电伤触电时，只要烧伤面积不大，一般情况下没有生命危险，所以电击的危险高于电伤。在高压触电事故中，电击和电伤同时存在，在低压触电事故中，主要是电击。

触电的危险因素及其预防措施

电流对人体的伤害程度，主要与以下几个因素有关。

1. 流过人体的电流

流过人体的电流又称人体触电电流，它的大小对人体组织的伤害程度起着决定性的作用。表 7-1 列出了不同触电电流时人体的生理反映情况。

由表 7-1 可知，流过人体的电流越大，对人体组织的破坏程度也就越大，因而也就越危险。一般规定：工频交流的极限安全电流值为 30 mA。

表 7-1 不同触电电流时人体的生理反映情况

电流/mA	电 流 类 别	
	50 Hz 交流	直流
0.6~1.5	开始有感觉，手指有麻刺感	没有感觉
2~3	手指有强烈麻刺感，颤抖	没有感觉
5~7	手部痉挛	感觉痒，刺痛、灼热
8~10	手指尖部到腕部痛得厉害，虽能摆脱导体，但较困难	热感觉增强
20~30	手迅速麻痹，不能摆脱导体，痛得厉害，呼吸困难	热感觉增强，手部肌肉收缩但不强烈

表 7-1(续)

电流/mA	电流类别	
	50 Hz 交流	直流
30~50	引起强烈痉挛，心脏跳动不规则，时间长则心室颤动	热感觉增强，手部肌肉收缩但不强烈
50~80	呼吸麻痹，发生心室颤动	有强烈热感觉，手部肌肉痉挛、呼吸困难
90~100	呼吸麻痹，持续 3 s 以上心脏麻痹，以至停止跳动	呼吸麻痹
100~300	作用时间 0.15 s 以上，呼吸和心脏麻痹，肌体组织遭到电流的热破坏	

1) 人体电阻

流经人体电流的大小，与人体电阻有着密切的关系。当电压一定时，人体电阻越大，流经人体的电流越小，反之亦然。

人体电阻包括两部分，即体内电阻和皮肤电阻。体内电阻由肌肉组织、血液、神经等组成，其值较小，且基本上不受外界条件的影响。皮肤电阻是指皮肤表面角质层的电阻，它是人体电阻的主要部分，且它的数值变化较大。人体电阻与人体皮肤状况、触电的状况等因素有关。当皮肤干燥、完整时，人体电阻可达 10 kΩ 以上；而当皮肤角质层受潮或损伤时，人体电阻会降到 1 kΩ 左右；如皮肤完全遭到破坏，人体电阻将下降到 600~800 Ω。

由于煤矿井下潮湿多尘，所以在研究触电对人体的危害时，通常人体电阻取 1 kΩ 作为计算依据。

2) 人体接触电压

流经人体电流的大小与人体接触电压的高低有直接关系，接触电压越高，触电电流越大。但二者之间并非线性关系，如图 7-1 曲线所示。这是因为人体电阻不是固定不变的，随着电压的增高，触电电流增大，人体会发热出汗，此外人体皮肤角质层也有可能碳化或击穿，使人体电阻急剧下降，触电电流便迅速增大，触电的危险性也就越大。

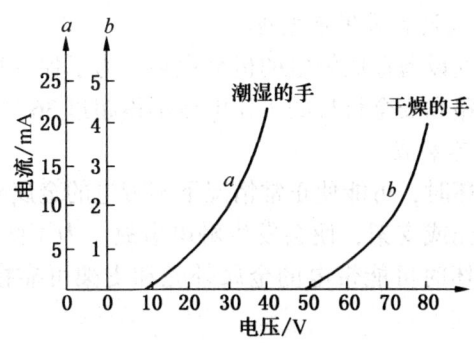

图 7-1 触电电流与接触电压的关系

极限安全电流和人体电阻的乘积,称为安全接触电压,它与工作环境有关。根据《特低电压(ELV)限值》(GB/T 3805—2008)规定,其有效值最大不超过 50 V,安全额定电压等级为 42、36、24、12、6 V。一般工矿企业安全电压采用 36 V。

2. 触电持续时间

触电持续时间是指从触电瞬间开始到人体脱离电源的时间。它与触电电流一样,是影响危害程度的重要因素。触电持续时间越长,对人体引起的热伤害、化学伤害和生理伤害就越严重,越易引起心室颤动。此外,随着电流在人体内持续时间的增加,人体发热出汗,人体电阻会逐渐减小,因而使触电电流增大。所以,即使是比较小的电流,若流经人体的时间长,也会造成伤亡事故。反之,即使触电电流较大,若能在很短时间脱离,也不致造成生命危险。因此,我国规定:触电电流与触电时间的乘积不得超过 30 mA·s。

触电对人体的伤害程度除上述几个主要因素外,还与电流的频率、电流通过人体的途径、人的体质状况等因素有关。工频交流电对人体危害最大,直流电比工频交流电危害小,交流电的频率越高,危害越小。对人体而言,从左手到脚的触电电流路径最危险。

二、触电的预防方法

小贴士:规范操作、安全第一;安全生产,重在预防。请按照规章制度规范进行电气设备的安装维护等各项操作。

在实际工作中,由于电气设备安装或维护不当,以及工作人员的疏忽大意或违反操作规程,很容易造成人身触电事故。为了有效地防止触电事故的发生,必须采取以下安全措施。

1. 使人体不能接触和接近带电导体

将带电裸导体置于一定高度或加保护遮拦或封闭在外壳内,使人体接触不到带电导体。如地面 1~10 kV 架空线路经过居民区时,对地面最小距离为 6.5 m;井下架线式电机车的架空线,在大巷中其敷设高度距轨面不得小于 2 m;在井底车场,其敷设高度距轨面不得低于 2.2 m;电气设备外盖与手把之间,设置可靠的机械闭锁装置,以保证合上外盖前,不能送电,不切断电源,不能开启外盖;操作高压回路时,必须戴绝缘手套、穿绝缘靴等,以防触电。

2. 人体接触较多的电气设备采用低电压

人体接触机会多的电气设备造成触电的机会也多,为了保证用电安全,应采用较低的电压供电。例如:控制回路和安全行灯的工作电压不得超过 36 V 等。

3. 设置保护接地或接零装置

当电气设备的绝缘损坏时,可能使正常情况下不带电的金属外壳或支架带电,如果人体触及这些带电的金属外壳或支架,便会发生触电事故。为了防止这种触电事故的发生,将正常时不带电,绝缘损坏时可能带电的金属外壳和支架可靠接地或接零,以确保人身安全。

4. 设置漏电保护装置

电气设备或线路在绝缘损坏时会有触电的危险,所以设置漏电保护装置,使之不断地监测电网的绝缘状况，在绝缘电阻降到危险值或人身触电时，自动切断电源，以确保安全。

5. 井下及向井下供电的变压器中性点严禁直接接地

在矿井井下为了防止人体触电和引爆瓦斯、煤尘，规定井下电网的中性点严禁直接接地。例如，图7-2所示的中性点直接接地系统，若人体触及一相导体时，人体接触的是相电压，此时通过人体的电流为

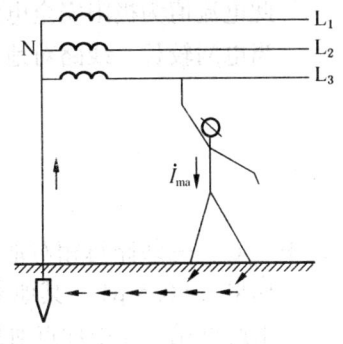

$$I_{ma} = \frac{U_p}{R_{ma}} \qquad (7-1)$$

图7-2 中性点直接接地系统人体触及一相时的情况

式中　I_{ma}——通过人体的电流，A；
　　　U_p——电网的相电压，V；
　　　R_{ma}——人体电阻，Ω。

如果电网线电压为660 V，人体电阻为1000 Ω，通过人体的电流为

$$I_{ma} = \frac{660}{\sqrt{3} \times 1000} = 0.38 \text{ A} = 380 \text{ mA}$$

这个数值远远大于极限安全电流，因而触电后危险性极大。如果发生单相接地故障，即为单相接地短路，则在故障点产生的电弧足以引起瓦斯、煤尘的爆炸。

中性点对地绝缘系统如图7-3所示。若人体触及一相导体时，流过人体的电流经另外两相对地绝缘电阻和电网对地分布电容形成回路。

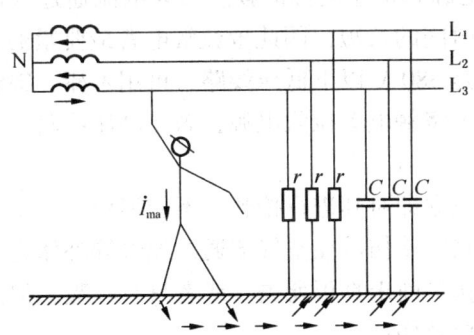

图7-3 中性点绝缘系统人体触及一相时的情况

当供电系统的线路总长度小于1 km时，可忽略电网对地分布电容的影响，此时流过人体的电流为

$$I_{ma} = \frac{3U_p}{3R_{ma} + r} \qquad (7-2)$$

式中　r——电网每相对地绝缘电阻，Ω。

当$r = 35000$ Ω，其他条件与上述相同时，此时流过人体的电流为

$$I_{ma} = \frac{3 \times 660/\sqrt{3}}{3 \times 1000 + 35000} = 0.03 \text{ A} = 30 \text{ mA}$$

此电流值为极限安全电流值。

当电网较长,线路对地分布电容不可忽略时,流过人体电流为

$$I_{ma} = \frac{U_p}{R_{ma}\sqrt{1 + \frac{r(r + 6R_{ma})}{9R_{ma}^2(1 + r^2\omega^2C^2)}}} \tag{7-3}$$

式中 C——线路每相对地分布电容,F。

如果 $C = 0.5~\mu F$,其他参数不变,经计算,此时通过人体的触电电流为 154 mA。

由此可见,在中性点对地绝缘系统中,当电网对地分布电容较大时,人体触电的危险性仍然很大。因此,除井下电网中性点严禁直接接地外,还必须采取其他安全措施,来消除电网对地电容电流的影响。

三、触电后的急救

小贴士:生命至上、应急救援。电气作业人员应具备针对触电事故的应急救援能力。

触电后的急救

在供电系统中,尽管采取了有效的预防措施。但是,由于人为因素、设备问题等也会偶然发生触电事故。一旦出现触电事故时,为了有效地抢救触电者,要做到"两快""一坚持""一慎重"。

1. "两快"

"两快"指快速切断电源和快速进行抢救。因为电流通过人体所造成的危害程度主要取决于电流的大小和作用时间的长短,因此抢救触电者最要紧的是快速切断电源。当出事地点没有电源开关时,若是 380 V 以下低压线路,可用木棒、绳索等就便绝缘物体拨开电源线或在保证安全的前提下将触电者拉脱电源;若是高压线路,则应用相应等级的绝缘棒等物品使触电者脱离电源。

触电者脱离电源后,应立即对其进行抢救,不能消极地等待医生到来。如果伤员是一度昏迷,尚未失去知觉,则应使伤员在空气流通的地方静卧休息。如果触电者呼吸暂时停止,心脏暂时停止跳动,伤员尚未真正死去,或者只有呼吸,但比较困难,此时必须立即进行人工呼吸和心脏按压抢救伤员。

1) 人工呼吸法

人工呼吸是用人工的方法代替伤员肺的活动,供给氧气,排出二氧化碳。最常用的方法是口对口人工呼吸法,如图 7-4 所示。它的操作简单,一次吹气量可达 1000 mL 以上。具体操作步骤和方法如下。

(1) 使伤员仰卧并把头侧向一边,张开伤员的嘴巴,清除口腔中的血块、异物、假牙和呕吐物等,以使呼吸道畅通,同时解开衣领,松开紧身衣服,使其胸部自然扩张。

(2) 抢救者在伤员的一侧,一手捏紧伤员的鼻孔,避免漏气,用手掌的外缘顺势压住额部;另一只手托在伤员的颈后,将颈部上抬,使其头部充分后仰(在颈下可垫以物体)。

(3) 抢救者以图 7-4a 所示方法,先吸一口气,然后紧凑伤员的嘴巴,向他大口吹气,时间约 2 s。

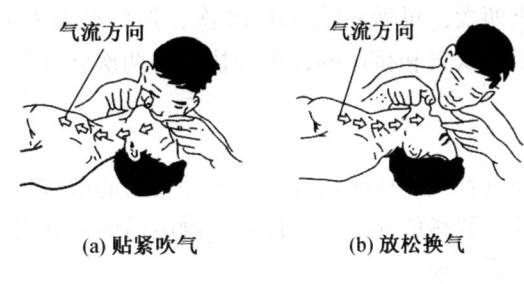

(a) 贴紧吹气　　　　(b) 放松换气

图 7-4　口对口吹气的人工呼吸法

(4) 吹气完毕后，立即离开伤员的嘴，并放松捏紧其鼻孔的手，这时伤员的胸部自然回缩，气体从肺内排出，如图 7-4b 所示，时间约 3 s。

按以上步骤连续不断地操作，每分钟约 12 次。如果伤员张嘴有困难，可紧闭其嘴唇，将口对准其鼻孔吹气，效果也可。

2) 心脏挤压法

心脏挤压法又叫心脏按摩法，如果触电者心跳停止，就必须进行心脏按压，以达到推动其体内血液循环的目的。具体操作方法如下。

(1) 使伤员仰卧于平整的木板或硬地上，以保证挤压效果。急救者在伤员一侧，或骑跨在伤员的腰部两侧。

(2) 抢救者两手相叠，下面一只手的掌根按于伤员胸骨下三分之一处，四指伸直，中指末端恰在伤员颈部凹陷的边缘，如图 7-5 所示。

(3) 抢救者用上面的手加压，压时肘关节要伸直，垂直向下挤压，使胸骨下陷 30~40 mm，如图 7-6a 所示，这样可以间接挤压心脏，达到排血的目的。

(4) 挤压后突然放松（注意掌根不要离开胸壁），依靠胸廓的弹性，使胸骨自动复位，心脏扩张，大静脉的血液就能回流到心脏，如图 7-6b 所示。

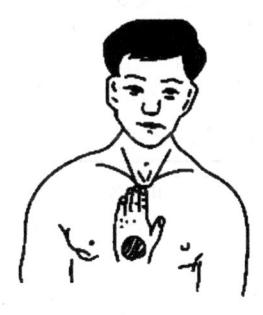

图 7-5　心脏按压的正确压点

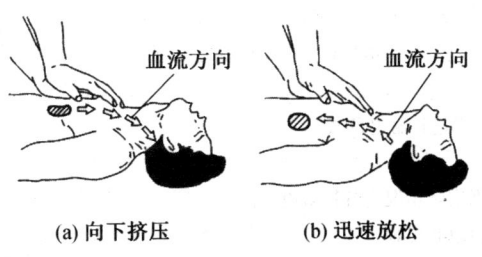

(a) 向下挤压　　　　(b) 迅速放松

图 7-6　人工胸外心脏按压法

按照上述步骤连续进行操作，成人每分钟按压 60 次。挤压时定位须正确，用力要适度，以免引起肋骨骨折、气胸、血胸及内脏损伤等并发症。

如果伤员的心脏和呼吸都停止了，则两种方法应由两人同时进行。若现场抢救者只有一人时，应先做人工呼吸两次，再做心脏按压 15 次，然后再做人工呼吸，如此反复进行。此时，为了提高抢救效果，吹气和挤压的速度要快些，两次吹气在 5 s 内完成，15 次挤压在 10 s 内完成。

2. "一坚持"

坚持对失去知觉的触电者持久连续地进行人工呼吸与心脏按压，在任何情况下，这一抢救工作决不能无故中断，贸然放弃。事实证明，触电后的假死者大有人在，有的坚持抢救长达几个小时，最终复活过来。

3. "一慎重"

慎重使用药物，只有待触电者的心脏跳动和呼吸基本正常后，方可使用药物配合治疗。

任务实施

1. 任务内容

触电的预防与急救。

2. 工具器材

心肺复苏模拟人。

3. 实施过程

触电预防与急救工作实施过程见表 7-2。

表 7-2 触电预防与急救工作计划书

制订人：_____ 制订时间：_____

工作任务	触电的预防与急救	
任务要求	1. 能够分析出触电的原因； 2. 根据触电原因，能够制定相应的预防措施； 3. 触电急救	
阶段	实施步骤	注意事项
准备阶段	1. 做好组织工作，并分组； 2. 携带笔、记录本和有关电气设备说明书	课前预习，并熟读相关电气说明书
触电急救阶段	按照要求进行触电急救	胆大、心细
触电原因分析	1. 根据实际情况，分析触电原因； 2. 分析急救过程	详细记录
总结阶段	1. 清理现场； 2. 分析触电原因，并提出预防措施； 3. 填写工作记录单	现场干净、整洁

任务拓展

试分析下列案例事故原因,并谈谈如何预防。

案例一:某模具厂办公楼工程,共三层,框架结构。现场施工人员使用钢管和扣件临时搭设了一个移动平台,长 4.2 m,宽 3.5 m,高 6.1 m,底部设有 4 个刚性滚动的轮子,用于粉刷底层通道顶棚。通道混凝土地坪一周前施工完毕正在养护。3 名施工人员利用该平台完成了一处顶棚粉刷,在改变作业位置时,由于贪图方便,便站在平台上指挥地面上的 3 名工友和 1 名洒水养护混凝土地面的洒水工共同推动平台前行。推动过程中,平台底部的刚性滚动轮对地面上的一根未作任何保护的塑料电缆斜向碾压。塑料电缆绝缘层被轧破后,裸露的金属线使平台整体带电,导致平台上 3 名施工人员触电身亡,地面上 4 人受伤。

结合上述案例,谈谈你的分析及感想(也可小组协作完成)。

案例二:某市宾馆改造项目的土建、水电施工任务由市第二建筑安装工程公司承担,其中的给水管道支架焊接作业由电焊工张某(特种作业操作证领证二十五天)施焊。在作业点,张某把电焊机电源线接在圆盘锯使用的开关箱上,箱内装有漏电保护器。该电焊机比较破旧,外壳没有接保护零线,一次线绝缘皮已经老化破损,多处金属芯线外露。电焊作业期间正值盛夏,天气炎热,张某因大量出汗而未戴安全帽,未穿上衣。当张某登上用钢筋焊制的人字形爬梯挥动焊把拖动焊把线准备作业时,无意使焊把线裸露的金属芯线贴在了自己汗涔涔的后背上,导致其受电击,从梯子上摔了下来,头部着地,经医院抢救无效死亡。

结合上述案例,谈谈你的分析及感想(也可小组协作完成)。

学习评价

本任务学习效果考核的项目及标准见表 7-3。

表 7-3 学习效果考核评价表

考核项目		考核标准	配分	自评分	互评分	教师评分
知识点	1. 触电的原因、危害性和预防方法	完整说出满分;不完整 7~14 分;不会 0 分	15			
	2. 触电事故的处理方法	完整说出满分;不完整 7~14 分;不会 0 分	15			
		小计	30			
技能点	1. 会进行人工呼吸法	能够熟练演示满分;不熟练 15~29 分;不会 0 分	30			
	2. 会进行人工胸外心脏按压法	能够熟练演示满分;不熟练 15~29 分;不会 0 分	30			
		小计	60			

表 7-3（续）

考核项目		考核标准	配分	自评分	互评分	教师评分
素质点	1. 职业素养	具备规范操作的安全意识者满分，否则 0~4 分	5			
	2. 学习态度	遵守纪律、学习热情高涨、积极参与者满分，否则 0~4 分	5			
		小计	10			
		合计	100			

注：1. 考评时间为 60 min，每超过 1 min 扣 1 分；
    2. 要安全文明工作，否则教师酌情扣 1~10 分。

教师签字：_____

思考练习

1. 触电的原因有哪几种？如何预防？
2. 遇到触电事故时，如何处理？

任务二　井下电网三大保护

任务描述

由于煤矿井下空气含氧量少和湿度大，导致电气设备的线路受潮，造成绝缘能力下降，严重影响电气设备的安全运行，为确保煤矿供电系统的安全，做好井下电网三大保护就变得尤为重要。煤矿井下电网三大保护包括保护接地、漏电保护以及过电流保护，本任务将会对井下三大保护进行详细介绍。

其学习目标如下：

☞ 知识目标
➤ 掌握保护接地的工作原理；
➤ 掌握漏电保护的原因。

☞ 能力目标
➤ 能够按照要求安装保护接地装置；
➤ 能够分析并解决常见的各种电气故障。

☞ 素质目标
➤ 培养学生严谨细致的工作作风；
➤ 培养学生分析和解决问题的能力。

相关知识

据有关资料统计，在煤矿瓦斯、煤尘发生爆炸事故中，由电火花引起的事故约占 50%；在煤矿发生的触电事故中，井下触电死亡人数约占 64%；在井下电器着火事故中，低压橡套电缆着火所占比例最大。

由于煤矿井下环境条件恶劣并且属于易燃易爆场所,故井下的负荷特征、电气设备及供电系统等都与地面有较大的差异,因此对安全供电与保护也提出了更高的要求。

一、井下电气设备的工作条件

(1) 煤矿井下的空气中含有瓦斯及煤尘,在其含量达到一定值时,如果遇到电气设备或电缆电线产生电火花、电弧和局部高温时,就会燃烧或爆炸。

(2) 井下硐室、巷道、采掘工作面等需要安装电气设备的地方,空间都比较狭窄。因此,电气设备的体积受到一定的限制,且人体接触电气设备、电缆的机会比较多,容易发生触电事故。

(3) 井下由于岩石和煤层都存在着压力,常会发生冒顶和片帮事故,使电气设备,特别是电缆,很容易受到砸、碰、挤、压而损坏。

(4) 井下空气比较潮湿,湿度一般在95%以上,并且机电硐室和巷道经常有滴水和淋水,电气设备很容易受潮。

(5) 井下有些机电硐室和巷道的温度较高,而井下电气设备的散热条件较差,电气设备容易过热损坏。

(6) 采掘工作面的电气设备移动频繁,且经常起动,用电设备的负荷变化较大,有时会产生短时过载。

(7) 由于井下地质条件发生变化或在雨季期间,井下有发生突然出水事故的可能,其出水量往往为正常井下涌水量的几倍或几十倍,要求排水设备迅速开动,以保证矿井安全。

(8) 井下如发生全部停电事故,超过一定时间后,可能发生采区或全井被淹的重大事故。同时井下停电停风后,还会造成瓦斯积聚,再次送电时,可能造成瓦斯或煤尘爆炸的危险。

二、井下电气保护的类型

(1) 过电流保护,包括短路保护、过载(过负荷)保护、断相。
(2) 漏电保护,包括选择性和非选择性漏电保护、漏电闭锁。
(3) 接地保护,包括局部接地保护、保护接地系统。
(4) 电压保护,包括欠电压保护、过电压保护。
(5) 单相断线(断相)保护。
(6) 风电闭锁、瓦斯电闭锁。
(7) 综合保护,包括电动机综合保护和照明综合保护等。

保护接零与
重复接地

其中短路保护、保护接地和漏电保护是保证煤矿井下安全供电的三大保护,缺一不可。为了避免其对井下电网所造成的各种危害,《煤矿安全规程》《煤炭工业矿井设计规范》(GB 50215—2015)对井下用电气设备、电压等级及管理等方面都做了具体规定。

三、煤矿供电三大保护

(一) 过电流保护

过电流是指流过电气设备和电缆的电流超过额定值。其故障有短路、过负荷和断相。

1. 短路

短路是指电流不流经负载，而是两根或三根导线直接短接形成回路。这时电流很大，可达额定电流的几倍、几十倍，甚至更大，其危害是能够在极短的时间内烧毁电气设备，引起火灾或瓦斯、煤尘爆炸事故。短路电流还会产生很大的电动力，使电气设备遭到机械损坏，也会引起电网电压急剧下降，影响电网中的其他用电设备的正常工作。造成短路的主要原因是绝缘受到破坏，因而应加强对电气设备和电缆绝缘的维护和检查，并设置短路保护装置。

2. 过负荷

过负荷是指流过电气设备和电路的实际电流超过其额定电流和允许过负荷时间。其危害是电气设备和电缆出现过负荷后，温度将超过所用绝缘材料的最高允许温度，损坏绝缘，如不及时切断电源，将会发展成漏电和短路事故。过负荷是井下烧毁中、小型电动机的主要原因之一。

引起电气设备和电缆过负荷的原因主要有以下几方面：一是电气设备和电缆容量选择过小，致使正常工作时负荷电流超过了额定电流，二是对生产机械的误操作，例如在刮板输送机机尾压煤的情况下，连续点动起动，就会在起动电流的连续冲击下引起电动机过热，甚至烧毁。此外，电源电压过低或电动机机械性堵转都会引起电动机过负荷。

3. 断相

断相是指三相交流电动机的一相供电线路或一相绕组断线。

造成断相的原因有：熔断器有一相熔断；电缆与电动机或开关的接线端子连接不牢而松动脱落；电缆芯线一相断线；电动机定子绕组与接线端子连接不牢而脱落等。

(二) 漏电保护

1. 漏电故障的类型

集中性漏电故障：供电系统中某一处或某一点的绝缘受到破坏，其绝缘阻值低于规定值，而供电系统中其余部分的对地绝缘仍保持正常。

分散性漏电故障：供电系统网络或某条线路的对地绝缘阻值均匀下降到规定值以下。

井下供电中遇到的大多数漏电故障是集中性漏电故障。

2. 常见漏电故障的原因

(1) 电缆和设备长期过负荷运行，促使绝缘老化。

(2) 电缆芯线接头松动后碰到金属设备外壳。

(3) 运行中的电缆和电气设备受潮或进水，使供电系统绝缘性能降低。

(4) 在电气设备内部随意增设电气元件，使元器件间的电气间隙小于规定值，导致放电而接地。

(5) 导电芯线与地线错接。

(6) 电缆和电气设备受到机械性冲击或炮崩。

(7) 人身直接触及一相导电芯线。

3. 漏电的危害

(1) 当漏电电流的电火花能量达到瓦斯、煤尘最小点燃能量时，能引起瓦斯、煤尘燃烧或爆炸。

(2) 当漏电电流超过 50 mA 时，可能引起电雷管的超前起爆。

(3) 当漏电故障不能及时发现和排除时，就可能扩大为相间短路事故。

(4) 若人身触及一相带电导体或漏电设备外壳时，流经人身的电流为超过 30 mA 的极限电流时，人身就有伤亡的危险。

(5) 电网对地电容电流随着电网的增大而增大。

4. 漏电保护的作用

(1) 能够防止人身触电。

(2) 能够不间断地监视井下采区低压电网的绝缘状态，以便及时采取措施，防止其绝缘进一步恶化。

(3) 减少漏电电流引起矿井瓦斯、煤尘爆炸的危险。

(4) 防止短路电流所产生的电弧烧穿隔爆型电气设备的金属外壳，或其外壳的温度升高，超过危险值，引起瓦斯、煤尘爆炸，从而提高了电气设备的防爆性能。

(5) 预防电缆和电气设备因漏电而引起的相间短路故障。特别是在使用屏蔽电缆的情况下，相间短路必然先从接地漏电开始，致使漏电保护装置首先动作，将故障排除，因而可防止短路事故的发生。

(6) 对于由短路引起的接地故障，漏电保护还可起短路保护的后备保护作用，一旦短路保护装置拒动，漏电保护装置还可使开关跳闸。

(7) 防止电网的接地漏电电流引爆电雷管。

(8) 选择性漏电保护装置的使用，将会缩小漏电的停电范围，便于寻找漏电故障，及时排除，从而缩短了漏电的停电时间，有利于提高劳动生产率，给矿井带来显著的经济效益。

(9) 为了充分发挥漏电保护的作用，特对煤矿井下低压检漏保护装置提出如下要求：应具有漏电跳闸和漏电闭锁双重功能，并连续不断地监视电网的绝缘状态。

当电网对地的总绝缘电阻降低到表 7-4 中所列数值及其以下时，应立即动作，切断其供电电源。

表 7-4 漏电动作电阻整定值

额定电压/V	漏电动作电阻整定值/kΩ	额定电压/V	漏电动作电阻整定值/kΩ
127	2.0	660	11
380	3.5	1140	20

当电网对地的总绝缘电阻降低到表 7-5 中所列数值及其以下时，应将其电源开关闭锁，以防止合闸送电，造成事故扩大。

表 7-5 漏电闭锁电阻整定值

额定电压/V	漏电闭锁电阻整定值/kΩ	额定电压/V	漏电闭锁电阻整定值/kΩ
127	4	660	22
380	7	1140	40

（三）保护接地

1. 保护接地的工作原理

电气设备的金属外壳及构架在正常情况下是不带电的，但如果电气设备的绝缘损坏，其金属外壳和构架就会带电。此时，人若触及，就会发生触电事故，如图 7-7a 所示。为了预防这一事故，一项重要措施就是对电气设备实行保护接地。

保护接地

保护接地是将电气设备的金属外壳和构架用导线与埋在地中的接地极连接，如图 7-7b 所示。

接地装置与人体构成并联电路，根据并联电压相等的关系有 $I_H R_H = I_E R_E$，整理后得

$$I_H = I_E \frac{R_E}{R_H} \tag{7-4}$$

式中　I_H ——通过人体的电流，A；

　　　I_E ——通过保护接地装置的电流，A；

　　　R_E ——保护接地装置的接地电阻，Ω；

　　　R_H ——人体电阻，Ω。

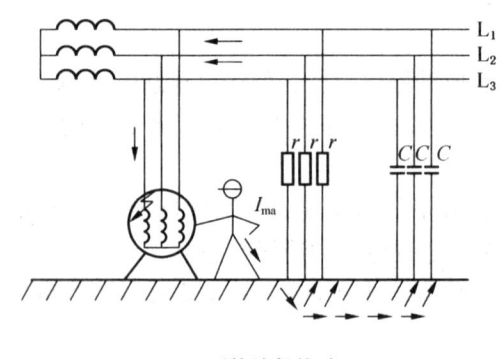

(a) 无接地保护时　　　　　　　(b) 有接地保护时

图 7-7　保护接地工作原理图

其中，保护接地装置的接地电阻 R_E 越小，通过人体的电流将越少，因而越安全。这是因为 R_E 越小，对人体的分流作用越大，绝大部分电流将通过保护接地装置入地，只有很少一部分电流通过人体，所以触电的危险性减小。由此可见，保护接地的关键是将保护接地装置的接地电阻值降低到规定的范围内，就可以使流过人体的电流不超过安全极限电流，达到减小触电危险的目的。

此外，装设保护接地装置后，当电气设备外壳带电时，接地漏电电流也大部分经过保护接地装置流入地中，只有很小一部分电流经电气设备的外壳入地。这样，当外壳与地因接触不良而出现裸露的电火花时，电火花的能量也大为减小，因而引起矿井瓦斯、煤尘爆炸的危险性减少。

鉴于保护接地的上述保护作用，《煤矿安全规程》规定：电压在 36 V 以上和由于绝缘

损坏可能带有危险电压的电气设备的金属外壳、构架，铠装电缆的钢带（钢丝）、铅皮（屏蔽护套）等必须有保护接地。

2. 井下保护接地系统的组成

井下保护接地系统由主接地极、局部接地极、接地母线、辅助接地母线、连接导线和接地线等组成，如图7-8所示。

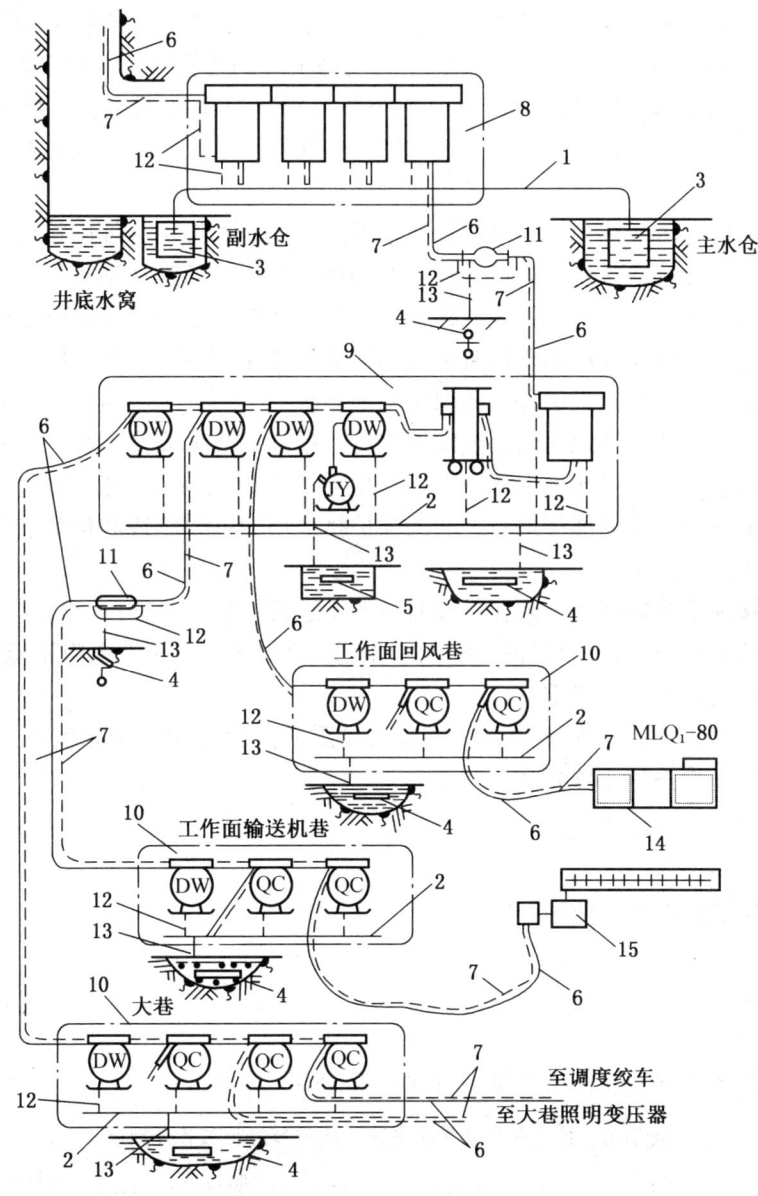

1—接地母线；2—辅助接地母线；3—主接地极；4—局部接地极；5—漏电保护用辅助接地极；
6—电缆；7—电缆接地导体；8—中央变电所；9—采区变电所；10—配电点；11—电缆接线盒；
12—连接导线；13—接地导线；14—采煤机组；15—输送机

图7-8 井下保护接地系统示意图

主接地极装设在井底车场的水仓中。主接地极在主、副水仓中应各设一个，以保证在清理水仓或检修接地极时，有一个主接地极仍起接地作用。主接地极一般采用面积不小于 0.75 m²，厚度不小于 5 mm 的耐腐蚀钢板制成。

除主接地极外，其他用于保护接地的接地极称为局部接地极。为了保证接地系统的可靠性和降低接地电阻，在电气设备集中的地方还必须装设局部接地极。局部接地极可用面积不小于 0.6 m²，厚度不小于 3 mm 的钢板，放在巷道的水沟中。在无水沟的地方，局部接地极可用直径不小于 35 mm，长度不小于 1.5 m 的镀锌钢管，垂直打入潮湿的地下。为降低接地电阻，钢管上要钻至少 20 个直径不小于 5 mm 的透孔，并全部垂直埋入底板。

井下需要装设局部接地极的地点有：每个装有固定设备的硐室；单独的高压配电装置；采区变电所；配电点；连接动力铠装电缆的接线盒；采煤工作面的机巷、回风巷以及掘进工作面等。

连接主接地极的母线称为接地母线。其他地点的接地母线称为辅助接地母线。接地极和电气设备外壳通过接地导线和连接导线接在接地母线上。各种接地母线、接地导线和连接导线应采用镀锌扁钢、镀锌钢绞线或裸铜线，其截面应小于规程规定的最小截面。

利用铠装电缆的金属外皮和非铠装电缆的接地芯线作为系统的接地线，将井下各处的接地装置连接起来，从而构成了井下的保护接地系统。

井下保护接地系统的接地电阻必须定期测量。根据《煤矿安全规程》的规定：任一组主接地极断开时，井下总接地网上任一保护接地点的接地电阻值，不得超过 2 Ω。每一移动式和手持式电气设备至局部接地极之间的保护接地用的电缆芯线和接地连接导线的电阻值，不得超过 1 Ω。

井下保护接地系统的接地电阻在设计时一般不进行计算，只需按《煤矿安全规程》规定的接地装置的规格设计，一般即可满足接地电阻的要求。当接地电阻不能满足要求时，亦可采取降阻措施使之符合要求。

小贴士：胆大心细、严谨细致。严格按照《煤矿安全规程》要求实施"接地保护装置的安装、使用和维护"工作任务。

任务实施

1. 任务的内容

接地保护装置的安装、使用和维护。

2. 工具器材

接地保护装置。

3. 实施过程

接地保护装置的安装、使用和维护过程见表 7-6。

表 7-6 接地保护装置的安装、使用和维护工作计划书

制订人：_____ 制订时间：_____

工作任务	接地保护装置的安装、使用和维护
任务要求	1. 按照《煤矿安全规程》的要求安装接地保护装置； 2. 按照《煤矿安全规程》的要求正确使用接地保护装置； 3. 按照《煤矿安全规程》的要求进行接地保护装置的日常维修

表 7-6(续)

阶段	实施步骤	注意事项
准备阶段	1. 检查接地保护装置； 2. 携带笔、记录本和有关电气设备说明书	课前预习，并熟读相关电气说明书
安装阶段	1. 认真阅读安装图纸； 2. 按照安装要求、规定进行安装	胆大、心细
维护阶段	1. 人为模拟； 2. 分析故障； 3. 进行维修	详细记录
总结阶段	1. 清理现场； 2. 分析触电原因，并提出预防措施； 3. 填写工作记录单	现场干净、整洁

任务拓展

拓展一　了解电气火灾

电气火灾是指由于电气的原因引起的火灾。引起电气火灾的原因有以下几方面：

（1）电气线路或电气设备因故障或过负荷而过度发热，产生电火花或电弧，而近旁又存在易燃物质，加上助燃物质，在一定的自然条件下就会发生火灾。

（2）电气线路架设不正确或在使用时违反安全规程而形成线路短路或过负荷而产生大量的热量，引起线路的火灾。

（3）导线、元器件接触不良，接触电阻过高，当较大的负荷电流通过时，产生高温引起火灾。

（4）煤矿井下电网漏电点产生电火花，引燃瓦斯和煤尘。

（5）井下照明灯罩上覆盖的煤尘使灯具散热不良，温度升高，导致煤尘燃烧而形成火灾。

（6）井下架线电机车电弧引燃木支护棚等。

电气火灾的发生除了造成人身伤亡和设备毁坏外，还可能造成大规模或长时间的停电，严重影响生产和人民生活。

在煤矿井下的电气火灾不仅给国家财产造成重大损失，影响正常生产，而且燃烧时会产生一氧化碳、二氧化碳等有害气体，危及井下工作人员。同时，还可能引起井下瓦斯、煤尘爆炸。

拓展二　案例

1. 事故经过

2016 年 2 月 17 日 15 点 49 分，110 kV 变电站 35022 高压柜过流 I 段 7.57 A 动作，导

致 35 kV 变电站全站失压，15 点 50 分 110 kV 变电站恢复 35022 高压柜送电，15 点 53 分 35 kV 变电站恢复正常供电。事故前 35 kV 变电站 2 回路运行，1 回路停电做春季预防性试验。

2. 事故原因

（1）直接原因：某建设工程有限公司工作人员在 35 kV 变电站做春季预防性试验，试验期间擅自操作电气设备致使 35 kV 1 回线路三相短路接地故障，导致 110 kV 变电站 35022 高压开关柜跳闸，造成 35 kV 变电站全站失压。

（2）间接原因：35 kV 值班人员及机电队配合试验人员，没有做好监护职责。

3. 防范措施

（1）某建设工程有限公司对相关规程、措施进行认真学习贯彻，禁止在站内进行倒闸操作。

（2）机电队配合试验人员、值班人员要身负其责，做好现场操作、监护、记录工作，避免此类事故再次发生。

（3）机电队对本次事故组织学习，提高员工意识，增强员工的安全意识，充分认识到违章操作的危害性。

（4）机电队要加强现场跟班管理，机电管理部、生产运营公司要加强现场巡查，杜绝违章行为的发生。

学习评价

本任务学习效果考核的项目及标准见表 7-7。

表7-7 学习效果考核评价表

考核项目		考核标准	配分	自评分	互评分	教师评分
知识点	1. 能够简述保护接地的工作原理	完整说出满分；不完整7~14分；不会0分	15			
	2. 能够简述漏电保护的原因	完整说出满分；不完整7~14分；不会0分	15			
	小计		30			
技能点	1. 能够按照要求安装保护接地	能够演示满分；不熟练15~29分；不会0分	30			
	2. 能够分析故障，并进行维修	能够演示满分；不熟练15~29分；不会0分	30			
	小计		60			

表7-7(续)

考核项目		考核标准	配分	自评分	互评分	教师评分
素质点	1. 职业素养	能够独立分析常见电气故障,并给出解决方案者满分,否则0~4分	5			
	2. 学习态度	遵守纪律、学习热情高涨、积极参与者满分,否则0~4分	5			
		小计	10			
		合计	100			

注:1. 考评时间为60 min,每超过1 min扣1分;
　　2. 要安全文明工作,否则教师酌情扣1~10分。

教师签字:＿＿＿＿＿＿

思考练习

1. 试说明地面接地保护和接零保护装置的组成和保护原理。
2. 如何测量接地电阻值?

项目八　井下矿用电气设备运行与维护

【项目描述】

矿用电气设备的正常运行及维护是矿井维修电工、综采维修电工等工作人员的重要工作任务之一。本项目主要介绍目前煤矿井下常用电气设备防爆原理及要求，矿用隔爆型高压配电箱、矿用隔爆型馈电开关、矿用隔爆型电磁启动器、矿用隔爆型组合开关结构用途、性能特点、技术数据、工作原理及操作方法。

【项目分析】

本项目从煤矿供电系统常用电气设备入手，根据使用场所和矿用电气设备的用途、结构、性能特点合理选择矿用电气设备；能够根据矿用电气设备的结构、性能、电路原理，分析、判断并处理电气故障；能正确合理地使用、维护、操作、检修矿用电气设备。

【学习目标】

☞　知识目标
- 掌握矿用电气设备的特点、类型；
- 熟悉《煤矿安全规程》对矿用电气设备的相关要求；
- 掌握井下电气设备防爆安全检查考核要求。

☞　能力目标
- 会分析各种矿用电气设备的特点；
- 能够完成井下电气设备防爆安全检查考核。

☞　素质目标
- 提高学生规范操作的安全意识；
- 培养学生严谨细致的工作作风；
- 培养学生分析和解决问题的能力。

任务一　矿用电气设备防爆检查

任务描述

煤矿井下工作环境条件特殊，为了保证井下安全生产，矿用电气设备根据使用地点的不同有相应的要求，本任务主要介绍矿用电气设备的类型及其在不同条件下的使用情况，防爆电气设备的种类及防爆性能检查等。

其学习目标如下：

☞　知识目标
- 掌握矿用电气设备的特点及防爆措施；
- 掌握矿用电气设备的类型及特点；

➢ 掌握《煤矿安全规程》对井下电气设备选型的要求。
☞ 能力目标
➢ 能够正确识别矿用电气设备的防爆类型；
➢ 能够正确进行井下电气设备防爆安全检查。
☞ 素质目标
➢ 提高学生规范操作的安全意识；
➢ 培养学生严谨细致的工作作风。

相关知识

一、矿用电气设备的特点

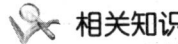
矿用电气设备的特点及防爆原理

由于煤矿井下环境条件特殊，为了保证井下安全生产，矿用电气设备必须具备如下特点。

（1）井下巷道、硐室和采掘工作面的空间狭窄，为节省硐室建筑费用和搬迁方便，要求矿用电气设备应体积小、质量轻、便于移动和安装。

（2）井下存在冒顶、片帮、滴水及淋水等现象，所以矿用电气设备应具有坚固的外壳和较好的防潮、防锈性能。

（3）井下存在瓦斯和煤尘，在一定条件下有爆炸危险，所以矿用电气设备应具有防爆性能。

（4）井下机电设备工作任务繁重、启动频繁，负载变化较大，设备易过载，所以矿用电气设备应有较大的过载能力。

（5）井下潮湿，易触电。故矿用电气设备外壳应封闭，应有机械、电气闭锁及专用接地螺丝；对照明信号及控制电器采用 36 V 低压，以降低触电的危险性。

二、防爆措施

在煤矿开采过程中，从煤层和岩层不断涌出瓦斯，瓦斯中含有甲烷、乙烷、一氧化碳、二氧化碳和二氧化硫等气体，其中主要成分为甲烷（CH_4）。在正常温度和压力下，当甲烷浓度在 5%～15% 时，又遇到 650～750 ℃ 的高温热源就会发生爆炸；甲烷浓度在 8.2%～8.5% 时最易引爆；甲烷浓度在 9.5% 时爆炸压力最大。当煤尘粒度在 1 μm～1 mm 时，可燃挥发分（煤中的有机物质受热分解产生的可燃性气体）超过 10%，悬浮在空气中的含量为 30～3000 g/m^3 时，又遇到 700～850 ℃ 的高温热源也会发生爆炸。

除此之外，引起瓦斯、煤尘爆炸的点火源不仅是电弧和电火花，还有金属撞击和摩擦火花、煤自然发火及明火等，在工作中应特别注意。

瓦斯、煤尘爆炸时产生很大的冲击力，具有极强的破坏性，工作人员容易受到伤害，设备及巷道也易遭到破坏，是井下最大的恶性事故。

因此，为了防止瓦斯和煤尘爆炸，一是加强通风洒水，降低瓦斯和煤尘的浓度；二是限制高温热源。为了限制高温热源，要求电气设备必须具有防爆性能。为满足电气设备的防爆性能，通常采用如下三种措施。

1. 隔爆外壳

将电气设备置于隔爆外壳内，隔爆外壳具有足够的机械强度，当壳内发生瓦斯爆炸时，外壳不仅不破裂或变形，并且从隔爆间隙逸出壳外的火焰已得到足够的冷却，不足以引燃壳外的瓦斯或煤尘，即外壳必须有耐爆和隔爆性能。

耐爆性能由外壳的机械强度来保证。实验证明，壳内爆炸压力与外壳的净容积大小和形状有关。外壳形状以长方形为压力最小，故近年来防爆电气设备的外壳多设计成长方体。外壳净容积越大，爆炸时产生的爆炸压力也越大，不同净容积外壳的试验压力要求见表8-1。

表8-1 隔爆外壳的试验压力

外壳净容积 V/cm^3	$V \leqslant 500$	$500 < V \leqslant 2000$	$2000 < V$
试验压力/MPa	0.35	0.6	0.8

为了保证隔爆性能，要求外壳各部件之间的隔爆接合面应符合一定的要求。这样当壳内发生爆炸时，火焰通过接合面间隙向外传播的过程中，受到足够冷却，使其温度降至瓦斯点燃温度以下。因此，对接合面的间隙、最小宽度和粗糙度均有一定要求。隔爆接合面表面平均粗糙度不超过 6.3 μm。对隔爆接合面的最大间隙 W_C 和最小有效宽度 W 及孔或螺孔边缘至外壳边缘（取最大边缘距）的最小宽度 W_1 要求见表8-2。

表8-2 矿用电气设备隔爆外壳隔爆接合面的最小宽度和最大间隙　　　　　mm

接合面型式	接合面宽度 W	孔或螺孔边缘至外壳边缘的最小宽度 W_1	与外壳容积 V 对应的最大间隙 W_C	
			$V \leqslant 100\ \text{cm}^3$	$V > 100\ \text{cm}^3$
平面接合面和止口接合面	$6 \leqslant W < 12.5$	$W < 12.5$ 时，$W_1 \geqslant 6$	0.30	—
	$12.5 \leqslant W < 25$	$W_1 \geqslant 8$	0.40	0.40
	$25 \leqslant W$	$W_1 \geqslant 9$	0.50	0.50
操纵杆和轴①②	$6 \leqslant W < 12.5$		0.30	—
	$12.5 \leqslant W < 25$		0.40	0.40
	$25 \leqslant W$		0.50	0.50
带滑动轴承的转轴③	$6 \leqslant W < 12.5$		0.30	—
	$12.5 \leqslant W < 25$		0.40	0.40
	$25 \leqslant W < 40$		0.50	0.50
	$40 \leqslant W$		0.60	0.60
带滚动轴承的转轴④	$6 \leqslant W < 12.5$		0.450	—
	$12.5 \leqslant W < 25$		0.60	0.60
	$25 \leqslant W$		0.750	0.750

注：①对于操纵杆轴和转轴其间隙是指最大的直径差；
　　②如果操纵杆或轴的直径大于本表所规定的隔爆接合面的最小宽度（6 mm），其接合面宽度应不小于操纵杆或轴的直径，但不必大于 25 mm；
　　③如果转轴的直径大于本表所规定的隔爆接合面的最小宽度，其火焰通路长度，当转轴直径不大于 25 mm 时，应不小于转轴直径；当转轴直径大于 25 mm 时，应不小于 25 mm；
　　④滚动轴承的转轴轴承盖，当轴与轴孔不同心时，其最大单边间隙不得超过允许最大间隙的 2/3。

对于螺纹隔爆结构，螺纹接合面的最小啮合扣数为 5 扣，当容积大于 100 cm³ 时，最小啮合轴向长度为 8 mm；当容积不大于 100 cm³ 时，最小轴向啮合长度为 5 mm，并且应有防止松脱的装置。

2. 本质安全型电路

本质安全型电路简称本安型电路（亦称安全火花型电路），是指电路系统或设备在正常工作或在规定的故障条件下，产生的任何电火花或任何热效应均不能点燃瓦斯和煤尘规定的爆炸性气体环境的电路。实验证明，点燃瓦斯所需最小能量为 0.28 mJ。如果恰当选择电路参数和采取一定的保护措施，把火花能量限制在 0.28 mJ 以下，就不会引起瓦斯爆炸。

电火花分为电阻性、电容性和电感性三种。电路开关在开、合过程中或发生短路时，均能产生电火花，其能量大小取决于电源电压和回路阻抗。对纯电阻电路，火花的能量取决于电压和电流；对电感电路，火花的能量主要取决于电流和电感；对电容电路，火花的能量主要取决于电压和电容。电火花能量是决定点燃瓦斯的主要参数，在设计本质安全型电路时，必须限制火花能量。其方法主要有：

（1）合理选择电气元件，尽量降低电源电压；

（2）增大电路中的电阻或利用导线电阻来限制电路中的故障电流；

（3）采取消能措施，消耗或衰减电感元件或电容元件中的能量。

可见，本质安全型电路只能是低电压、小电流电路。它只适于矿井通信、信号、测量和控制等电路。本质安全型设备不需要隔爆外壳，具有体积小、质量轻、安全、可靠等优点。

3. 超前切断电源和快速断电系统

超前切断电源是当电气设备出现故障，在可能点燃瓦斯之前，就利用自动断电装置将电源切断。这种方法已用于矿用照明灯、矿用屏蔽电缆和放炮器。现以屏蔽电缆为例说明其工作原理。

矿用屏蔽电缆与检漏继电器配合使用，可做到超前切断电源。当屏蔽电缆相线绝缘损坏，电缆芯线首先与屏蔽层接触，造成漏电，检漏继电器动作使开关跳闸。这样，在电缆还未形成短路故障或电火花外露之前就切断电源。

快速断电系统的工作原理是：电火花点燃瓦斯和煤尘需要一定时间，其时间的长短因电路参数和故障原因不同而异，但最短也在 5 ms 以上。如果故障切除时间小于 5 ms，则无论电缆受何损伤，其电火花均不能点燃瓦斯和煤尘。一般快速断电系统的断电时间为 2.5~3 ms。

三、矿用电气设备的类型

矿用电气设备分矿用一般型和矿用防爆型两大类。

1. 矿用一般型电气设备

矿用一般型电气设备，是指一些专为煤矿井下条件而生产的不防爆电气设备。与地面普通型电气设备相比，其外壳坚固、封闭，能防尘、防滴、防溅；绝缘更加耐潮；与电缆连接采用专门的电缆接线盒或插销装置，没有裸露接头；接线端子相互之间以及和外壳之间，有增大的漏电距离和电气间隙；有防止从外部直接触及壳内带电部分的

矿用电气设备的类型及使用场所

机械闭锁装置。矿用一般型电气设备的标志符号为"KY"。

矿用一般型电气设备是非防爆设备，只能用于无瓦斯和煤尘爆炸危险的场所。

2. 矿用防爆型电气设备

矿用防爆型电气设备属于Ⅰ类电气设备（工厂用属于Ⅱ类）。矿用防爆电气设备的外壳上和设备铭牌上都有"Ex"标志。常用防爆电气设备的类型有以下几种。

1）隔爆型电气设备（ExdⅠ）

隔爆型电气设备是具有隔爆外壳的电气设备，标志符号为"d"。这种设备将可能产生电火花的元件放在隔爆外壳中，使之与外界环境隔离。

2）增安型电气设备（ExeⅠ）

增安型电气设备是防爆型设备中安全程度最低的电气设备，标志符号为"e"。增安型电气设备是在正常运行条件下不会产生电弧、火花或可能点燃爆炸性混合物的高温的设备结构上，采取措施提高安全程度，以避免在正常和认可的过载条件下出现这些现象的电气设备。只有在正常运行条件下不会产生电弧、火花或危险温度，其额定电压不高于 11 kV 的电气设备及其部件，才允许制成增安型。

3）本质安全型电气设备（Exi_aⅠ 或 Exi_bⅠ）

内部所有电路都是本质安全型电路的电气设备，即为本质安全型电气设备，其标志符号为"i"。本质安全型电气设备又分 a 和 b 两个等级，a 等级的安全程度高于 b 等级。

4）隔爆兼本质安全型电气设备（$Exdi_a$Ⅰ 或 $Exdi_b$Ⅰ）

隔爆兼本质安全型电气设备的标志符号为"di"。这种电气设备是隔爆型与本质安全型的组合，它的非本安电路部分置于隔爆外壳中。

5）正压型电气设备（ExpⅠ）

设备外壳内充有保护性气体，使其壳内的气压高于壳外，以阻止外部爆炸性混合物进入壳内的防爆性电气设备，其标志符号为"p"。

6）充砂型电气设备（ExqⅠ）

设备外壳内充填石英砂砾，在规定的条件下，使壳内产生的电弧、传播的火焰，外壳壁或砂砾材料表面的温度，均不能点燃周围爆炸性混合物。其标志符号为"q"。充砂型电气设备用于在使用时活动零件不直接与砂砾材料接触的，额定电压不超过 6 kV 的电气设备。

7）浇封型电气设备（ExmⅠ）

该设备将有可能产生点燃爆炸性混合物的电弧、火花和高温的部分浇封在浇封剂中，使其在正常运行和认可的过载和故障情况下不能点燃周围爆炸性混合物，其标志符号为"m"。

8）气密型电气设备（ExhⅠ）

该设备是具有气密外壳的电气设备，可防止外部可燃性气体进入壳内，其标志符号为"h"。

9）无火花型电气设备（ExnⅠ）

该设备在正常运行条件下，不会点燃周围爆炸性混合物，且一般不会发生有点燃作用的故障，其标志符号为"n"。

选择井下电气设备的类型时，应根据《煤矿安全规程》的有关规定选择。各类矿用电气设备的使用场所见表 8-3。

表 8-3 井下电气设备选型

设备类别	突出矿井和瓦斯喷出区域	高瓦斯矿井、低瓦斯矿井				总回风巷、主要回风巷、采区回风巷、采掘工作面和工作面进、回风巷
		井底车场、中央变电所、总进风巷和主要进风巷		翻车机硐室	采区进风巷	
		低瓦斯矿井	高瓦斯矿井			
1. 高低压电机和电气设备	矿用防爆型（增安型除外）	矿用一般型	矿用一般型	矿用防爆型	矿用防爆型	矿用防爆型（增安型除外）
2. 照明灯具	矿用防爆型（增安型除外）	矿用一般型	矿用防爆型	矿用防爆型	矿用防爆型	矿用防爆型（增安型除外）
3. 通信、自动控制的仪表、仪器	矿用防爆型（增安型除外）	矿用一般型	矿用防爆型	矿用防爆型	矿用防爆型	矿用防爆型（增安型除外）

注：1. 使用架线电机车运输的巷道中及沿巷道的机电设备硐室内可以采用矿用一般型电气设备（包括照明灯具、通信、自动控制的仪表、仪器）。
    2. 突出矿井井底车场的主泵房内，可以使用矿用增安型电动机。
    3. 突出矿井应当采用本安型矿灯。
    4. 远距离传输的监测监控、通信信号应当采用本安型，动力载波信号除外。
    5. 在爆炸性环境中使用的设备应当采用 EPL Ma 保护级别。非煤矿专用的便携式电气测量仪表，必须在甲烷浓度 1.0% 以下的地点使用，并实时监测使用环境的甲烷浓度。

小贴士：《煤矿安全规程》是煤炭行业从业人员必须遵守的行业规范，其对井下电气设备选型的要求，是进行矿用电气设备选型、运行及维护的前提条件，在工作中必须遵守相关规定。

任务实施

1. 操作训练

操作训练内容及要点见表 8-4。

表 8-4 操作训练内容及要点

序号	训练内容	训练要点
1	隔爆接合面的隔爆性能检查	1. 隔爆间隙检查工具的正确使用 2. 粗糙度检查工具的使用 3. 典型失爆情况的检查

表8-4(续)

序号	训练内容	训练要点
2	电缆及接线失爆检查	1. 电缆连接的安全要求 2. 电缆接头的工艺要求 3. 电缆喇叭口的防爆工艺要求

2. 工具器材

矿用防爆电气设备及相关检查工具。

任务拓展

任务拓展结合《煤矿井下电气作业安全技术实际操作考试标准》（以下简称标准）进行，该标准考试科目共有6个，分别为井下低压电气设备停、送电安全操作（简称K1，必考科目）、井下风电、甲烷电闭锁接线安全操作（简称K2）、井下电气保护装置检查与整定安全操作（简称K3）、井下电缆连接与故障判断安全操作（简称K4）、井下变配电运行安全操作（简称K5）、井下电气设备防爆安全检查（简称K6）。其中K1为必考科目。本任务主要介绍K6，即井下电气设备防爆安全检查。

任务组织：

（1）按照教学班级人数将学生分为8~10个小组，考虑到学生的个体差异，人员组成要合理，各小组推选一名负责人，负责本小组成员的实训组织及安全事宜。

（2）实训教师示范并讲解实训内容及注意事项。

（3）每组学生按照实训要求完成实训内容，指导老师依照评分标准进行评判。

考核内容按照防爆安全检查准备、防爆安全检查、防爆安全检查结果处理等三方面，按照考核标准进行，具体见表8-5。

表8-5 井下电气设备防爆安全检查考核标准

序号	考试项目	操作内容与步骤	考试方式	分值	评分标准
1	防爆安全检查准备	1. 检查准备 （1）确认工具、量具齐全、完好，能够满足防爆检查要求； （2）确认甲烷浓度不超过1.0%	实物操作 + 手指口述	4分	操作内容每项2分，每缺一项或一项不正确扣2分

表 8-5（续）

序号	考试项目	操作内容与步骤	考试方式	分值	评分标准
1	防爆安全检查准备	2. 停电、闭锁、挂牌 （1）对需停电检查的电气设备进行停电和闭锁操作； （2）挂上停电警示牌		4 分	操作内容每项 2 分，每缺一项或一项不正确扣 2 分
		3. 验电 使用专用验电工具对电气设备进行验电，确认电气设备处于断电状态		2 分	操作内容不正确扣 2 分
		4. 放电 使用专用放电导体（导线）对电气设备进行放电，确认电气设备无残余电荷		2 分	操作内容不正确扣 2 分
2	防爆安全检查	1. 检查隔爆接合面 （1）接合面的间隙、宽度和表面粗糙度合格； （2）无锈蚀、无油漆，无砂眼和机械伤痕	实物操作 + 手指口述	4 分	操作内容每项 2 分，每缺一项或一项不正确扣 2 分
		2. 检查隔爆外壳 （1）防爆标志清晰、合格； （2）无裂纹、开焊、变形、凹坑等缺陷； （3）非加工面无明显氧化层脱落		6 分	操作内容每项 2 分，每缺一项或一项不正确扣 2 分
		3. 检查紧固件及其衬垫 （1）螺栓、螺母、弹簧垫圈、金属垫圈等紧固件齐全，螺母上满扣，压平弹簧垫圈； （2）同一部件采用相同规格的紧固件； （3）衬垫材料合格，位置正确		6 分	操作内容每项 2 分，每缺一项或一项不正确扣 2 分
		4. 检查电缆引入装置 （1）电缆必须压紧，单手在接线嘴附近抽动或转动电缆时，电缆不得被拉出或旋转； （2）一个电缆引入装置内只使用一个密封圈； （3）密封圈无破损、老化、变形；密封圈与电缆护套、接线嘴之间无包扎物； （4）密封圈内径与电缆外径的间隙、密封圈外径与接线嘴内径的间隙合格； （5）闲置的接线嘴分别用密封圈、挡板、金属挡环依次装入并压紧		10 分	操作内容每项 2 分，每缺一项或一项不正确扣 2 分

表 8-5（续）

序号	考试项目	操作内容与步骤	考试方式	分值	评分标准
2	防爆安全检查	5. 检查连锁装置 （1）连锁装置功能完好，内部电气元件齐全、无损伤； （2）保护装置动作可靠，能够保证电源接通后打不开盖，开盖后送不上电	实物操作＋手指口述	6 分	操作内容每项 3 分，每缺一项或一项不正确扣 3 分
3	防爆安全检查结果处理	（1）确认电气设备无"失爆"现象，挂上防爆检查"完好"牌，填写并粘贴"防爆合格证"； （2）确认电气设备有"失爆"现象，指明"失爆"原因，落实现场处理措施； （3）填写防爆检查记录，及时报告检查及处理结果		6 分	操作内容每项 2 分，每缺一项或一项不正确扣 2 分
	合计			50 分	

学习评价

本任务学习效果考核的项目及标准见表 8-6。

表 8-6 学 习 评 价 表

	考核项目	考核标准	配分	自评分	互评分	教师评分
知识点	1. 防爆原理	完整说出满分；不完整 5~9 分；不会 0 分	10			
	2. 矿用电气设备的类型、特点和作用	完整说出满分；不完整 5~9 分；不会 0 分	10			
	3. 矿用电气设备技术数据的含义	完整说出满分；不完整 5~9 分；不会 0 分	10			
	4. 矿用电气设备的选择方法	完整说出满分；不完整 5~9 分；不会 0 分	10			
	小计		40			
技能点	会进行矿用电气设备防爆检查	能熟练对矿用电气设备进行防爆检查的满分；不熟练 25~49 分；不会 0 分	50			
	小计		50			

表 8-6（续）

考核项目		考核标准	配分	自评分	互评分	教师评分
素质点	1. 职业素养	能够正确进行井下设备防爆安全检查者满分，否则 0~4 分	5			
	2. 学习态度	遵守纪律、学习热情高涨、积极参与者满分，否则 0~4 分	5			
		小计	10			
		合计	100			

注：1. 考评时间为 30 min，每超过 1 min 扣 1 分；
　　2. 要安全文明工作，否则教师酌情扣 1~10 分。

教师签字：_____

思考练习

1. 简述矿用电气设备的防爆原理。
2. 简述矿用电气设备的技术数据。
3. 简述矿用防爆电气设备的选择方法。

任务二　矿用隔爆型高压配电箱操作运行

任务描述

矿用高压配电箱是将高压隔离开关、高压断路器、互感器和测量仪表以及保护装置组装在封闭外壳内的一种成套配电装置，用于接受和分配高压电能，控制和保护高压线路或高压电气设备。矿用高压配电箱分为矿用一般型和矿用隔爆型两类。本任务主要介绍矿用隔爆型高压配电箱的结构及使用。

矿用高压配电箱的用途结构

其学习目标如下：
☞　知识目标
➤　掌握矿用隔爆型高压配电箱的结构；
➤　掌握矿用隔爆型高压配电箱的电气原理；
➤　掌握矿用隔爆型高压配电箱的操作与运行。
☞　能力目标
➤　能够正确进行矿用隔爆型高压配电箱的运行与维护；
➤　能够正确进行矿用隔爆型高压配电箱的故障排查。
☞　素质目标
➤　提高学生规范操作的安全意识；
➤　培养学生严谨细致的工作作风。

相关知识

矿用隔爆型高压配电箱 BGP9L-6（10）

（一）结构

图 8-1 为 BGP9L-6（10）型配电装置的外形图。其壳体为一长方形箱体，通过箱体中间的隔板将箱体分为前后两个空腔。

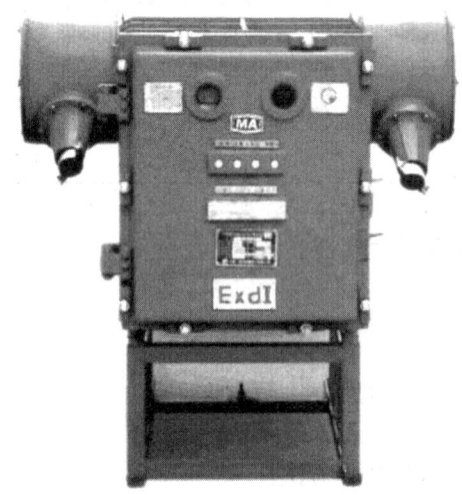

图 8-1　BGP9L-6（10）型配电箱外形图

图 8-2 为 BGP9L-6（10）配电箱的结构示意图。

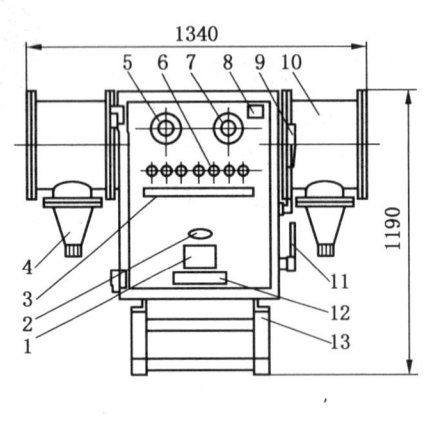
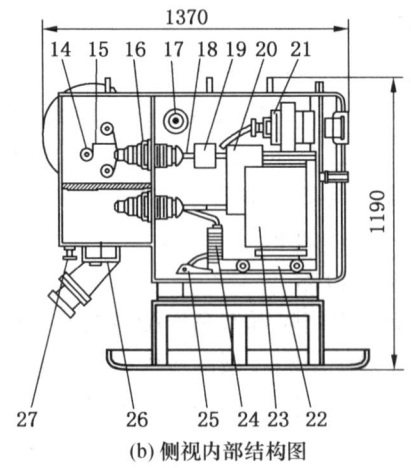

(a) 正视外形图　　　　　(b) 侧视内部结构图

1—铭牌；2—煤矿矿用产品安全标志"MA"；3—按钮标牌；4—进线装置；5—液晶显示窗；6—按钮；
7—运行状态显示窗；8—厂标；9—断路器合闸手柄；10—接线盒；11—隔离操作手柄；12—防爆标志；
13—底座；14—绝缘座；15—贯穿母线；16—隔离插销静触头座；17—隔离插销观察窗；
18—隔离插销动触头；19—电流互感器；20—断路器；21—电压互感器；
22—机芯小车；23—智能测控单元；24—压敏电阻；25—隔离操作机构；
26—零序电流互感器；27—控制线出线嘴

图 8-2　BGP9L-6（10）型配电箱结构示意图（单位：mm）

箱体的前腔装有机芯小车。小车上装有真空断路器、隔离插销动触头、电压互感器、电流互感器、压敏电阻、智能测控单元、高压熔断器等。前腔内还装有导轨、托架、操作机构、接地导杆等装置。箱体中间的隔板上装有6个隔离开关静触头座，上面3个为电源端，下面3个为负荷端；中间隔板上还装有一个穿墙式9芯接线柱；用以连接一次和二次电路。隔板右上角装有照明灯，作为观察隔离插销分合状态时的照明。后腔分上下两部分。后腔上部为进线腔，3根导电杆作为贯穿母线，固定在箱体两侧的绝缘座上。后腔下部为出线腔，装有负荷出线喇叭口，在出线端口装有零序电流互感器。后腔下部还装有供控制、监视信号连线的小喇叭口，可引出控制线，实现远方控制。

箱门为双把手快开门，左右两边同时设置偏心轮把手，使开门提起时不仅动作迅速，而且十分省力。箱门控制面板上装有中文液晶显示窗、运行状态显示窗、门闭锁行程开关、电流源、按钮以及煤安、防爆标牌和铭牌等。

箱体右侧有断路器分、合闸和隔离开关操作轴，使用操作手柄，可手动分、合断路器和隔离开关。断路器还可通过门上的分、合闸按钮电动分、合闸。箱体右侧还有隔离插销观察窗等。

为保证安全，配电箱设有以下机械安全联锁装置：

（1）隔离插销处于合闸位时，断路器方能进行合闸操作。同时，箱门闭锁不能打开。

（2）隔离插销处于断开位置时，箱门方能打开，此时断路器不能合闸。

（二）电气原理

1. 主回路

图8-3为BGP9L-6（10）型配电箱的电气原理图。6（10）kV电压由电源引至配电装置的母线室，经上隔离开关1QS、真空断路器QF、电流互感器的两个二次绕组TA_1、TA_2、下隔离开关2QS、零序电流互感器TAN输出至负荷侧。在真空断路器的负荷侧，接有过电压保护用的压敏电阻$RV_1 \sim RV_3$，可将因真空断路器分断时产生的过电压，限制在2.6倍相电压峰值以下。

矿用高压配电箱的工作原理

2. 电源环节

6（10）kV电压经电压互感器降压后，在二次侧输出100 V电压。该三相电压经整流桥2VC整流后输出130 V直流电压，为电动储能合闸电机M供电。其中U、V端电压，经接线端子2和5送入智能测控单元，经智能测控单元内部降压、整流、滤波、稳压后，作为智能测控单元的直流工作电源；U、V端电压，经单相桥式整流器1VC整流后，输出110 V直流电压，由9、11端子送入智能测控单元，经其内部触点，由10、11端子送出，供给失压脱扣线圈YV。分励脱扣线圈YR的电源，由智能测控单元端子7、14、15输出24 V直流电压供给。

电流互感器TA_1为测量和保护提供信号，TA_2作为电流源，经智能测控单元内部变换为直流电压，在主回路短路，6（10）kV电源电压大幅度降低时，供给分励脱扣线圈YR作跳闸电源。

3. 控制环节

隔离插销合闸后，电压互感器TV有电，二次侧输出100 V交流电压，为保护和控制电路提供电源。此时，智能测控单元便开始工作。在正常情况下，先导继电器K吸合，触点K_1闭合，为合闸电机M的启动提供条件，同时失压脱扣线圈YV也得电，电磁铁动作，为断路器QF合闸提供条件。

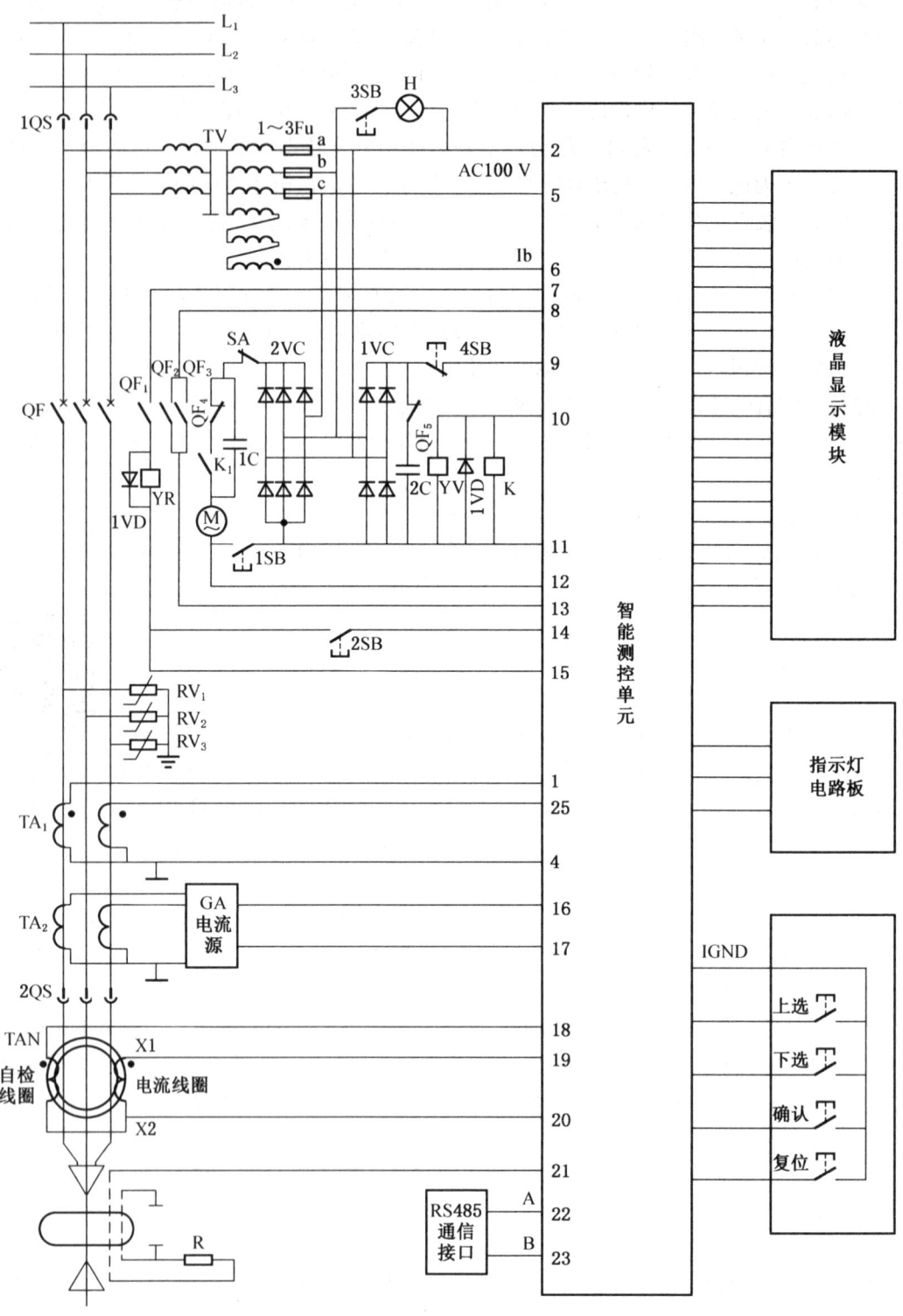

图 8-3 BGP9L-6（10）型配电箱电气原理图

配电箱正常送、断电既可手动操作也可电动操作。手动合闸时，顺时针推动手柄，听到开关合闸的撞击声，即完成合闸。手动分闸时，按下箱体右侧的机械分闸按钮即可。电动操作时，分别按下箱体正面门上的电动分、合闸按钮即可。

红灯亮时表示开关合闸；黄灯亮时表示电网发生故障，保护动作。

4. 保护环节

1) 过载保护

电流互感器 TA_1 将检测到的信号输入给智能测控单元，当主回路出现过载，电流互感器 TA_1 二次电流增大超过整定值，智能测控单元将接通故障状态下的分闸电路，实现跳闸断电。过载保护的动作特性为反时限特性。

过载动作电流整定在配电箱额定电流的 0.2、0.3、…、1.0 倍；过载延时整定分 1、2、3、…、20 二十档。可根据过载动作时间的要求选用不同档。

2) 短路保护

短路保护和过载保护基本相同。短路保护瞬动动作，动作时间小于 100 ms。短路保护的整定值分别为配电箱额定电流的 1 倍、2 倍…10 倍，精度为±5%。

3) 漏电保护

漏电保护采用零序功率方向型保护装置，具有良好的选择性。零序电压信号取自电压互感器二次侧开口三角处，零序电流信号取自零序电流互感器 TAN 二次侧 X1、X2 端。智能测控单元接收到信号后，根据零序电流和零序电压的相位，通过相敏比较电路，即可检出故障线路，使保护有选择性地动作。如配电箱所控线路发生漏电，漏电保护装置动作，作用于分闸回路，使断路器跳闸。

漏电电流整定值分 2 A、3 A、4 A、5 A、6 A 五档；动作时间分为 0 s、0.5 s、1 s、1.5 s 四档，误差小于±5%。

4) 绝缘监视保护

对绝缘监视保护动作值的要求为：监视线与接地线之间的绝缘电阻小于 3 kΩ 时，应可靠动作，大于 5.5 kΩ 时，不允许动作；监视回路自身电阻大于 1.5 kΩ 时，应可靠动作，小于 0.8 kΩ 时，不允许动作。绝缘监视保护由智能测控单元经其端子 21、高压电缆的监视线、终端电阻、高压电缆的接地线，最后回到智能测控单元的端子 4，构成绝缘监视回路。当出现屏蔽电缆的监视线与地线之间的绝缘电阻小于 3 kΩ 或监视回路自身电阻大于 1.5 kΩ 时，故障信号通过监视回路使绝缘监视保护动作，断路器跳闸，从而实现超前切断电源的保护功能。

绝缘监视保护动作时间小于 100 ms，绝缘监视保护可以整定选择"打开"或"关闭"。

5) 过压保护

当电网进线电压 $U > 120\% U_N$ 时，智能测控单元使过压保护动作，动作时间小于 100 ms，精度为±5%。

6) 欠压保护

当电网进线电压 $U < 65\% U_N$ 时，智能测控单元使欠压保护延时 5 s 动作，精度为±5%。欠压保护可以整定选择"打开"或"关闭"。

(三) 操作与运行

1. 矿用防爆型高压配电箱的基本操作

1) 合闸操作

按下电动合闸按钮 1SB，2VC 输出的 130 V 直流电源的正极，经门闭锁行程开关 SA（已闭合）、断路器辅助动断触点 QF_4、先导继电器动合触点 K_1、合闸电动机 M、合闸按钮 1SB，回到电源的负极，电动储能合闸电机 M 启动。储能弹簧经储能后，作用于断路器合闸（时间约 3 s）。断路器合闸后，其动断触点 QF_4 打开，切断合闸电源，合闸电动机 M 停止转动，至此合闸过程结束。

同时，断路器的一个动合触点 QF_1 闭合，为接通分励脱扣线圈 YR，使断路器分闸创造条件。另两个相并联的动合触点 QF_2 和 QF_3 闭合，接通智能测控单元 8 和 13 端子，通过智能测控单元完成合闸显示等功能。

2）分闸操作

正常近控分闸时，按下分闸按钮 2SB，接通分励脱扣线圈 YR 的电源，分励脱扣线圈 YR 得电，电磁铁动作，使断路器 QF 跳闸。断路器跳闸后，动合辅助触点 QF_1 打开，切断分励线圈电源。

正常远控分闸时，按下远程按钮 4SB，使智能测控单元内部继电器动作，由 7 和 15 端子输出 24 V 直流电压，经辅助触点 QF_1 加至分励脱扣线圈 YR，同时切断失压脱扣线圈 YV 的电源，使断路器 QF 跳闸。

不进行远控分闸时，应将出线接线腔内的 9 芯接线柱接远程按钮 4SB 的两接线柱短接。

3）故障状态下的分闸

故障状态下的分闸，都是通过接通分励脱扣线圈 YR 及切断失压脱扣线圈 YV 的电源回路来实现的。

2. 矿用防爆型高压配电箱运行参数的设置和整定

开关在投入运行前，必须对运行参数进行设置和整定，其中包括对过载动作电流及其延时时间的整定；短路动作电流的整定；漏电动作延时时间的整定和其他一些功能的设置等。

该开关采用智能测控单元对整个系统进行检测、控制和保护。智能测控单元是由 16 位计算机并辅以外围芯片等组成，它除了具有保护、控制功能以外，还可以通过按键和液晶显示屏以菜单操作方式，实现运行参数设置、保护动作值整定、故障类型查询，以及开关状态、负荷电流、电网电压、有功功率、电度计量等的显示与控制功能。其四个按键的功能如下。

复位键：按下该键，装置处于复位状态；释放该键，装置从起始位置进入工作状态。

确认键：按下该键，执行液晶显示屏上光标所指处（反白显示）的相关操作。

上选键↑：按下该键，可使液晶显示屏上的光标上移，或使反白显示处的参数增加。

下选键↓：按下该键，可使液晶显示屏上的光标下移，或使反白显示处的参数减小。

任务实施

1. 操作训练

操作训练的内容及要点见表 8-7。

表8-7 操作训练的内容及要点

序号	训练内容	训练要点
1	高压配电箱的开启与关闭	1. 闭锁与解锁 2. 主电路、控制电路、保护元件的识别 3. 接线方法
2	高压配电箱的开启与关闭	1. 启动、停止操作 2. 故障停车操作
3	参数设置、数值整定、故障类型查询	通过按键按规定进行设置操作

2. 工具器材

BGP9L-6（10）矿用隔爆型高压配电箱及相关辅助工具。

💡 任务拓展

任务内容：BGP9L-6（10）矿用隔爆型高压配电箱的故障排查与检修。

任务要求：结合表8-8中高压配电装置常见故障现象、主要原因及处理建议进行故障排查与检修，自行记录。

表8-8 BGP9L-6（10）型矿用隔爆型高压配电箱常见故障及检修

序号	故障现象	主要原因	处理建议
1	隔离操作机构搬不动	闭锁未解锁	接触闭锁
2	测控单元无反应	保险丝熔断	更换保险
3	断路器合不上	失压磁铁未吸合，机构位置不合理；电合按钮、行程开关不到位；26芯插头未插好	检查欠压保护调整机构；调整电合按钮和行程开关；插好26芯插头
4	合闸后高压短路指示掉闸	短路整定值不合适	按实际负荷要求重新整定
5	合闸后过载指示掉闸	过载整定值不合适	按实际负荷要求重新整定
6	有故障现象后测控单元拒动	测控单元电源故障	更换测控单元；检查故障回路
7	测控单元动作后断路器不掉闸	断路器冲杆卡死	纠正电磁铁冲杆
8	通电后显示正常，只能手合，不能电合	电合按钮不到位；电合线路有故障	调整电合按钮；检查电合线路
9	不能手动分闸	失压线路故障；分闸机构故障	调整分闸机构；检查失压线路
10	主腔内照明灯不亮	熔芯烧坏；灯泡损坏；线路故障	更换熔芯、灯泡；检查线路

学习评价

本任务学习效果考核的项目及标准见表8-9。

表8-9 学习效果考核评价表

考核项目		考核标准	配分	自评分	互评分	教师评分
知识点	1. 矿用一般型高压配电箱的结构、性能及原理	完整说出满分；不完整5~9分；不会0分	10			
	2. 矿用防爆型高压配电箱的结构、性能及原理	完整说出满分；不完整5~9分；不会0分	10			
		小计	20			
技能点	1. 根据负载控制和保护要求及环境要求选择高压配电箱	正确选择满分；不熟练5~9分；不会0分	10			
	2. 会进行防爆型高压配电箱的基本操作	会进行基本操作满分；不熟练15~29分；不会0分	30			
	3. 会进行防爆型高压配电箱的参数设置	会进行参数设置满分；不熟练15~29分；不会0分	30			
		小计	70			
素质点	1. 职业素养	能够正确进行矿用隔爆型高压配电箱的运行维护及故障排查者满分，否则0~4分	5			
	2. 学习态度	遵守纪律、学习热情高涨、积极参与者满分，否则0~4分	5			
		小计	10			
		合计	100			

注：1. 考评时间为60 min，每超过1 min扣1分；
    2. 要安全文明工作，否则教师酌情扣1~10分。

教师签字：_____

思考练习

1. BGP9L-6（10）矿用隔爆型高压配电箱结构上有哪些特点？试分析其过载、短路保护电路的工作原理。

2. 试说明BGP9L-6（10）矿用隔爆型高压配电箱有哪些保护环节和电气闭锁、机械闭锁装置。

任务三　矿用隔爆型低压真空馈电开关运行与维护

任务描述

矿用隔爆型低压真空馈电开关应用于井下变电所或配电点，可作为总开关或分路开关使用，用来控制和保护低压供电网络。目前矿用隔爆型低压真空馈电开关有 KBZ、KJZ 等系列，其控制和保护性能较为完善。本任务主要介绍 KBZ20-400（200）/1140（660）矿用隔爆型真空馈电开关。

其学习目标如下：

☞　知识目标
➢　掌握真空馈电开关的结构；
➢　掌握真空馈电开关的电气原理；
➢　掌握真空馈电开关的操作与运行。
☞　能力目标
➢　能够正确进行真空馈电开关的运行与维护；
➢　能够正确进行真空馈电开关的故障排查。
☞　素质目标
➢　提高学生规范操作的安全意识；
➢　培养学生严谨细致的工作作风。

相关知识

一、KBZ20-400（200）/1140（660）矿用隔爆型真空馈电开关的用途与特点

矿用隔爆型低压真空馈电开关的用途与结构

KBZ20-400（200）/1140（660）矿用隔爆型真空馈电开关，其额定电流为 400（200）A，额定电压为 1140 V 和 660 V，适用于有瓦斯和煤尘爆炸危险的井下，作为移动变电站低压侧开关，或单独作为配电系统总开关或分路配电开关使用，其外形如图 8-4 所示。

其特点如下。

（1）主电路为真空断电，电火花不外露；断路器的辅助接点只分合单片机的复位电路及漏电闭锁检测电路的毫安级电流，安全性能好。

（2）回路采用微处理器及可编程逻辑电路，电路简单可靠，保护为单插件，且具有参数和状态显示及记忆功能。

（3）保护插件有自检功能，能及时显示故障类型，还设有模拟试验菜单，通过模拟试验和保护插件自检，可方便地检查各部件的完好性和各项功能是否正常，使维修简单方便。

（4）漏电保护动作迅速，能快速实现纵、横向选择性漏电保护，单相 1 kΩ 漏电动作时间不大于 30 ms。能保证漏电保护 30 mA·s 的安全指标要求，显著降低了人身触电的危险性。

（5）隔爆门为快开门结构。

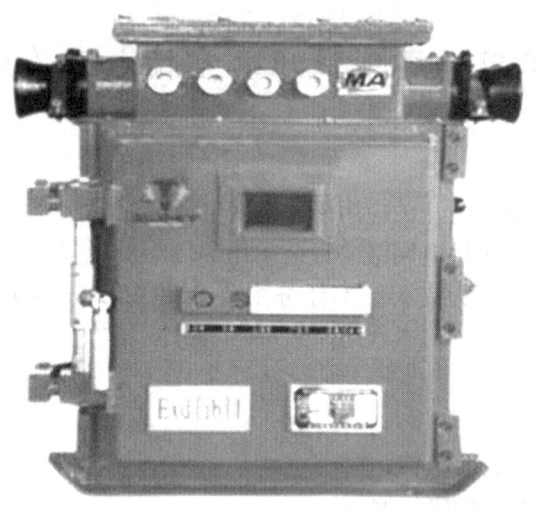

图 8-4　KBZ20-400（200）/1140（660）矿用隔爆型真空馈电开关外形图

（6）具有风电、瓦斯电闭锁和无压释放功能，即可受局部通风机开关和瓦斯断电仪的控制，与其实现联锁。

二、KBZ20-400（200）/1140（660）矿用隔爆型真空馈电开关的工作原理

KBZ20-400（200）/1140（660）矿用隔爆型真空馈电开关工作原理如图 8-5 所示。

1. 工作原理

矿用隔爆型
低压真空
馈电开关的
工作原理

当手柄打至电源位时，时间继电器 SJ 得电，常开接点闭合，按下合闸按钮 QA 时，继电器 J3 吸合，常开接点 J3-1～J3-3 闭合，断路器 KM 的吸合线圈 Q1 有电，断路器合闸。同时，断路器辅助触点 KM-3 断开，时间继电器 SJ 断电，其触点延时一定时间后断开，继电器 J3 断电，常开接点 J3-1～J3-3 打开，线圈 Q1 不再工作。而保护插件给予指令或按分闸按钮 FL 时，断路器脱扣线圈 Q2 得到 55 V 电压后，断路器分闸，辅助开关中的常开接点 KM-1 打开，保证分闸后脱扣线圈 Q2 不再工作。

转换开关有两个挡位："闭锁"和"电源"。"闭锁"位时，变压器无电；"电源"位时，变压器有电，正常情况下液晶显示器上显示"分闸待机"，此时允许断路器合闸；按下合闸按钮"QA"，断路器合闸，显示器显示"合闸运行"。

门板上的 7 个按钮分别为：上选、下选、确认、复位、漏试、分闸和合闸按钮。漏电闭锁和漏电检测由保护插件的 16 脚引出。

（1）该馈电开关作总开关时通过滤波器、钮子开关 K、三相电抗器 SK 形成回路，绝缘电阻小于闭锁值时，实现漏电闭锁。当发生漏电故障时，漏电跳闸动作时间：经 1 kΩ 电阻漏电单台使用时小于等于 30 ms，作系统总开关时小于等于 200 ms。

（2）该馈电开关作分开关时通过滤波器、断路器常闭接点 KM-2、SK 形成回路，绝缘电阻小于闭锁值时，实现漏电闭锁。当发生漏电故障时，漏电跳闸动作时间：经 1 kΩ 电阻漏电小于等于 30 ms。

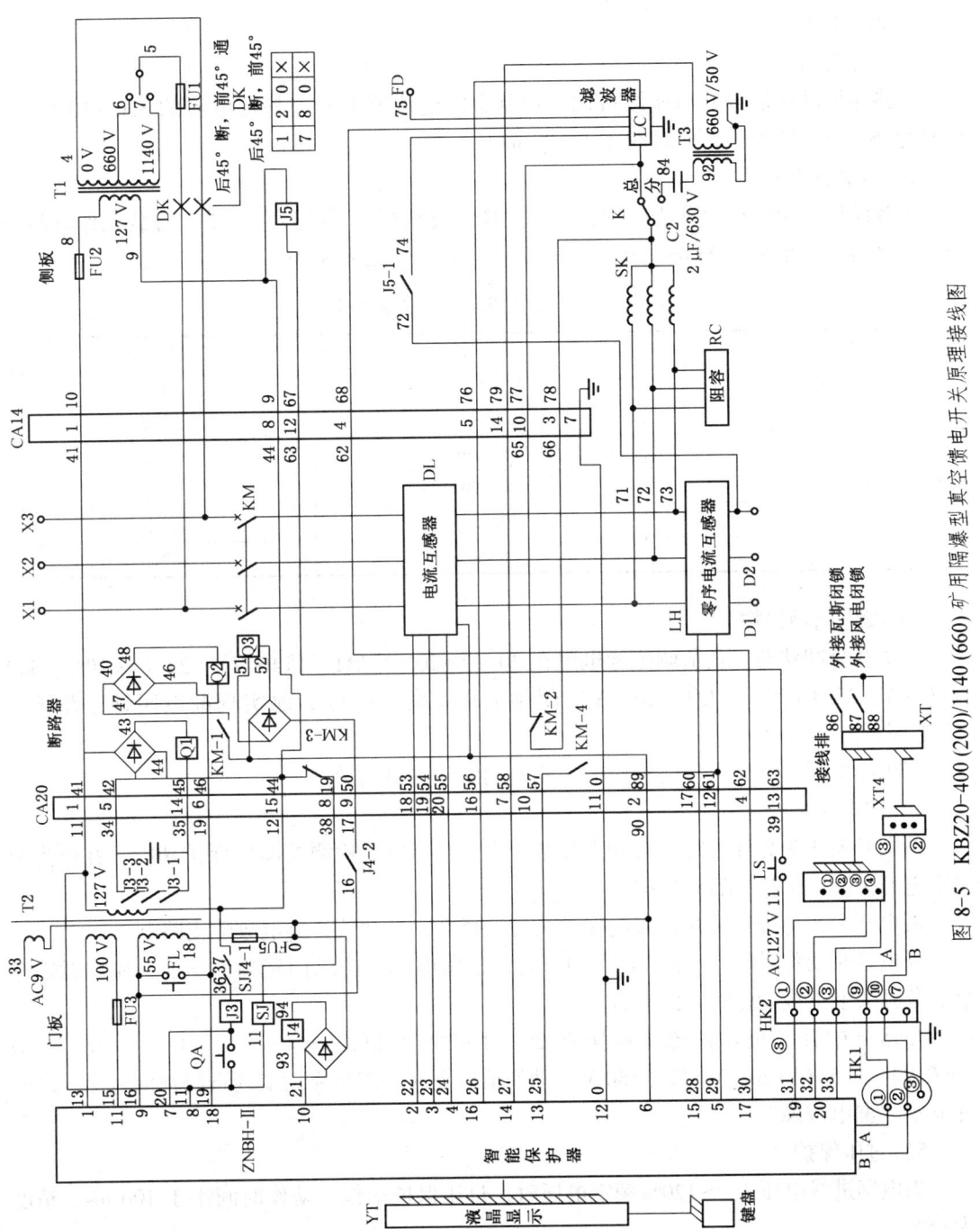

图 8-5 KBZ20-400(200)/1140(660)矿用隔爆型真空馈电开关原理接线图

（3）在总开关和多台分开关组成系统时，漏电电阻在 20（1+20%）kΩ（1140 V）、11（1+20%）kΩ（660 V）、3.5 kΩ（380 V）动作值以下，能可靠地实现选择性漏电保护和后备保护。

2. 保护环节

1）短路保护

短路保护动作倍数分档连续可调，短路整定电流值为开关整定电流的 3.0～10.0 倍，精度为±5%。短路保护动作时间小于 100 ms。

2）过载保护特性

过载保护采用热积累算法原理，可实现断续过载情况下的过载保护。过载动作时间与理论计算值误差小于±500 ms，电流计算精度为±5%，见表 8-10。

表 8-10 馈电开关过载保护特性

整定电流的过载倍数	动作时间	起始状态
1.05	2 h 不动作	冷态
1.2	0.2～1 h	热态
1.5	90～180 s	热态
2.0	45～90 s	热态
4.0	14～45 s	热态
6.0	8～14 s	冷态

3）漏电闭锁保护

开关在分闸状态、负荷侧绝缘电阻在 40（1+20%）kΩ（1140 V）、22（1+20%）kΩ（660 V）、7（1+20%）kΩ（380 V）闭锁值以下时，能可靠地实现漏电闭锁，并显示"漏电闭锁"和阻值。

当绝缘电阻上升到大于解锁值时，则自动解除漏电闭锁。

4）漏电保护

馈电开关作为总开关时，自动选择基于附加直流电源检测的漏电保护功能，并作为分支馈电开关漏电保护的后备保护。

馈电开关作为分开关时，漏电保护具有选择性，自动选择漏电故障支路。

漏电延时动作时间 0～250 ms 可调，为保证漏电保护的纵向选择性功能，应注意馈电总、分开关上下级动作时间的配合。

在运行中开关负荷侧绝缘电阻在 20（1+20%）kΩ（1140 V）、11（1+20%）kΩ（660 V）、3.5（1+20%）kΩ（380 V）动作值以下时，能可靠地实现选择性漏电保护跳闸并显示"漏电故障"。

5）过压保护

当电网进线电压 U_{ac}＞120% 额定电压时，过压保护动作，动作时间小于 100 ms，精度为±5%。

6）欠压保护

当电网进线电压 U_{ac}＜65% 额定电压时，欠压保护延时 5 s 动作，精度为±5%。欠压保护可以整定选择"打开"或"关闭"。

7）风电闭锁

主要用于开关与局部通风机开关组成联控，当局部通风机开关正常工作时开关才能正常启动工作；当局部通风机开关因故跳闸时开关就会自动跳闸断电。

根据局部通风机开关跳闸时的输出接点状态，风电闭锁保护可以选择"常开"或"常闭"作为动作条件。

若选择"常开"，则：

（1）当局部通风机开关正常运行其输出接点闭合时，馈电开关可以正常运行；

（2）当局部通风机开关跳闸，其输出接点断开时，合闸运行的馈电开关立即自动跳闸断电，并显示"风电故障"；分闸状态的馈电开关闭锁合闸，并显示"风电闭锁"。

8）瓦斯闭锁

主要用于开关与瓦斯断电仪组成联控，当瓦斯断电仪正常工作时开关才能正常启动工作；当瓦斯断电仪因故跳闸时开关就会自动跳闸断电。

根据瓦斯断电仪跳闸时的输出接点状态，瓦斯闭锁保护可以选择"常开"或"常闭"作为动作条件，其接点定义同"风电闭锁"。

三、馈电开关参数查看与设置

1. 参数查看

复位：按下该键，装置处于复位状态；释放该键，装置从起始位置进入工作状态。

确认：按下该键，执行光标（反白显示）处的操作。

上选：按下该键，可使光标上移，或使反白显示处的参数增加。

下选：按下该键，可使光标下移，或使反白显示处的参数减小。

2. 参数设置

方法一：通过液晶显示与键盘操作进行设置。

方法二：通过 RS485 通信接口由监控计算机进行设置。

四、馈电开关常见故障与处理

将馈电开关的转换开关由"闭锁"位打到"电源"位置，显示器显示"分闸待机"；按合闸按钮断路器吸合，显示器显示"合闸运行"，按分闸按钮断路器断开。

在分闸状态，若负荷侧与外壳间接入小于漏电闭锁值的电阻，显示器显示"漏电闭锁"和电阻值。若接入大于漏电闭锁值的电阻后，自动复位。

风电和瓦斯电闭锁动作使开关跳闸或闭锁后，只有风电和瓦斯电闭锁解除，开关方能重新启动。

馈电开关常见故障及排除见表 8-11。

表 8-11 馈电开关常见故障及排除表

故障	原因	排除
"电源"位时无显示	电源没有加到保护插件上；电源没有加到显示面板上	1. 检查矩形插座 1、11 脚电压为 100 V； 2. 检查变压器输出、输入端电压保险管等； 3. 将显示板连线插接牢固

表 8-11（续）

故障	原因	排除
跳闸试验不动作	没有 55 V 电源	检查分励电路和 FU5 熔断器
按合闸按钮不合闸	J3 不吸合	1. 检查合闸线路和保护器； 2. 检查 127 V 线路； 3. 检查整流桥是否损坏
电压显示不正常 电流显示不正常	变压器二次侧输出故障； 电流互感器连线故障	1. 检修变压器； 2. 查线
漏电不跳闸	检测回路故障	查保护中的滤波板上相关器件

任务实施

1. 操作训练

操作训练内容及要求见表 8-12。

馈电开关、电磁启动器、照明综保的实物讲解

表 8-12 操作训练的内容及要求

序号	训练内容	训练要点
1	馈电开关接线、主腔的开启与关闭	1. 接线方法正确； 2. 接线工艺符合要求； 3. 闭锁、解锁操作方法
2	馈电开关结构认识	1. 整体结构认识； 2. 内部主电路元件、控制电路元件认识； 3. 保护元件认识
3	启动停止、试验操作	1. 正确进行启动停止操作； 2. 观察、识读仪表显示参数； 3. 进行过流、过载、漏电等试验
4	过流整定及故障种类的判别	1. 能根据负载情况合理调节过流动作值； 2. 能根据故障显示灯判断故障种类

2. 工具器材

矿用真空馈电开关及相关辅助工具和耗材。

任务拓展

与 QJZ-400/1140（660）智能型矿用隔爆兼本质安全型电磁启动器组成 K1（必考科目）。详见任务四"矿用隔爆型电磁启动器运行与维护"。

学习评价

本任务学习效果考核的项目及标准见表 8-13。

表 8-13 学习效果考核评价表

考核项目		考核标准	配分	自评分	互评分	教师评分
知识点	1. 馈电开关的基本结构及性能	完整说出满分；不完整 7~14 分；不会 0 分	15			
	2. 馈电开关的工作原理	完整说出满分；不完整 7~14 分；不会 0 分	15			
	小计		30			
技能点	1. 会进行馈电开关的启动停止、试验操作	会进行馈电开关的启动停止、试验操作满分；不熟练 5~19 分；不会 0 分	20			
	2. 会进行馈电开关的参数设置	会进行馈电开关的参数设置满分；不熟练 5~19 分；不会 0 分	20			
	3. 会进行馈电开关的故障排查	会进行馈电开关的故障排查满分；不熟练 5~19 分；不会 0 分	20			
	小计		60			
素质点	1. 职业素养	能够正确进行真空馈电开关的运行维护及故障排查者满分，否则 0~4 分	5			
	2. 学习态度	遵守纪律、学习热情高涨、积极参与者满分，否则 0~4 分	5			
	小计		10			
合计			100			

注：1. 考评时间为 60 min，每超过 1 min 扣 1 分；
　　2. 要安全文明工作，否则教师酌情扣 1~10 分。

教师签字：＿＿＿＿＿＿＿

思考练习

1. 试说出矿用隔爆型馈电开关的工作原理。
2. 试说出矿用隔爆型馈电开关的用途。
3. 试说出矿用隔爆型馈电开关有哪些保护环节。

任务四　矿用隔爆型电磁启动器运行与维护

任务描述

矿用隔爆型电磁启动器是一种组合电器，它将隔离开关、接触器、按钮、保护装置等元件装在隔爆外壳中，用于控制和保护电动机。由于它控制方便、保护完善，所以在煤矿井下广泛使用。矿用隔爆型电磁启动器的型号较多，本任务主要介绍 QJZ-400/1140（660）智能型矿用隔爆兼本质安全型电磁启动器。

其学习目标如下：

☞　知识目标
- 掌握电磁启动器的结构；
- 掌握电磁启动器的电气原理；
- 掌握电磁启动器的操作与运行。

☞　能力目标
- 能够正确进行电磁启动器的运行与维护；
- 能够正确进行电磁启动器的故障排查。

☞　素质目标
- 提高学生规范操作的安全意识；
- 培养学生严谨细致的工作作风。

相关知识

一、QJZ-400/1140（660）智能型矿用隔爆兼本质安全型电磁启动器的用途与结构

QJZ-400/1140（660）智能型矿用隔爆兼本质安全型电磁启动器，其额定电流为 400 A，额定电压为 1140 V 和 660 V，适用于有瓦斯和煤尘爆炸危险的矿井井下，用来控制大容量的采掘运机械设备，其外形如图 8-6 所示。

矿用隔爆型电磁启动器的用途与结构

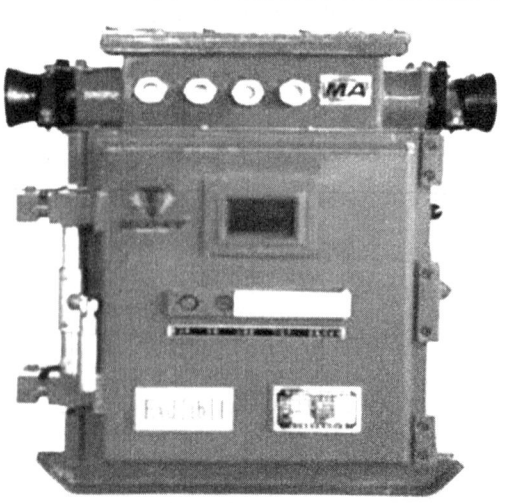

图 8-6　QJZ-400/1140（660）智能型矿用隔爆兼本质安全型电磁启动器外形图

启动器由固定在橇形底上的方形隔爆外壳和芯架小车组成。隔爆外壳分接线空腔和主腔，是两个独立的隔爆部分。启动器前门为快开门结构，门上装有"启动""停止/测试""上翻/复位""下翻/复位""设置"5个按钮。还装有液晶显示观察孔，用于了解启动器的运行状态、运行数据、故障种类及参数设置等。

隔离开关手柄装在隔爆外壳的右侧，具有正-停止-反三个位置，可在电动机停止时隔离电源和换向。隔离开关与接触器之间，通过隔离开关的辅助常开触点实现电气联锁，防止带负荷分、合隔离开关。但在紧急情况下，如接触器主触点粘连时，允许隔离开关分断负荷电路。隔离开关与前门设有机械闭锁，保证只有隔离开关在停的位置时，前门方可打开；前门打开后，不能操作隔离开关。

启动器的主腔内装有芯架小车，电气元件均安装在芯架小车上，启动器前门打开后，芯架小车可沿导轨拉出，以方便安装和检修。芯架小车与箱体采用接插件实现电气连接。

启动器具有单台近控、单台远控、多台近控、多台远控等控制方式，多台控制方式为程序联锁控制；具有过载、短路、断相、漏电闭锁、过电压、欠电压、三相电流不平衡保护；具有保护功能自检测试、系统自检、网络通信等功能；具有电源、通信状态、运行、过载预警、故障等指示灯和液晶屏信号指示。

二、电磁启动器的工作原理

矿用隔爆型电磁启动器的工作原理

启动器的电气原理接线如图 8-7 所示，其控制和保护电路由电源变压器 T 提供工作电源。电源变压器有三个副绕组，分别输出 12 V、36 V 和 36 V 与 21 V 电压。其中 12 V 绕组提供控制板电源；独立 36 V 绕组供继电器工作用；21 V 与 36 V 复合绕组供保护器工作用。

1. 控制原理

1）启动前的准备工作

启动前，合上隔离开关 QS，电源变压器有电，此时除电源指示灯"PWR"和通信指示灯"COM"外，其余指示灯闪亮，同时液晶屏显示"系统自检"。自检完毕后，只有绿色电源指示灯 PWR 亮，液晶屏显示"欢迎使用"字样，表明系统处于待命状态。

改变控制方式时，需在待命状态下用"上/复位、下/复位、设置"三个按钮进行参数设置，并将控制方式选择开关 SA 置于相应的位置。

控制和保护电路有电后，控制板中的 2K 继电器吸合，其串于绝缘检测回路的常开触点 2K 闭合，漏电闭锁保护开始对负荷线路进行绝缘检测。如绝缘正常，则接于保护器 A_8、A_9 端子的保护装置出口继电器触点闭合，允许启动器启动。

2）单台远控

单台远控时，将控制方式选择开关 SA 置于"远控"位置，同时将"是否近控"设置成"0"，"是否单台"设置成"1"。

启动时，按下远方启动按钮"1SBT"，接通先导回路，控制板中的继电器 2K 立即释放，其常开触点 2K 断开绝缘检测回路，延时 1 s 后中间继电器 1K 吸合，其通路为：36V 交流绕组上端→熔断器 3FU→保护器端子 A_8→保护器内部触点→保护器端子 A_9→停止按钮 2SB→控制方式选择开关 SA→控制板端子 Z_{2-9}→控制板中延时常闭触点→控制板端子 Z_{2-10}→控制方式选择开关 SA→1K 线圈→36 V 交流绕组下端。1K 吸合后，其常开

215

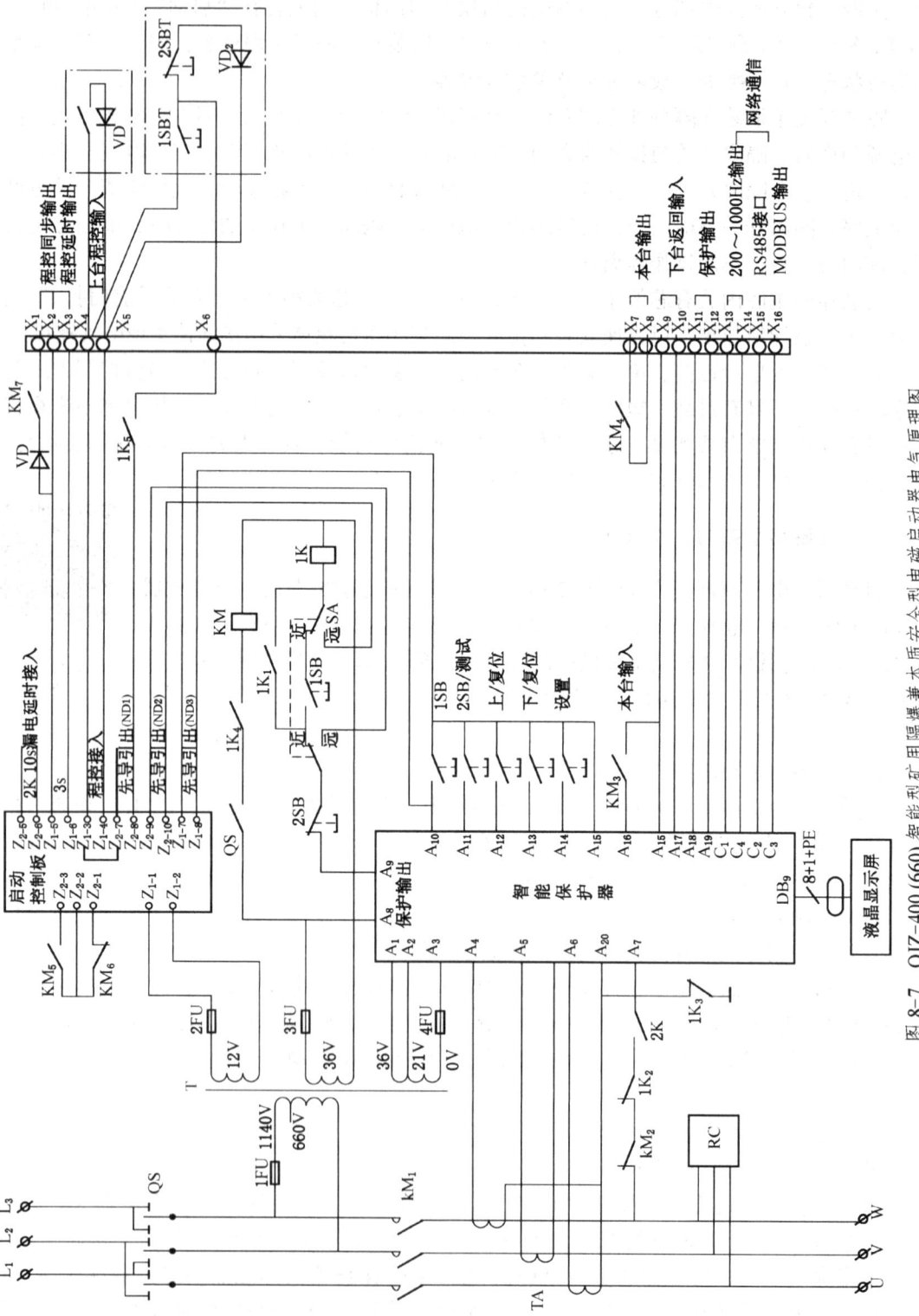

图 8-7 QJZ-400(660) 智能型矿用隔爆兼本质安全型电磁启动器电气原理图

触点 $1K_5$ 闭合自保，$1K_4$ 闭合使真空接触器 KM 有电吸合，接触器主触点 KM_1 闭合，电动机启动。在 1K 和 KM 相继有电时，其串于绝缘检测回路的常闭触点 $1K_2$ 和 KM_2 也相继断开，增加了主回路与保护器之间的断点，以加强绝缘，防止主回路高压损坏保护器。

电动机正常运行后，白色运行指示灯"RUN"亮，液晶屏显示当前电压、电流值，表明系统正常运行。

停止时，按下远方停止按钮"2SBT"或启动器本身的停止按钮"2SB"，中间继电器 1K 立即释放，触点 $1K_4$ 断开，接触器 KM 释放，主触点 KM_1 断开，电动机停止。同时，接于控制板的接触器触点 KM_5 断开、KM_6 闭合，控制板中的继电器 2K 延时 10 s 后吸合，其常开触点 2K 闭合，接通绝缘检测回路，漏电闭锁保护投入工作。

3) 单台近控

单台近控时，将控制方式选择开关 SA 置于"近控"位置，同时将参数设置为："是否近控"设置成"1"，"是否单台"设置成"1"。启动时，按下启动器本身的启动按钮"1SB"，停止时按下停止按钮"2SB"即可，其控制原理与远控相同。

电磁启动器
单台近控
启停操作

4) 多台程序联锁控制

多台程序联锁控制各启动器之间的接线如图 8-8 所示。按照图 8-7 所示，前台启动器的程控输出端 X_1、X_2（无延时）或 X_2、X_3（延时 3 s）端子，接在下台启动器的 X_4、X_5 端子上，前台的 X_9、X_{10} 端子接在下台的 X_7、X_8 端子上。

电磁启动器
联锁控制三台
电机启停操作

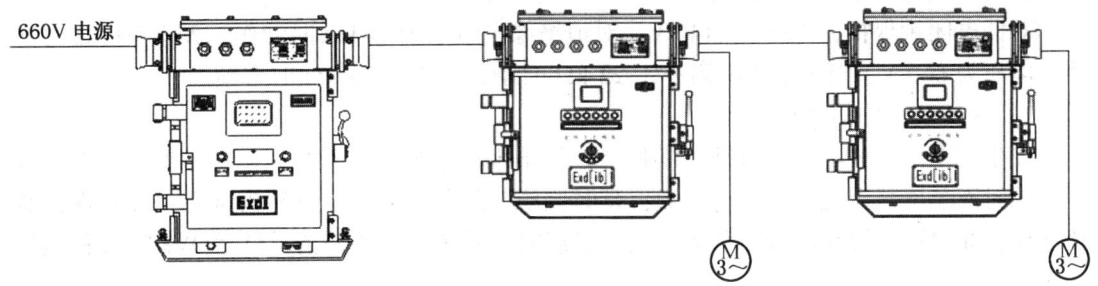

图 8-8 多台程序联锁控制启动器接线示意图

首台启动器可设置为近控或远控方式，其他启动器必须设置为远控方式。若为多台近控，应将控制方式选择开关 SA 置于"近控"位置，参数设置为："是否近控"设置成"1"，"是否单台"设置成"0"；若为多台远控，控制方式选择开关 SA 应置于"远控"位置，参数设置为："是否近控"设置成"0"，"是否单台"设置成"0"。

多台程序联锁控制时，上台启动器启动后，延时 3 s 向下台启动器发出启动命令，再延时 3 s 对下台的"返回信号"进行检测，如果下台启动器没有启动，则上台启动器自动停止，并在液晶屏上显示"程控失败"。下面以两台启动器延时控制为例说明其控制过程。

启动时，按下第一台启动器的启动按钮（多台近控按"1SB"，多台远控按"1SBT"），则第一台启动器启动，延时 3s 后，控制板中的延时触点闭合，经 X_2、X_3 端子，连接到第二台启动器的 X_4、X_5 端子，接通第二台启动器的先导控制电路，则第二台启动器自动启动。第二台启动器启动后,其接触器常开触点 KM_4 闭合,通过 X_7、X_8 端子与第一台启动器的 X_9、X_{10} 端子,将该信号送入第一台启动器进行检测,第一台启动器检测到该信号后,则两台启动器开始正常运行。若第一台启动器经 3s 时间未检测到该信号,说明第二台启动器没有启动,则第一台启动器也停止运行,并在液晶屏上显示"程控失败"。

2. 保护原理

1) 保护装置的动作

过载、短路、断相、三相不平衡信号由电流互感器 TA 输出至保护器,保护器分析判断是否发生上述故障。若发生过载,保护装置按整定的延时时间延时动作;短路时,保护装置瞬时动作;当一相电流为零,其余两相电流不为零,视为断相,保护延时 10 s 动作;当一相电流小于 $0.6I_N$ 或大于 $1.6I_N$,其余两相电流为 I_N 时,视为不平衡,保护延时 15 s 动作。

当电网电压 $U>115\%U_N$ 时,过电压保护动作;当电网电压 $U<75\%U_N$ 时,欠电压保护动作。当发生过电压或欠电压故障时,保护装置延时 20 s 动作。

以上保护动作后,接于保护器 A_8、A_9 端子的保护出口继电器触点断开,中间继电器 1K 断电释放,接触器 KM 释放,其主触点 KM_1 断开,切除故障线路。保护装置动作后,启动器不能启动,起到闭锁作用,要想重新启动送电,须按照液晶屏提示,查明故障原因并处理完故障后,按压"上/复位"或"下/复位"按钮(或切断上一级电源重新送电)解除闭锁后,方可重新启动。

在接触器主触点 KM_1 处于分断状态时,若负载线路绝缘电阻降到允许值以下,则漏电闭锁保护瞬时动作,其出口继电器触点断开,使中间继电器 1 K 不能有电,起到漏电闭锁作用;当负载线路绝缘电阻恢复正常后,方可解除闭锁。

对漏电闭锁保护,电压为 1140 V,对地绝缘电阻小于 44 kΩ 时动作,大于 50 kΩ 时解锁;电压为 660 V,对地绝缘电阻小于 22 kΩ 时动作,大于 28 kΩ 时解锁。

2) 保护装置的信号指示

发生过电压、欠电压、过载、断相、三相不平衡故障时,红色故障指示灯"FLT"闪亮,同时液晶屏显示延时倒计时秒数;延时完毕,红色故障指示灯转为常亮,并且保护装置动作,此时液晶屏显示故障种类。发生过载时,黄色过载预警指示灯"OVE"每秒闪亮一次。

发生短路故障时,保护装置立即动作,红色故障指示灯"FLT"常亮,液晶屏显示"系统短路"。

3) 保护装置的试验

试验保护装置时,启动器在停止状态下,按压停止按钮"2SB"进入测试程序,每按一下停止按钮试验顺序按"漏电闭锁→过载→短路→断相→过压→欠压"顺序循环进行,保护装置若正常,则出现相应的信号显示。每试验完一次,系统实现闭锁,此时需按下"上/复位"或"下/复位"按钮解除闭锁后,方可进行下一项试验。

3. 参数的查看与设置

1) 参数的查看

"上/复位、下/复位"按钮为翻页按钮。当反复按压"上/复位"按钮时,可在液晶屏上依次看到"电压等级""额定电流""短路倍数""本机地址""波特率""是否近控""是否单台" 7 个参数。按压"下/复位"按钮时,查看顺序与上述相反。

2）参数的设置

在系统待命状态下，可以对系统参数进行修改，参数修改的方法与前述智能型馈电开关相同。系统参数设置情况见表8-14。

表8-14　启动器的参数设定

序号	参数设定范围	出厂设定值
1	电压等级（0~660 V/1~1140 V）	1
2	额定电流（0~430 A）	300
3	短路倍数（7~10倍）	8
4	本机地址（0~31）	2
5	波特率（0~2.4 kbps/1~4.8 kbps/2~9.6 kbps/3~19.2 kbps）	1
6	是否近控（0-否/1-是）	1
7	是否单台（0-否/1-是）	1

注：MODBUS网络通信功能与前述智能型馈电开关相同。

三、电磁启动器故障排查与处理

当启动器因故障跳闸或不能启动时，应先弄清电路原理，根据故障情况分析原因，然后对启动器可能发生故障的部位进行检查，不可随意拆卸。在维修过程中，对需要更换的元器件，要选择与之对应的型号、规格和技术参数，不能随意以其他元器件代替，以免影响整机性能。启动器常见故障及排除见表8-15。

电磁启动器
故障排查

表8-15　启动器常见故障及排除表

故障	原因	排除
无显示	1. 电源没有加到保护器上； 2. 电源没有加到显示板上	1. 检查电源插座100 V； 2. 检查变压器输出、输入端子电压，保险管等； 3. 检查显示板与保护器之间插头连接是否良好
显示混乱	显示板连线故障	查线
漏电过流检测无反应	漏电，过流检测回路故障	1. 检查DK置位正确性； 2. 查线
合不上闸	保护器和按钮故障	1. 检查保护器的插座是否接触不良； 2. 检查DK开关置位正确性； 3. 检查吸合线圈供电回路是否开路； 4. 检测按钮是否良好

表 8-15（续）

故障	原因	排 除
电压、电流显示不正常	1. 变压器二次侧输出故障； 2. 电流互感器连线故障； 3. 保护器参数整定不正确	1. 检修变压器； 2. 查线； 3. 正确整定保护器参数（CT变比）
保护不跳闸	控制回路故障	1. 检查控制回路； 2. 更换保护器

📖 **任务实施**

1. 操作训练

操作训练内容及要点见表 8-16。

表 8-16 操作训练内容及要点

序号	训练内容	训练要点
1	电磁启动器接线、主腔的开启与关闭	1. 就地控制、远方控制及联锁控制的接线； 2. 接线工艺符合要求； 3. 闭锁、解锁操作方法
2	电磁启动器结构认识	1. 整体结构认识； 2. 内部主电路元件、控制电路元件认识； 3. 保护元件认识
3	启动停止操作	1. 正确进行就地控制、远方控制及联锁控制的启动停止操作； 2. 能正确完成电机正反转操作； 3. 观察、识读仪表显示参数
4	参数设置及故障种类的判别	1. 能根据负载情况合理调节各种参数； 2. 能进行故障显示分析

2. 工具器材

电磁启动器及相关辅助工具和耗材。

💡 **任务拓展**

根据《煤矿井下电气作业安全技术实际操作考试标准》的相关要求，实训场所要求配备矿用隔爆型低压真空馈电开关、矿用隔爆型低压电磁启动器、井下照明综合保护装置、矿用隔爆型电动机、局部通风机及其双电源控制开关、矿用电缆及防爆接线盒、控制电缆、局部接地极、接地母线、接地线、兆欧表、便携式甲烷检测报警仪、工作票、停电警示牌、高低压验电器、放电导体、电工工具等实物。学生分组完成相关任务。

馈电开关及电磁启动器的停、送电安全操作考核标准见表8-17。

表8-17 馈电开关及电磁启动器的停、送电安全操作考核标准

序号	考试项目	操作内容与步骤	考试方式	分值	评分标准
1	停电准备	1. 检查仪器、防护用品 （1）便携式甲烷检测报警仪、停电牌、放电导体、电工工具等齐全、完好； （2）绝缘胶靴、工作服等个人防护用品齐全、完好	手指口述	6分	操作内容每项3分，每缺一项或一项不正确扣3分
		2. 取得停、送电许可 （1）按照停电计划及时与停、送电联系人取得可靠联系； （2）确认停、送电经过许可		6分	操作内容每项3分，每缺一项或一项不正确扣3分
		3. 检查甲烷 确认电气设备附近20 m范围内风流中的甲烷浓度不超过1.0%		3分	操作内容不正确扣3分
2	停电安全操作	1. 停待检修开关 按动分闸按钮，断开真空接触器→分断隔离开关并闭锁		4分	操作步骤每步2分，每缺一步或一步不正确扣2分
		2. 停上一级开关 按动分闸按钮，断开真空接触器→挂停电警示牌		4分	操作步骤每步2分，每缺一步或一步不正确扣2分
		3. 验电、放电 打开待检修开关外壳→使用与电源电压相适应的验电笔逐项验电，确认停电→使用三相专用接地线对地或开关外壳逐项放电	实物操作 + 手指口述	6分	操作步骤每步2分，每缺一步或一步不正确扣2分
3	送电安全操作	1. 检查 （1）确认开关内各电气元件安装齐全、完好； （2）确认开关内无任何遗留的检修工具或材料		4分	操作内容每项2分，每缺一项或一项不正确扣2分
		2. 合盖，拆除三相接地线（先拆设备端，后拆接地端）→合上开关外壳，紧固连接螺栓		4分	操作步骤每步2分，每缺一步或一步不正确扣2分
		3. 为上一级开关送电 与停、送电联系人取得可靠联系→确认甲烷浓度不超过1.0%→取下停电警示牌→确认真空接触器在分闸状态→解除隔离开关闭锁→闭合隔离开关→按动合闸按钮，馈电开关带电→确认电源指示灯亮起		8分	操作步骤每步1分，每缺一步或一步不正确扣1分
		4. 为检修开关试送电 确认真空接触器处于分闸状态→解除隔离开关闭锁→闭合隔离开关→按动合闸按钮，开关带电→确认电源指示灯亮起		5分	操作步骤每步1分，每缺一步或一步不正确扣1分
合计				50分	

学习评价

本任务学习效果考核的项目及标准见表8-18。

表8-18 学习效果考核评价表

考核项目		考核标准	配分	自评分	互评分	教师评分
知识点	1. 电磁启动器的基本结构及性能	完整说出满分；不完整5~9分；不会0分	10			
	2. 电磁启动器的工作原理	完整说出满分；不完整5~9分；不会0分	10			
	小计		20			
技能点	1. 能够完成电磁启动器就地控制、远方控制及联锁控制的接线与启停操作	能够正确完成电磁启动器的三种控制接线与启停操作满分；不熟练15~39分；不会0分	40			
	2. 会进行电磁启动器的参数设置	会进行电磁启动器的参数设置满分；不熟练5~9分；不会0分	10			
	3. 会进行电磁启动器的故障排查	会进行电磁启动器的故障排查满分；不熟练5~19分；不会0分	20			
	小计		70			
素质点	1. 职业素养	能够正确进行电磁启动器的运行维护及故障排查者满分，否则0~4分	5			
	2. 学习态度	遵守纪律、学习热情高涨、积极参与者满分，否则0~4分	5			
	小计		10			
合计			100			

注：1. 考评时间为60 min，每超过1 min扣1分；
  2. 要安全文明工作，否则教师酌情扣1~10分。

教师签字：_____

思考练习

1. 试说出矿用隔爆型电磁启动器有几种控制方式，分别是什么。
2. 试说出矿用隔爆型电磁启动器的工作原理。
3. 试说出如何对矿用隔爆型电磁启动器进行参数设置。

任务五 矿用隔爆型组合开关运行与维护

任务描述

组合开关是由多个电磁启动器组合而成的控制电器，可用来控制和保护多台电动机，也可控制电动机由低速启动到高速运行的切换。有的组合开关在馈出多个动力回路的同时，还可馈出照明回路。有的组合开关还可以和移动干式变压器组合在一起，连同变压器高压侧组合的高压配电箱构成移动负荷中心，使电气设备的集中度更高。由于电气设备的高度组合集中，没有了原来单独控制设备之间的连接电缆，所以组合开关具有占用巷道面积小、电缆敷设简洁，故障率低、供电安全可靠的优点，因此在煤矿井下广泛使用。本任务主要介绍QJZ-630/1140（660）-4 矿用隔爆兼本质安全型多回路真空电磁启动器（组合开关）。

其学习目标如下：

☞ 知识目标
➢ 掌握组合开关的结构；
➢ 掌握组合开关的电气原理；
➢ 掌握组合开关的操作与运行。

☞ 能力目标
➢ 能够正确进行组合开关的运行与维护；
➢ 能够正确进行组合开关的故障排查。

☞ 素质目标
➢ 提高学生规范操作的安全意识；
➢ 培养学生严谨细致的工作作风。

相关知识

矿用隔爆型组合开关的用途与结构

一、QJZ-630/1140（660）-4 矿用隔爆兼本质安全型多回路真空电磁启动器的用途及结构

（一）主要用途

QJZ-630/1140（660）-4 矿用隔爆兼本质安全型多回路真空电磁启动器（以下简称启动器），适用于爆炸性气体环境及煤矿井下，系统电压为 1140 V 或 660 V（出厂默认为 1140 V）线路中，提供四路电气设备的启动、停止控制及保护。该启动器以可编程控制器（Programmable Logic Controller，以下简称 PLC）为核心，具有控制保护功能模块化、可靠性高、抗震动、抗干扰等特点。对每个回路电气设备的过压、欠压、短路、过载、三相不平衡、超温、电机绝缘进行监控和保护，同时具有低压漏电保护功能；采用全中文液晶显示屏作为人机界面，实时显示各回路电机的运行状态、电流、工作电压及各种故障信息，并可结合键盘完成参数修改、故障屏蔽等功能，使其具有良好的人机对话功能，便于操作人员及时掌握设备的工作情况和参数的设置，同时启动器具有数据上传功能，在启动器运行过程中可将启动器的重要数据进行实时上传。

（二）结构组成

启动器属隔爆兼本质安全型电气设备，其隔爆壳体是用钢板焊制的两个通过接线端子相互连接的独立腔体。

启动器外形如图 8-9 所示。启动器的左门面上有产品铭牌，右门上设置了电源开关、煤安"MA"标志与防爆标志"Exd［ib］I"。两扇门均设有"严禁带电开盖"警示牌。在两门中间安装有三相指示模块、解锁闭锁指示标牌等。

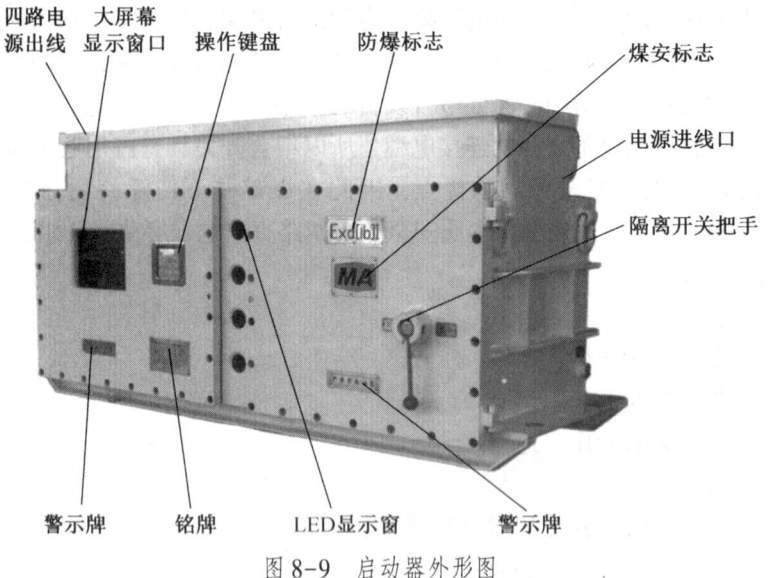

图 8-9 启动器外形图

启动器与电源、电机、电铃等元件的电气连接是通过电缆、启动器进线嘴、启动器接线腔来实现的。接线腔内装有 1 组电源接线端子、4 组电机接线端子、7 个 9 芯低压端子和 5 个接地端子。后壁上共设置了 14 个进线嘴，2 个电源进线嘴，4 个电源出线嘴和 8 个控制进出线嘴，如图 8-10 所示。

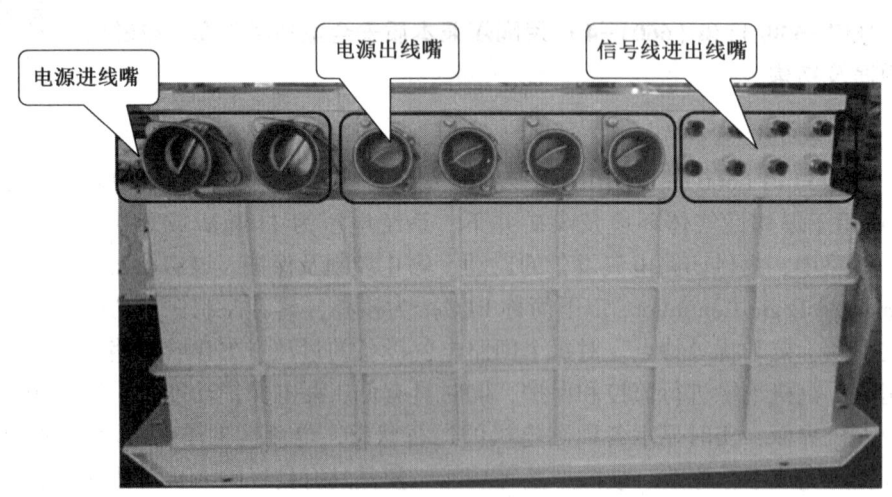

图 8-10 启动器背面结构图

接线腔盖与箱体用螺栓紧固，并设有"严禁带电开盖"警示牌。接线腔和主腔内电源线端子均设有绝缘保护板和隔板，防止误操作危害人身安全。

启动器壳体为 Q235-A 钢外壳，外壳焊有接地螺栓，通过专用接地导线将壳体与机架相连。

箱体为长方形，箱门和上盖用螺栓和箱体紧固，箱门只有在电源开关处于停止的位置才允许打开，电器元件均装在主腔内，分别安装在主盘、主控制器盘和变压器安装盘上。

主腔的右侧装有隔离开关、保护隔板，主盘安装在壳体后壁上，为螺栓固定式结构，主电路的电气元器件大部分都安装在该盘板上，主盘板占据了主腔大部分空间，其上装有控制回路断路器 QF1~QF4、漏电检测元件霍尔传感器 ELK1~ELK2 和粘连 NL、交流真空接触器 KM1~KM4、电流互感器等元件（图8-11）。主控制器盘上装有由 PLC、2 个 8 路模数转换及继电器板等组成的主控制器，采用螺栓加减振垫的方式固定在箱体底板上。变压器安装盘上有控制变压器和主回路熔断器，也是采用螺栓加减振垫的方式固定在箱体底板上。

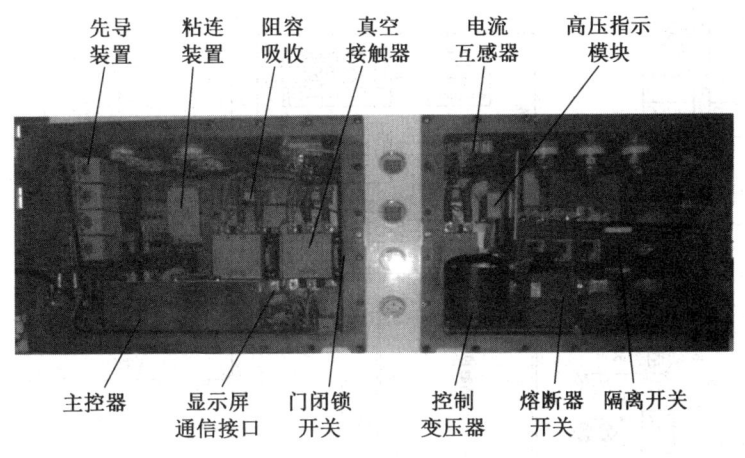

图 8-11 启动器腔室布置图

矿用隔爆型组合开关的工作原理

二、启动器工作原理

（一）控制原理

启动器电气系统主要由主回路、控制电源部分、控制电路、显示屏、操作箱、指示窗等组成，如图8-12和图8-13所示。

启动器控制原理

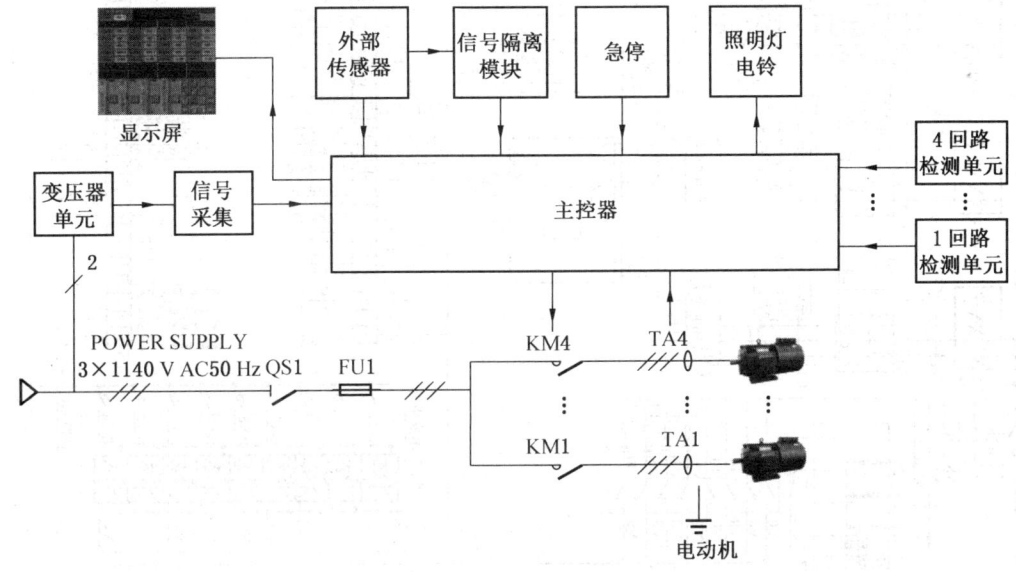

图 8-12 启动器电气系统图

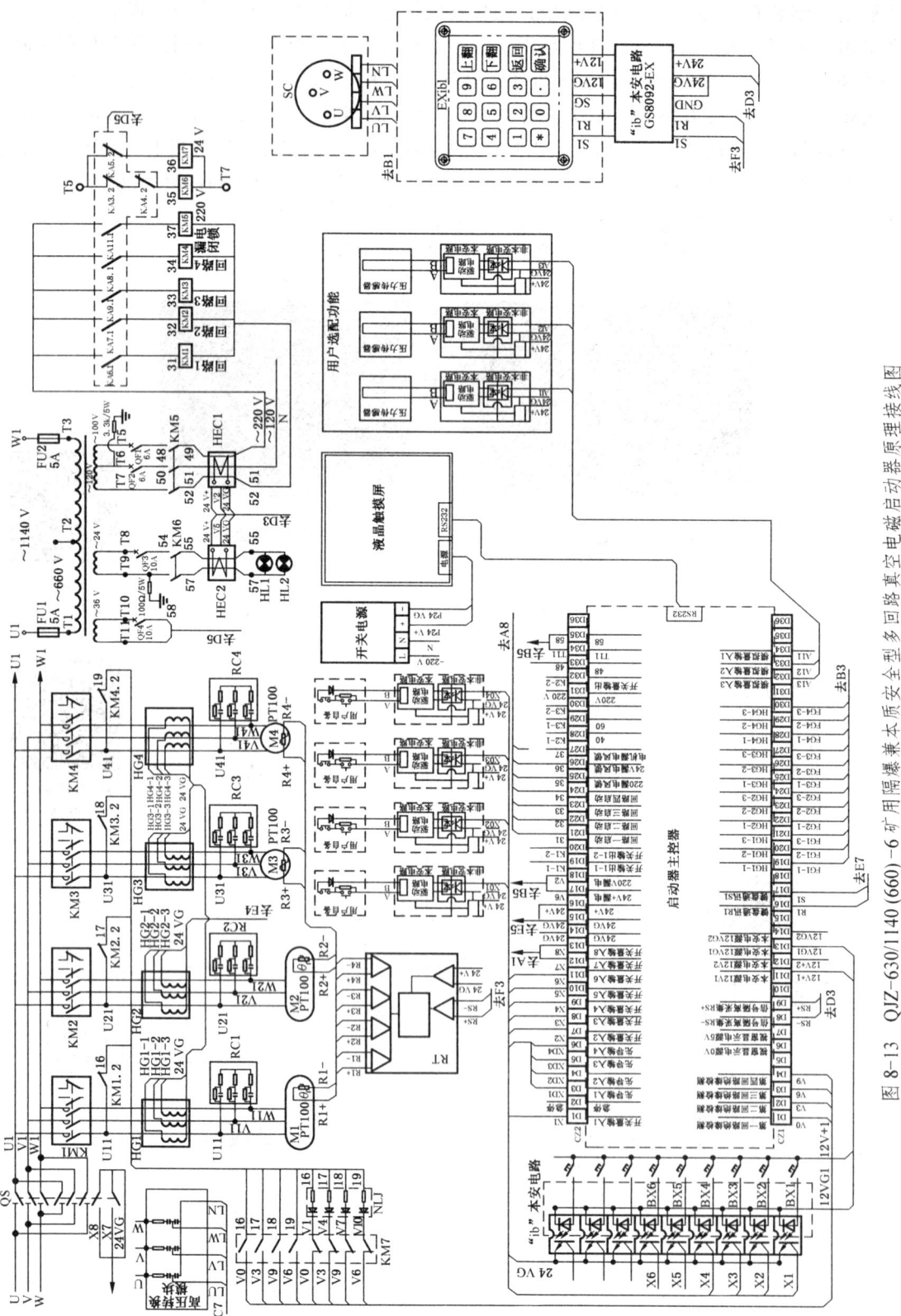

图 8-13 QJZ-630/1140(660)-6 矿用隔爆兼本质安全型多回路真空电磁启动器原理接线图

1. 主回路

主回路主要由隔离开关 QS、真空接触器 KM1~KM4、阻容吸收电路 RC1~RC4 以及电流互感器组成。

隔离开关作为电源开关，当其闭合时，主回路各接触器与隔离开关连接端得电。通过控制回路分别闭合真空接触器 KM1~KM4，各电机便可运转。各回路利用阻容吸收电路 RC1~RC4 吸收主回路过电压。电流互感器检测各回路电流，转换成电压信号送 PLC，通过程序对电机进行保护，并通过显示窗和液晶屏显示故障原因。

2. 控制电源

控制电源主要是提供电控系统各等级工作电压。

控制电源主要由电源变压器 KB、熔断器 FU1~FU2、断路器 QF1~QF4、整流单元、本安电源、霍尔传感器 ELK1~ELK2、接触器 KM5~KM6 共同组成对 220 V、120 V 和 24 V 回路漏电检测并断电保护，通过按"复位"按钮可以重新供电。电源变压器为 1140 V 和 660 V 通用。使用时根据实际电压调整接线。

3. 控制回路

控制回路是以 PLC 为核心，通过 RS485 与显示屏通信，通过内部程序运算控制继电器输出，实现各电机的启动和停止。同时 PLC 接收电流互感器的信号、瓦斯传感器信号、漏电检测信号、KM1~KM4 反馈信号、电机温度保护信号，通过程序实现整个电控系统的保护功能。"SB1" 为可连接外部的隔爆型按钮，作为真空启动器的紧急停止按钮，按下后各电机将不能启动，运转中的电机立即停止。

4. 液晶显示屏

启动器前面装有 10.4 英寸的液晶显示屏，通过 RS232 接收主控器发送的信息并显示出来，主要显示启动器的运行状态及数据、故障等。

启动器上电后，首先进入开机画面，若通信正常，在进入主画面后会显示实时数据；若通信异常或无通信，在进入主画面后会弹出通信异常报警。

5. 指示窗

启动器中间有四个指示窗口，其中上方第一个为三相电源指示。当启动器正常供电时，分别指示三相电源是否正常。第三个指示窗口为解锁闭锁指示窗口，当关闭箱门并打开隔离开关后会显示为"闭锁"。第四个指示窗口为备用窗口。

（二）保护原理

1. 保护回路

1）保护回路的电路组成

保护回路主要是由电流互感器 H1~H4，电机内温控元件，霍尔传感器 ELK1~ELK2、交流接触器 KM5、KM6 共同组成，对 AC220 V、AC120 V 和 AC24 V 回路漏电检测并断电保护，通过按"复位"按钮可以重新供电。交流接触器 KM7 和粘连电路 NL 组成主电机回路漏电闭锁和粘连显示。PLC 接收电流互感器、温度继电器、霍尔传感器、漏电闭锁采集的信号，通过程序判断各种故障，送至显示屏显示故障信息。

2）保护回路的工作原理

首先开机前检查供电电压及各回路绝缘状态。当出现过电压、欠电压、瓦斯超限、漏电闭锁时，各电机将不能启动，同时显示出故障状态。

各电机运转过程中，出现过载、过流、三相不平衡、断相等故障时，PLC 接收电流互感器采集的电流信号通过程序运算，使输出点 Y2 断开，继电器 KA9 断电，主控器 C22-21 断电，接触器 KM1 断开主回路，运行的电机停止。同时液晶屏显示故障状态，当出现过流和断相时，按"复位"按钮可以重新启动。过载保护和漏电闭锁为自动复位，过载保护三分钟后复位，漏电闭锁在绝缘电阻恢复到漏电闭锁值的 1.5 倍时自动复位。

2. 保护功能

1）漏电闭锁和低压漏电保护

当系统送电后，PLC 首先检测接触器真空管是否粘连，若正常，PLC 输出 Y7 使继电器 KA11 闭合，其常开点 KA11.1 闭合，主控器端子 C22-27 输出 AC220 V，漏检接触器 KM7、KM8 吸合，对各回路漏电检测，当主电路单相对地绝缘电阻值降到 40 kΩ（1140 V 供电为 40 kΩ，660 V 供电为 22 kΩ）以下时电机不能启动。如各回路正常，可以启动电机。启动电机前断开漏检继电器，停止漏电检测，然后电机启动。当电机全部停止后，延时 2 s 漏检继电器吸合，检测各回路漏电。

当 AC220 V、AC120 V、AC100 V、AC24 V 低压线路对地绝缘过低到规定值时保护动作，显示 220 V 漏电或 24 V 漏电（参考值 AC220 V 为 5 kΩ，AC127 V 为 3 kΩ，AC24 V 为 2 kΩ）。

在未开机的情况下，进入参数修改画面可以对各电机漏电检测回路和粘连检测回路进行试验，以验证系统的可靠性。

2）电机温度保护

当电机绕组温度达到预定值时，埋在电机定子绕组中的温度继电器动作，信号送 PLC，PLC 通过程序控制电机停止运转。电机冷却后自动复位。

3）电机过载保护

当电机出现过载时，程序采取反时限过载保护。过载动作后，使电机停止，3 分钟自动复位。

4）电机三相不平衡及断相保护

当电机出现断相或三相不平衡率达 60% 时，PLC 发出电机断相故障，使电机停止，按"复位"按钮复位。

5）各电机短路保护

当各回路电流达到额定电流 8~10 倍时，PLC 在 200~400 ms 内动作，使电机停止，按"复位"按钮复位。

6）系统过电压、欠电压保护

当系统电压超过额定电压 15%，启动时低于额定电压 75% 或长时间低于额定电压 85% 时，PLC 动作，发出电压异常故障信息，使电机停止，电压正常时自动复位。

7）瓦斯闭锁保护

当瓦斯检测仪测得的瓦斯含量达 1.5% 时，PLC 通过程序控制串入前级的瓦斯继电器 KA12 闭合，其常闭点 KA12.1 断开，从而停前级电源。

注：将主控器上的拨动开关拨到屏蔽位置，可以将所有故障保护屏蔽，运行过程中严禁将拨动开关拨到屏蔽位置。

8）机械电气连锁

（1）电气连锁。

第一处：系统设置为主从方式时，主从回路之间有启动连锁。

第二处：系统设置为高低速方式时，高速和低速之间有一互锁。

第三处：在开关箱门处设置机械闭锁开关，确保箱门未关闭情况下不能开机。

第四处：利用微动开关保证隔离换向开关在无负荷情况下停、送电。

（2）正反转机械记忆。隔离开关有机械记忆，防止停电后再送电时造成电机的反转。

（三）参数查看与设置

1. 控制模式

启动器具有近控和远控两种控制模式，近控模式下，可通过键盘控制相应回路的启动和停止；远控模式下，通过启动先导控制各设备的启停。默认状态为远控模式。

组合开关操作
及故障排查

2. 工作方式

启动器的工作方式可分为两类，单机启动方式和联机启动方式，出厂设置为单机启动方式，使用时可根据需求自由设置联机状态，设定完毕后该设置即可一直保持至重新设置。

3. 屏幕显示

1）开机界面

系统在上电初始显示开机界面，3 s 后自动转到工作界面。如果系统上电后一直显示开机界面，则表示显示器和主控器之间通信异常，需检查主控器和显示屏之间的通信状态。

2）工作界面

在工作界面中可以显示真空启动器的大部分运行状态，以图 8-14 为例，介绍工作界面中各部分的显示内容。

图 8-14 工作界面

（1）左上角的"请合隔离开关"表示隔离开关没合上，可能是其相关的辅助触点断开导致，在其下面显示系统电压当前值。

（2）右上角"电压等级"处显示的是当前系统工作的电压等级（1140 V 或者 660 V）；"无通信"处正常工作时显示的是系统的控制模式（近控/远控/遥控）。

（3）中间部分监视 4 个回路的工作状况，显示各相电流以及当前的主从回路和故障信息。

（4）工作界面的下方显示 4 个回路的负荷率，以及各个回路先导模块的状态。

（5）显示屏右下角，显示操作键盘的状态以及其对应按键的功能。

3）参数设置界面

每台启动器出厂前，系统参数已根据用户要求设置，并经过严格测试，用户不要随意调整，如需调整时请参阅如下步骤进行。

在各回路电机停止状态下，将工作模式切换到近控模式下（上电时默认是远控方式），按下矩阵键盘对应的"参数设置"键，屏幕上出现密码对话框（图8-15），在对话框中输入密码"8888"，密码要在 10 s 内输入，否则无效。输入密码后按下"确认"键，进入参数设置画面（图8-16）。

在参数设置画面中，红色字体（设置时此参数是闪烁的）表示当前在设置参数，画面会出现提示操作，按"下翻""上翻"可以变换选择参数组，按"确认"进入，在进入后再次按下"下翻"或"上翻"可以继续选择项目，在选择需要调节的项目以后，再次按下"确认"将进行下一步操作，画面全部带有操作提示。

"返回"表示在当前状态下返回上一级菜单；

"确认"表示在当前状态下进入下一级操作；

"上翻"表示在当前操作模式下进行切换操作；

"下翻"表示在当前操作模式下进行切换操作；

"．"表示退出参数设置功能。

图 8-15 密码输入对话框

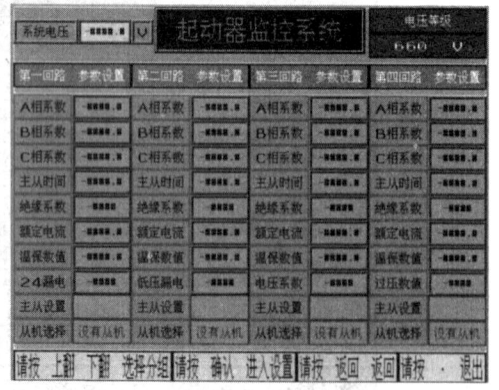

图 8-16 真空启动器参数设置画面

4）故障界面及保护屏蔽界面

启动器具有历史故障查询功能，能够记录 16 条故障信息内容。在运行画面下，按下"故障查询"功能键即可进入历史故障记录界面，查询当前和历史故障信息内容。连续按下"上翻""下翻"和"确认"三个功能键，即可清除所有故障记录，按下"．"即可退出该历史故障记录画面并返回运行画面。历史故障记录界面如图8-17所示。

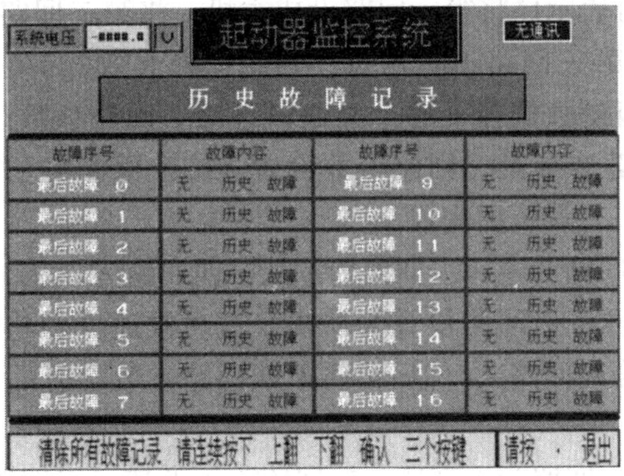

图8-17 历史故障记录界面

当启动器及其外围设备出现故障时，启动器将做出相应的保护动作，特殊状况时可适当屏蔽部分保护功能应急，保护屏蔽应确保在人身安全和设备安全有保障的前提下进行。在运行画面下，按下"保护屏蔽"功能键即可进入保护屏蔽设置界面，对需屏蔽的故障内容进行设置。按下"上翻""下翻"键选择分组和进行设置，按"返回"键返回分组，按"．"即可退出保护屏蔽设置画面并返回运行画面。保护屏蔽界面如图8-18所示。

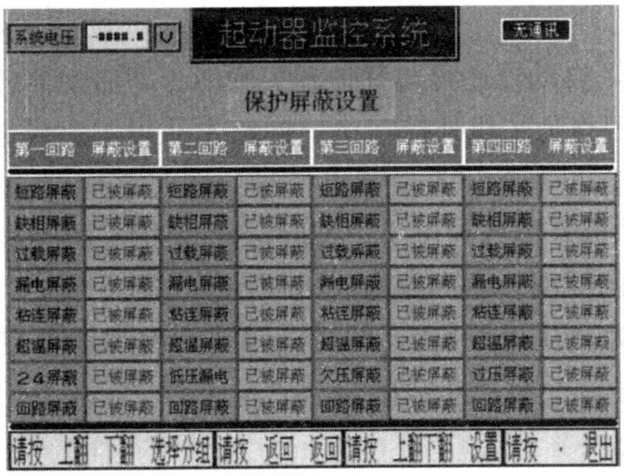

图8-18 保护屏蔽设置界面

4. 参数设置

(1) 一主一从：第一回路做主，第三回路做从。

在进入参数设置画面后按"上翻""下翻"按键使第一回路参数设置标题框变成红色，按下"确认"按键进入第一回路设置组，此时第一回路中的"A相系数"将变红色并闪烁，再按"上翻""下翻"使"主从设置"变成红色闪烁，这时按下"确认"按键，主从设置右边选择框将变成红色闪烁，这时按"上翻"或者"下翻"直到主从设置右边选择框变成"回路为主"并闪烁，已将此回路设置为主机；这时按下"返回"按键，"回路为主"将变成蓝绿色，再次按"上翻"或者"下翻"，使"从机选择"变成红色并闪烁,再按下"确认"按键,"从机选择"右边选择框将变成红色并闪烁,再按"上翻"或者"下翻"使其变成红色的"第三回路"并闪烁,这时按下"返回"键,其将变成蓝绿色的"第三回路",这时表示已将第一回路设成主机,将第三回路作为其从机(此时只是第一回路的选择,如果第三回路不是从机,则此选择无效),第一回路设置完成;按下"返回"键返回到回路组参数选择(整个画面只有第一回路参数设置是红色并闪烁),再按"上翻""下翻"按键选择第三回路参数设置,按上面的方法将第三回路的"主从选择"设置为"回路为从",设置即完成。

(2) 一主多从:一回路为主,三回路为一从,四回路为三从。

将一回路设置完成再将三回路设置为从机,这时候还需要将第三回路参数设置中的"从机选择"设置为"第四回路",然后再将第四回路参数设置的"主从选择"设为"回路为从"即可完成。

(3) 高低速控制:一回路为1高速,二回路为1低速;三回路为2高速,四回路为2低速。

将第一回路的主从设置,设置为"回路1高",将第二回路设置成"回路1低";将第三回路的主从设置,设置为"回路2高",将第四回路设置成"回路2低";可控制2台双速电机。四个回路均可设置高或低,但要注意以下问题:

①四个回路中只能出现一个相同的1高(2高)或者1低(2低)回路,否则容易出现不可预料的设备故障;

②主从启动时间以及高低速切换时间由回路参数中的主从时间决定,需设置合适的主从时间。

(4) 外控其他开关:启动器还可与其他开关联动,即启动器任意回路启动后,可控制另一台开关启动。如一回路为主机外控:将一回路主从设置,设置为"主机外控",此时该回路在启动后会延时输出一个开关量节点信号;同时该回路也将接受一个外部的停止(反馈)控制,以防止外部开关所控电机出现问题,该回路主机还在运行。

(5) 接受其他开关的控制:一回路为从机外控。

将一回路主从设置为"从机外控",此时该回路的启动停止控制由一开关量节点信号控制,同时此回路将输出一个开关量故障接点。

(四) 常见故障与处理

常见故障与处理见表 8-19。

表 8-19 组合开关常见故障与处理表

故障现象	原因分析	排除方法	备注
送电后电源灯不亮	检查电源是否有电	重新上电	
	显示模块是否烧坏	更换	
液晶显示屏不亮	检查是否供电	重新上电	
	检查空气开关 QF1	检修、更换	
	开关电源没有输出	更换开关电源	

表 8-19（续）

故障现象	原因分析	排除方法	备注
第一回路不启动	系统有急停信号	检查恢复	
	主回路绝缘值低	测量电机绝缘	
	主控器与先导模块连线脱落	检修、更换	
	先导模块是否有信号	检修、更换	
	先导模块外部接线错误	调整外部两根接线	
	系统其他故障	检查排除	观察液晶屏
第二回路不启动	系统有急停信号	检查恢复	
	主回路绝缘值低	测量电机绝缘	
	主控器与先导模块连线脱落	检修、更换	
	先导模块是否有信号	检修、更换	
	先导模块外部接线错误	调整外部两根接线	
	系统其他故障	检查排除	观察液晶屏
第三回路不启动	系统有急停信号	检查恢复	
	主回路绝缘值低	测量电机绝缘	
	主控器与先导模块连线脱落	检修、更换	
	先导模块是否有信号	检修、更换	
	先导模块外部接线错误	调整外部两根接线	
	系统其他故障	检查排除	观察液晶屏
第四回路不启动	系统有急停信号	检查恢复	
	主回路绝缘值低	测量电机绝缘	
	主控器与先导模块连线脱落	检修、更换	
	先导模块是否有信号	检修、更换	
	先导模块外部接线错误	调整外部两根接线	
	系统其他故障	检查排除	观察液晶屏
视窗显示不亮	视窗显示没电	检查主控器 5V 输出	
	和主控器通信不上	检查通信线	
各电机均不启动	有电机漏电 有急停信号 有瓦斯信号 系统其他故障	针对显示屏提示检查 相应故障并修复	

📖 任务实施

1. 操作训练

操作训练内容及要点见表 8-20。

表 8-20 操作训练内容及要点

序号	训练内容	训练要点
1	组合开关接线、主腔的开启与关闭	1. 接线方法正确； 2. 接线工艺符合要求； 3. 闭锁、解锁操作方法
2	组合开关结构认识	1. 整体结构认识； 2. 内部主电路元件、控制电路元件认识； 3. 保护元件认识
3	启动停止操作	1. 正确进行就地控制、远方控制的启动停止操作； 2. 能正确完成顺序启动和停车操作； 3. 观察、识读显示屏显示参数
4	参数设置及故障种类的判别	1. 能根据负载情况合理调节各种参数； 2. 能进行故障显示分析

2. 工具器材

QJZ-630/1140（660）-4 矿用隔爆兼本质安全型组合开关及相关辅助工具和耗材。

💡 任务拓展

任务拓展结合全国煤炭行业技能大赛《"煤矿综采电气维修"赛项规程》进行，该赛项实现了专业与产业对接、课程内容与职业标准对接、教学过程与生产过程对接，培养适应煤炭行业技术发展所需要的高素质技术技能人才。其考核科目包含两个，分别是远方控制接线、排查故障和 PLC 编程并调试。本任务拓展主要针对远方控制接线、排查故障科目。

任务组织：

（1）按照教学班级人数将学生分为 8~10 个小组，考虑到学生的个体差异，人员组成要合理，各小组推选一名负责人，负责本小组成员的实训组织及安全事宜。

（2）实训教师示范并讲解实训内容及注意事项。

（3）每组学生按照实训要求完成实训内容，指导老师依照评分标准进行评判。

考核内容包含安全文明操作、控制线连接、故障排查 3 个方面，按照考核标准进行，具体见表 8-21。

表 8-21 远方控制接线、排查故障评分标准

项目	操作标准	分值	评分标准	得分
安全文明操作	按规定穿戴工作服、安全帽、毛巾、胶靴，佩戴矿灯（亮灯）、自救器、瓦检仪	1分	操作过程中不符合操作标准项一处扣0.5分，扣完为止	
	操作完毕，清理操作区域内杂物和工具	1分	考核结束后操作区域有工具或杂物每项扣0.5分，扣完为止，开关内遗留工具的按失爆论处	
	遵章作业，服从指挥，不干扰赛场秩序；停送电挂牌操作，挂牌在上级电源，送电前必须摘牌。开盖操作前停本开关及上级开关电源；检查瓦斯（以上报裁判员合格为准）；开盖后验电、放电；电缆进圈不使用润滑剂；不用工具代替放电线等；不敲打开关；不向他人借用工具；正确使用万用表排查故障，使用万用表前要校表；操作时不出现工伤、不引起破皮流血	3分	操作时导致自身或他人受伤，每次扣2分；其余一处不符合操作标准扣1分，直至扣完为止；操作过程中将各种工具置于开关箱体上面的（除瓦检仪外），每次扣1分，扣完为止；有严重干扰赛场行为的取消比赛资格	
控制线连接	按照图纸要求接线，接线正确	12分	一处接线错误扣1分，少安或错安一号码管扣0.5分，扣完为止	
	电缆伸入器壁不倾斜、电缆护套截面整齐；芯线压线前端导线裸露长度不大于1mm；压线处紧固无毛刺现象；接线腔内芯线长度适宜，布线均匀分布，无交叉，芯线绝缘外皮无划伤、划痕；每一压线叉形预绝缘端头紧固，用手轻拉不脱落、不松动；密封圈装配完好，内分层不破损、分层不随电缆挤出，不失爆；用砂纸打磨接线端表面的氧化膜隔爆接合面用塞尺进行安全确定；其余部分按完好标准执行	28分	接线腔内芯线布线不均匀，有交叉，芯线绝缘外皮划伤、划痕，芯线压线前端导线裸露长度超1mm，压线处不紧固或有毛刺现象一处扣0.5分；叉形预绝缘端头固定不紧一处扣1分；电缆剥线超0.4m，扣2分；电缆外皮划伤扣2分；电缆外套伸入器壁不符合5~15mm，扣3分；多用一密封圈扣2分；未用砂纸打磨接线端表面的氧化膜扣2分；隔爆接合面未用塞尺进行安全确定扣3分；其余一处不合格扣1分，扣完为止；失爆按专门项扣分	

表 8-21（续）

项目	操作标准	分值	评分标准	得分
故障排查	考核共设 3 个故障，排查完故障，在考核时间内在评分表规定处及时填写出相应故障现象及处理方法	45 分	少排查一个故障扣 15 分；少写、错写、多写一个故障现象或处理方法扣 5 分；未排查故障的只扣基本分，扣完为止	
失爆评分	带电开门调试开关按失爆论处，操作完毕后设备不失爆，仅考核操作涉及部分（防爆面、腔，喇叭嘴等）	10 分	发现一处失爆从实操总分中扣 10 分，发现二处及以上失爆取消实际操作成绩	
合计	100 分			

学习评价

本任务学习效果考核的项目及标准见表 8-22。

表 8-22 学习效果考核评价表

	考核项目	考核标准	配分	自评分	互评分	教师评分
知识点	1. 组合开关的基本结构	完整说出满分；不完整 7~14 分；不会 0 分	15			
	2. 组合开关的工作原理	完整说出满分；不完整 7~14 分；不会 0 分	15			
	小计		30			
技能点	1. 会进行组合开关的基本操作	会进行组合开关的基本操作满分；不熟练 15~29 分；不会 0 分	30			
	2. 会进行组合开关的故障排查	会进行组合开关的故障排查满分；不熟练 15~29 分；不会 0 分	30			
	小计		60			

表 8-22（续）

考核项目		考核标准	配分	自评分	互评分	教师评分
素质点	1. 职业素养	能够正确进行组合开关的运行维护及故障排查者满分，否则 0~4 分	5			
	2. 学习态度	遵守纪律、学习热情高涨、积极参与者满分，否则 0~4 分	5			
		小计	10			
		合计	100			

注：1. 考评时间为 60 min，每超过 1 min 扣 1 分；
　　2. 要安全文明工作，否则教师酌情扣 1~10 分。

教师签字：＿＿＿＿＿＿

思考练习

1. 试说出矿用隔爆型组合开关的功能。
2. 试说出矿用隔爆型组合开关的保护环节有哪些。
3. 试说出矿用隔爆型组合开关的常见故障有哪些。

参 考 文 献

[1] 中华人民共和国应急管理部,国家矿山安全监察局. 煤矿安全规程[M]. 北京:应急管理出版社,2022.

[2] 李快社,张天宇. 工矿企业供电[M]. 3版. 北京:煤炭工业出版社,2018.

[3] 刘介才. 工厂供电[M]. 6版. 北京:机械工业出版社,2016.

[4] 史万才. 煤矿供电系统运行与维护[M]. 徐州:中国矿业大学出版社,2013.

[5] 聂国伦. 煤矿供电系统运行与维护[M]. 北京:煤炭工业出版社,2012.

[6] 付华. 煤矿供电技术[M]. 北京:煤炭工业出版社,2018.

[7] 吴群英,成洋. 煤矿电气设备运行与维护[M]. 北京:应急管理出版社,2020.

[8] 煤炭工业职业技能鉴定指导中心. 矿井维修电工:初级、中级、高级[M]. 北京:煤炭工业出版社,2017.

图书在版编目（CIP）数据

煤矿供电系统运行与维护／成洋，焦悦峰，解丹婷主编．--北京：应急管理出版社，（2024.7重印）
煤炭职业教育"十四五"规划教材
ISBN 978-7-5237-0512-4

Ⅰ.①煤… Ⅱ.①成… ②焦… ③解… Ⅲ.①煤矿供电—供电系统—电力系统运行—高等职业教育—教材 ②煤矿供电—供电系统—维修—高等职业教育—教材 Ⅳ.①TD61

中国国家版本馆 CIP 数据核字（2024）第 076532 号

煤矿供电系统运行与维护

（煤炭职业教育"十四五"规划教材）

主　　编	成　洋　焦悦峰　解丹婷
责任编辑	胡　畔　肖　力
责任校对	孔青青
封面设计	之　舟
出版发行	应急管理出版社（北京市朝阳区芍药居 35 号　100029）
电　　话	010-84657898（总编室）　010-84657880（读者服务部）
网　　址	www.cciph.com.cn
印　　刷	北京旺都印务有限公司
经　　销	全国新华书店
开　　本	787mm×1092mm $1/16$　印张 $15\frac{3}{4}$　字数 362 千字
版　　次	2024 年 6 月第 1 版　2024 年 7 月第 2 次印刷
社内编号	20230958　　　　定价　52.00 元

版权所有　违者必究

本书如有缺页、倒页、脱页等质量问题，本社负责调换，电话：010-84657880